"十四五"普通高等教育本科部委级规划教材

科系列教材

李 正 ｜ 王小萌 ◎ 主 编

施安然 ｜ 余巧玲 ◎ 副主编

形象设计

中国纺织出版社有限公司

内 容 提 要

本书是"十四五"普通高等教育本科部委级规划教材。本书将实际教学经验、专业基础理论、专业实践相结合，对形象设计进行全面梳理与诠释。主要内容包括形象设计的绪论、形象设计基础理论、形象设计与美妆造型、形象设计与美发造型、形象设计与服饰造型、形象设计与仪态美学、形象设计与创意构思以及经典形象设计案例分析。本书注重对形象设计专业学习者的系统理论知识培养与实践能力的提升，紧密结合实际，强化实用性，力图实现实践技能与理论知识的整合。

本书图文并茂，有大量实例，既可作为高等院校或职业院校服装专业教学用书，又可作为形象设计行业相关人士与广大形象设计爱好者的专业参考书，帮助读者快速掌握形象设计相关知识。

图书在版编目（CIP）数据

形象设计 / 李正，王小萌主编；施安然，余巧玲副主编 . -- 北京：中国纺织出版社有限公司，2023. 9
"十四五"普通高等教育本科部委级规划教材
ISBN 978-7-5229-0761-1

Ⅰ. ①形… Ⅱ. ①李… ②王… ③施… ④余… Ⅲ. ①个人—形象—设计—高等学校—教材 Ⅳ. ① B834.3

中国国家版本馆 CIP 数据核字（2023）第 135411 号

责任编辑：宗 静 特约编辑：杨晓洁 责任校对：高 涵
责任印制：王艳丽

中国纺织出版社有限公司出版发行
地址：北京市朝阳区百子湾东里 A407 号楼 邮政编码：100124
销售电话：010 — 67004422 传真：010 — 87155801
http://www.c-textilep.com
中国纺织出版社天猫旗舰店
官方微博 http://weibo.com/2119887771
北京通天印刷有限责任公司印刷 各地新华书店经销
2023 年 9 月第 1 版第 1 次印刷
开本：787×1092 1/16 印张：19
字数：318 千字 定价：88.00 元

服装学科现状及其教材建设

能遇到一位好的教师是人生中非常幸运的事，有时这又是可遇而不可求的。韩愈说："师者，所以传道授业解惑也。"而今天我们又总是将教师比喻为辛勤的园丁，比喻为燃烧自己照亮他人的蜡烛，比喻为人类心灵的工程师，等等，这都是在赞美教师这个神圣的职业。作为学生，尊重自己的教师是本分；作为教师，认真地从事教学工作，因材施教去尽心尽责培养好每一位学生是做教师的天道义务，也是教师的基本职业道德。

教师与学生之间是一种无法割舍的长幼关系，是教与学的关系，传道与悟道的关系，是一种付出与成长的关系，服装学科的教学也是如此，"愿你出走半生，归来仍是少年"。谈到师生的教与学的关系问题必然绕不开教材问题，教材在师生教与学关系中扮演着一个特别重要的角色，这个角色就是一个互通互解的桥梁角色。凡是优秀的教师都一定会非常重视教材（教案）的建设问题，没有例外。因为教材在教学中的价值与意义是独有的，是不可用其他手段来代替的，当然好的教师与好的教学环境都是极其重要的，这里我们主要谈的是教材的价值问题。

当今国内服装学科的现状主要分为三大类型，即艺术类服装设计学科、纺织工程类服装专业学科、高职高专与职业教育类服装专业学科。另外，还有个别非主流的服装学科，比如戏剧戏曲类的服装艺术教育学科、服装表演类学科等。国内现行三大类型服装学科教学培养目标各有特色，三大类型的教学课程体系也有较大差异性，这个问题专业教师要明白，要用专业的眼光去选择适用于本学科的教材，并且要善于在自己的教学中抓住学科重点实施教学。比如，艺术类服装设计教育主要是侧重设计艺术与设计创意的培养，其授予的学位一般都是艺术学，过去是文学学位，而未来还将会授予交叉学科学位。艺术类服装设计学科的课程设置是以艺术加创意设计为核心的，比如国内八大独立的美术学院与九大独立的艺术学院，还有国内一些知名高校中的二级艺术学院、美术学院、设计学院等的课程设置。这类院校培养的毕业生就业方向以自主创业、工作室高级成衣定制、大型企业高级服装设计师、企业高管人员、高校教师或教辅居多。纺织工程类服装学科的毕业生一般都是授予工学学位，其课程设置多以服装材料研究及其服装科研研发为重点，包括服装各类设备的使用与服装工业再改造等。这类学生在考入高校时的考试方式与艺术生是不一样的，他们是以正常的文理科考试进校的，所以其美术功底不及艺术生，但是其文化课程分数较高。这类毕业生的就业多数是进入大型服装企业承担高级管理工作、高级专业技术工作、产品营销管理工作、企业高级策划工作、高校教学与教辅工作等。高职高专与职业类服装学科的教育是以专业技能的培养为主要核心的，其在课程设置方面就比较突出实际动手的实操实训能力的培养，非常注重技能的本领提升，甚至会安排学生考相应的专业技能等级证书。高职高专的学生未达本科层次，是没有本科学位的专业生，这部分学生相对于其他具有学位层次的高校生来讲更具职业培养的属性，在技能培养方面独具特色，主要是为企业培养实用型专业人才的，这部分毕业生更受企业欢迎。这些都是我国现行服装学科教育的现状，我们在制订教学大纲、教学课程体系、选择专业教材时，都要具体研究不同类型学科的实际需求，要让教材能够最大限度地发挥其专业功能。

教材的优劣直接关系着专业教学的质量问题，也是专业教学考量的重要内容之一，所以我们要清晰我国现行的三大类型服装学科各有的特色，不可"用不同的瓶子装着同样的水"进行模糊式教育。

交叉学科的出现是时代的需要，是设计学顺应高科技时代的一个必然，是中国教育的顶层设计。本次教育部新的学科目录调整是一件重要的事情，特别是设计学从13门类艺术学中调整到了新设的学科14交叉学科中，即1403设计学（可授工学、艺术学学位）。艺术学门类中仍然保留了1357"设计"一级学科。我们在重新制订服装设计教学大纲、教学培养过程与培养目标时要认真研读新的学科目录，还要准确解读《2022教育部新版学科目录》中的相关内容后再研究设计学科下的服装设计教育的新定位、新思路、新教材。

服装学科的教材建设是评估服装学科优劣的重要考量指标。今天我国各个专业高校都非常重视教材建设，特别是相关的各类"规划教材"更受重视。服装学科建设的核心内容包括两个方面，一方面是科学的专业教学理念，也是对于服装学科的认知问题，这是非物质量化方面的问题，现代教育观念就是其主观属性；另一方面是教学的客观问题，也是教学的硬件问题，包括教学环境、师资力量、教材问题等，这是专业教育的客观属性。服装学科的教材问题是服装学科建设与发展的客观性问题，这一问题需要认真思考。

撰写教材可以提升教师队伍对于专业知识的系统性认知，能够在撰写教材的过程中发现自己的专业不足，拓展自身的专业知识理论，高效率地使自己在专业上与教学逻辑思维方面取得本质性的进步。撰写专业教材可以将教师自己的教学经验做一个很好的总结与汇编，充实自己的专业理论，逐步丰富专业知识内核，最终使自己的教学趋于优秀。撰写专业教材需要查阅大量的专业资料，并收集海量数据，特别是在今天的大数据时代，在各类专业知识随处可以查阅与验证的现实氛围中，出版优秀的教材是对教师的一个专业考验，是检验每一位出版教材教师专业成熟度的测试器。

教材建设是任何一个专业学科都应该重视的问题，教材问题解决好了，专业课程的一半问题就解决了。书是人类进步的阶梯，书是人类的好朋友，读一本好书可以让人心旷神怡，读一本好书可以让人如沐春风，可以让读者获得生活与工作所需的新知识。一本好的专业教材也是如此。

好的教师需要好的教材给予支持，好的教材也同样需要好的教师来传授与解读，珠联璧合，相得益彰。一本好的教材就是一位好的教师，是学生的好朋友，是学生的专业知识输入器。衣食住行是人类赖以生存的支柱，服装学科正是大众学科，服装设计与服装艺术是美化人类生活的重要手段，是美的缔造者。服装市场又是一个国家的重要经济支撑，服装市场发展了可以解决很多就业问题，还可以向世界输出中国服装文化、中国时尚品牌，向世界弘扬中国设计与中国设计主张。大国崛起与文化自信包括服装文化自信与中国服装美学的世界价值。"德智体美劳"都是我国高等教育不可或缺的重要组成，我们要在努力构架服装学科专业教材上多下功夫，努力打造出一批符合时代的优秀专业精品教材，为现代服装学科的建设与发展多做贡献。

从事服装教育者需要首先明白，好的教材需要具有教材的基本属性：知识自成体系，逻辑思维清晰，内容专业目录完备，图文并茂循序渐进，由简到繁，由浅入深，特别是要让学生能够读懂看懂。

教材目录是教材的最大亮点，十分重要。出版教材的目录一定要完备，各章节构成思路要符合专业逻辑，要符合先后顺序的正确性，可以说教材目录是教材撰写的核心要点。这里用建筑来打个比方，教材目录好比高楼大厦的根基与构架，而教材的具体内容与细节撰写又好比高楼大厦的瓦砾与砖块加水泥等填充物。建筑承重墙只要不拆不移，细节的砖块与瓦砾、隔断墙是可以根据个人的喜好进行适当调整或重新组合的。这是建筑的结构与装饰效果的关系问题，这个问题放到我们服装学科的教材建设上，可以比较清楚地来理解教材的重点问题。

纲举目张，在教学中要能够抓住重点，因材施教，要善于旁敲侧击举一反三。"教育是点燃而不是灌输"，这句话给予了我们教育工作者很多的思考，其中就包括如何来提高学生的专业兴趣，在教学中，兴趣教学原则很值得我们去研究。从某种意义上来讲，兴趣是优秀地完成工作与学习的基础保证，也是成为一位优秀教师、优秀学生的基础保证。

　　本系列教材是李正教授与自己学术团队共同努力的又一教学成果。参与编写的作者包括清华大学美术学院吴波老师、肖榕老师，苏州城市学院王小萌老师，广州城市理工学院翟嘉艺老师，嘉兴职业技术学院王胜伟老师、吴艳老师、孙路苹老师，南京传媒学院曲艺彬老师，苏州高等职业技术学院杨妍老师，江苏盐城技师学院韩可欣老师，江南大学博士研究生陈丁丁，英国伦敦艺术大学研究生李潇鹏等。

　　苏州大学艺术学院叶青老师担任了本次12本"十四五"普通高等教育本科部委级规划教材出版项目主持人。感谢中国纺织出版社有限公司对苏州大学一直以来的支持，感谢出版社对李正学术团队的信赖。在此还要特别感谢苏州大学艺术学院及其兄弟院校参编老师们的辛勤付出。该系列教材包括《服装设计思维与方法》《形象设计》《服装品牌策划与运作》等，共计12本，请同道中人多提宝贵意见。

李正、叶青

2023年6月

前言
PREFACE

　　"十四五"时期是中国服装行业开启时尚强国建设新征程的崭新的五年，服装行业迎来了新的发展机遇，同时也面临着诸多挑战。当消费需求不断更新迭代，形象设计也被赋予了全新的时代内涵与价值。随着经济发展和人们生活水平的不断提高，人们对外在形象美的认知和要求越来越强烈。形象设计作为一类快速发展的行业逐渐深入人心，不仅在一定程度上表明了人们对形象设计的诉求，也为形象设计的专业人员及队伍提出了更高层次的要求。

　　形象设计专业是一个技艺相生、创造美的专业，其人才规格要求技能覆盖面广，美育水平要求高，旨在培养从事人物形象设计、美容美发、舞台影视化妆等技术服务与管理等岗位人才。形象设计不仅要系统地掌握艺术造型理论和相关专业技能，而且要具备对各类人物形象特征与整体表现的把控能力；既精通形象造型艺术，又通晓现代传播理念，从而成为适应市场经济发展需要的高级复合型应用人才。在众多艺术院校中，形象设计作为一门综合性极强的专业必修课，涵盖了形象设计美学、形象设计表现技法、化妆品基础应用、皮肤美容问题分析与防治、形象色彩设计、人物造型化妆、发型设计、面部皮肤护理综合实训、整体造型创意设计等多项内容。该课程设计使学生既具备美妆、美发、服饰搭配、仪态管理、形象设计创意构思等方面的相关知识和技能，又兼具艺术修养、创意理念和国际化视野。

　　在编写与出版过程中，苏州大学艺术学院、苏州城市学院、中国纺织出版社有限公司的领导始终给予了大力支持与帮助，在此表示崇高的敬意与由衷的感谢。还要特别感谢李正教授为本书最初撰写提出的设想与修改意见，以及负责本系列丛书组织与作者召集工作的叶青老师。

　　本教材由李正、王小萌、施安然、余巧玲编。在撰写过程中笔者参阅与引用了部分国内外相关资料及图片，对于参考文献的编著者和部分图片的原创者，在此一并表示感谢。还要感谢为本书提供优秀案例资料的每一位同学。本教材是笔者多年形象设计教学经验的总结，书中涵盖了理论基础知识、优秀案例分析等内容，旨在为形象设计专业学生及从业者提供基础参考。但由于时间仓促及水平有限，内容方面还存在不足之处，在此请相关专家、学者等提出宝贵意见，以便修改。

编　者

2023年2月

于独墅湖畔

教学内容及课时安排

章/课时	课程性质/课时	节	课程内容
第一章 （12课时）	基础概念 与理论 （24课时）		**·绪论**
		一	形象设计的起源与发展
		二	相关概念界定与形象设计现状
		三	形象设计的价值与目的
		四	形象设计的范畴与原则
第二章 （12课时）			**·形象设计基础理论**
		一	形象设计的要素
		二	形象设计的形式美法则
		三	形象设计的色彩表达
		四	形象设计的风格定位
第三章 （12课时）	专业知识 与要点 （48课时）		**·形象设计与美妆造型**
		一	妆容在形象设计中的地位与作用
		二	妆容形象设计的基础知识
		三	妆容形象设计的基本方法
		四	美妆形象设计案例分析
第四章 （12课时）			**·形象设计与美发造型**
		一	发型在形象设计中的地位与作用
		二	发型形象设计的基础知识
		三	发型形象设计的基本方法
		四	美发形象设计案例分析
第五章 （12课时）			**·形象设计与服饰造型**
		一	服饰在形象设计中的地位与作用
		二	服饰形象设计的基础知识
		三	服饰形象设计的基本方法
		四	服饰形象设计案例分析

章/课时	课程性质/课时	节	课程内容
第六章 （12课时）	专业知识 与要点 （48课时）		**·形象设计与仪态美学**
		一	仪态美学概念与特征
		二	仪态美学分类
		三	仪态塑造的场景
第七章 （12课时）	创意构思 与拓展 （12课时）		**·形象设计与创意构思**
		一	形象设计中的创意思维
		二	形象设计中的灵感来源
		三	形象设计中的创意表现
第八章 （12课时）	综合案例分析 （12课时）		**·经典形象设计案例分析**
		一	职业形象设计案例分析
		二	休闲风形象设计案例分析
		三	前卫形象设计案例分析
		四	华丽形象设计案例分析
		五	浪漫风形象设计案例分析
		六	民族风形象设计案例分析
		七	田园风形象设计案例分析
		八	复古风形象设计案例分析

注 各院校可根据自身的教学特点和教学计划对课程时数进行调整。

目 录
CONTENTS

第一章　绪论 ··· **001**

第一节　形象设计的起源与发展 ·························· 002

第二节　相关概念界定与形象设计现状 ··············· 017

第三节　形象设计的价值与目的 ·························· 025

第四节　形象设计的范畴与原则 ·························· 029

第二章　形象设计基础理论 ······························· **035**

第一节　形象设计的要素 ·································· 036

第二节　形象设计的形式美法则 ·························· 043

第三节　形象设计的色彩表达 ···························· 058

第四节　形象设计的风格定位 ···························· 073

第三章　形象设计与美妆造型 ····························· **087**

第一节　妆容在形象设计中的地位与作用 ············· 088

第二节　妆容形象设计的基础知识 ······················ 092

第三节　妆容形象设计的基本方法 ······················ 105

第四节　美妆形象设计案例分析 ·························· 118

第四章　形象设计与美发造型 ····························· **127**

第一节　发型在形象设计中的地位与作用 ············· 128

第二节　发型形象设计的基础知识 ······················ 132

第三节 发型形象设计的基本方法·······················147

第四节 美发形象设计案例分析·······················156

第五章 形象设计与服饰造型·······················**167**

第一节 服饰在形象设计中的地位与作用·················168

第二节 服饰形象设计的基础知识·····················174

第三节 服饰形象设计的基本方法·····················197

第四节 服饰形象设计案例分析·······················211

第六章 形象设计与仪态美学·······················**221**

第一节 仪态美学概念与特征·························222

第二节 仪态美学分类······························224

第三节 仪态塑造的场景····························227

第七章 形象设计与创意构思·······················**239**

第一节 形象设计中的创意思维·······················241

第二节 形象设计中的灵感来源·······················249

第三节 形象设计中的创意表现·······················261

第八章 经典形象设计案例分析·····················**267**

第一节 职业形象设计案例分析·······················268

第二节 休闲风形象设计案例分析·····················272

第三节 前卫形象设计案例分析·······················276

第四节 华丽形象设计案例分析·······················279

第五节 浪漫风形象设计案例分析·····················281

第六节 民族风形象设计案例分析·····················284

第七节 田园风形象设计案例分析·····················286

第八节 复古风形象设计案例分析·····················289

参考文献·······················292

第一章
绪论

课题名称：绪论

课题内容：1. 形象设计的起源与发展

2. 相关概念界定与形象设计现状

3. 形象设计的价值与目的

4. 形象设计的范畴与原则

课题时间：12课时

教学目的：通过形象设计相关知识点的学习，使学生全面了解形象设计的起源与发展、概念界定、价值与目的、范畴与原则。

教学方式：1. 教师PPT讲解基础理论知识。根据教材内容及学生的具体情况灵活制订课程内容。

2. 加强基础理论教学，重视课后知识点巩固，并安排必要的练习作业。

教学要求：要求学生进一步了解形象设计的起源与发展、概念界定与发展现状、价值与目的等。

课前（后）准备：1. 课前及课后多阅读关于形象设计方面书籍。

2. 课后对所学知识点进行反复思考与巩固。

近年来，随着社会发展与人类科学技术的进步，人们对于内在修养与外在形象审美的要求也在逐渐提高。其中，形象设计作为生活中极为重要的一部分，不仅与人们的日常生活息息相关，更对其社交活动的方方面面产生着重要的影响。形象设计作为一个新兴行业，正逐步被公众所认知和接受，并根据人们的不同需求而不断变化。我国自20世纪80年代以来，为契合市场需求，逐渐出现了形象设计专业人员。随着形象设计理论体系的建设和相关技能研究的日新月异，从专业且实际的发展角度来指导形象设计的文献与实践案例也越来越多。当人们的认知需求与艺术审美要求不断提升时，外在整体形象也越加具有社会性与文化性。一个人的外在形象是通过视觉形象来呈现的，它涵盖了妆容、发型、服饰、仪态等多方面的整体造型搭配。不仅可以使人们在社交场合及生活中彰显自己的形象优势，而且能够获得一定的自我肯定与心理满足。

本章节以形象设计的起源与发展为切入点，从人类的诞生与艺术的起源、原始人类的形象审美与巫术等维度探寻其本真。结合形象设计发展过程分别进行系统性梳理与概述。针对形象设计相关概念界定、形象设计现状、价值与目的、范畴与原则等方面，全面概述形象设计所蕴含的精神理念与多元化现状。

第一节　形象设计的起源与发展

形象是社会公众对于个体的整体印象与评价，它是一个人内在素质和外形表现的综合反映。由于形象设计不但有消费者构成市场需求，而且化妆美容用品以及服饰厂商都可以将它作为促销手段。如今的形象设计已经是与商业紧密结合的产业，其设计形态已达到生活设计阶段，即以人为本，以创造新的生活方式和适应人的个性为目的，并对人的思想和行为作更为深入的研究。随着人们生活物质文化水平的不断提高，人们对艺术的鉴赏水平和对审美准则也都有了更高的需求。学习了解形象设计的起源与发展是社会大众洞悉其历史成因与未来发展趋势的必经之路，更是建立形象设计交流沟通的平台与基础。一方面，可以向社会传递历史文化、人文精神、社会意识等；另一方面，可以提高人们的文化素养和艺术审美感知力。形象设计的起源与发展涵盖了多个维度空间，本小节从四个方面阐释形象设计的起源，并将形象设计的发展历程梳理为五个阶段，从中探寻形象设计的发展规律与特征。

一、形象设计的起源

"形象设计"一词最早起源于舞台美术，是指用来表现模特发型、服装、化妆等整体的形象塑造。20世纪80年代起，形象设计曾一度风靡日本、韩国、欧美等国家，最早是由西方国家通过先进的色彩技术和理念发展而来的。因此，"形象设计"也被定义为是一个发展迅速的新兴行业。20世纪中后期起，形象设计逐渐在美国、法国等国家活跃起来。这一涵盖了化妆、造型、服饰等内容的新产业，不仅凸显了人们对更高层次的艺术审美追求，而且为社会大众提供了更为专业化、整体化、系统化的形象设计服务，成为日常生活中的重要组成部分。国外形象设计行业起步于20世纪60年代，被誉为新发现的自由时代，这一时期许多新兴思想、新兴文化逐渐形成，不仅影响了整个西方时装工业进程，而且为形象设计行业带来了巨大发展。自20世纪80年代后期起，形象设计呈现出高速发展的繁荣景象，同时也开启了整个系统的形象设计服务。人们的外在形象审美也逐渐走向多元，整个形象设计系统也趋于成熟。目前，国内许多研究学者及专家通过对形象设计的深入研究，以人物形象所具有的独特魅力为研究对象，从而衍生出一系列全新概念的生活方式。许多从事形象设计的设计师不仅拥有高收入、高地位等，而且受到了来自社会各界人士的欢迎。

（一）人类的诞生与艺术的起源

人类诞生与人类的历史同动物进化过程有着必然联系。法国著名生物学家让·巴蒂斯特·拉马克（Jean Baptiste Lamarck）在1809年出版了《动物哲学》一书，为后世打开了一盏通向人类起源研究的指路明灯。拉马克在著作中认为，动物之间确实存在着亲族关系，而高级动物是从低级动物形态中发展而来的。人类也是由类人猿进化而来的。继拉马克学说问世之后，它对英国生物学家、进化论的奠基人查尔斯·罗伯特·达尔文（Charles Robert Darwin）（图1-1）在1859年出版的巨著《物种起源》有着

抛砖引玉的作用。随着人类对达尔文进化论的逐渐认识，以前关于人类起源进化的种种谬论和神话就翻过了历史的一页。1871年，达尔文的另一部名著《人类的起源与性选择》进一步论证了他的科学观点，即"人类祖先是机能高度发达，但现在却已绝迹了的类人猿。"在地球上，人与动物的关系确实如此，直到文字产生之后，科学界才对有关人类诞生和进化的问题达成一致意见。著名人类学家理查德·利基（Richard Leakey）在其所著《人类的起源》一书中认为，人类史前时代存在四个阶段：第一阶段在约700万年以前，类似猿的动物转变成为两足直立行走的物种，是人的系统（人科）的起源；第二阶段是在700万~300万年前，物种适应不同的环境繁衍，产生出不同的分支；

图1-1　查尔斯·罗伯特·达尔文

第三阶段是在300万~200万年前，发展出脑明显较大的一个物种，是人属出现的信号，随后发展到智人；第四阶段是现代人的起源，开始具有语言、意识、艺术想象力和技术革新。神创论与自然进化论是人类诞生研究领域最为热门的观点。其中，一部分学者认为自然进化论已替代神创论；另一部分学者则认为自然进化论忽略了人与动物的本质差别。所谓自然进化产生人科动物，只是人类起源的外部因素，还必须依靠该物种共同的创造性进行劳动活动，只有这样才能使人科动物的意识、语言的萌芽，发展为明确的语言体系与思维能力，进而进化成人。

世界上一切事物都是运动变化的，而"人类的诞生与进化"只是其中的一种变化。纵观持续数百年众多学者的论说，"人类的诞生与进化"一词涉及的范围相当广泛。例如，用来说明天体消长、自然变化和生物演变；表述社会发展、人类进步和文化变迁；或是将其抽象化、概念化，进一步引申为一般事物的量变或质变。进化是拥有生命物体宏观的前进性变化，它是以生物大分子、细胞、器官和个体的运动等无数低层次系统结构为条件的，需要经过环境的一定选择与认可方能实现。因此，最新的生命系统理论认为，尽管突变和自然选择对生物进化很重要，但更重要的核心因素是创造力。在一定程度上，创造性不单纯指发明，而是如艺术家那样的天性使然、灵感迸发以及与大自然的直接联系所发挥出来的一种创造性。

艺术作为人类社会宝贵的精神财富，其不仅卓然独立，自成体系，而且渗透到人类社会生活的方方面面，与政治、宗教、社会、伦理、文化等领域水乳交融，互渗影响。我国近代教育家蔡元培先生（图1-2）在《美术的起源》一书中指出，美术具有特殊性，是人类特有的。他认为不应该把艺术的源头追溯到动物上，而是仅从人类学范畴去讨论艺术起源问题。因此，艺术与人类的其他知识体系自始至终发生着广泛而深刻的联系和互动，从而在人文社会科学与艺术学相关领域形成了许多交叉学科，如艺术人类学、艺术文化学、艺术社会学、艺术管理学、艺术民俗学、艺术考古学、艺术史学、艺术哲学、艺术心理学等。在人类文明的更迭中，"起源"是一个具有奠基性意义的问题。在美学与艺术研究中，

图1-2 蔡元培

对"艺术之起源"的探究同样是一条难以断绝的脉络。艺术并非孤立、自足的存在，而是人类实践中意味深长的环节。因此，对艺术起源的追问也应当被置于人类文化与精神的总体框架之中。自20世纪以来，不同研究者基于生物学、心理学、文化人类学、考古学等方面的知识储备，开辟了勘察艺术起源的若干方法论及路径。它们在一定程度上体现出合理性，也暴露出固有的症候与偏颇之处。它们不仅以各自的方式梳理了艺术起源的大致脉络，同时也在一定程度上折射出不同文化群体对起源问题的认知、理解与"想象性建构"。

"人类的诞生与艺术起源"蕴含了两种较为先进的观点，一是以和人类的进化同步的动态研究观点，促进了"艺术起源学"向"艺术发生学"转化；二是在动态发展的观点中体现了对多元决定论的包容。即艺术的起源与自然有着密切的联系，它们都源自哲学层面的思考。但是追根溯源，艺术的产生跟人类的生产劳动难以脱离关系，艺术的发生、发展都离不开人类的生产劳动实践。同时，艺术又不同于普通的生产劳动，艺术属于思想的社会关系，而不属于物质的社会关系，是一种社会意识形态。艺术的起源与自然之间存在一定的距离，是自然经过人类大脑处理后的物化表现。因此，面对人类诞生与艺术起源的相关问题，人们需要从某一门具体艺术的创作途径、传播载体和接收感官三个实际方面出发，结合时代资料进行具体分析。

（二）原始人类的形象审美与巫术

自远古时期起，人们开始制作并使用劳动工具，这也正是形象设计的雏形。而后，随着信仰时代的到来，产生了另外一种形象设计，即"图腾"。在人类最初的信仰中，人、鬼、神是混杂的，他们同处于一个世界。在史前时代，巫术是人类一切文化活动的源头。审美心理不仅与人们的劳动实践和行为操作纠缠在一起，还与人类的其他意识活动相交融，如巫术、宗教等。因此，巫术活动在原始人类的生活中具有重要意义。

原始巫术思维本身是落后生产力和人类早期幼稚思维的产物。在巫术活动中，"巫术直观"是原始人类巫术活动的核心。巫术作为一种原始人的整体思维方式，是早期原始人以一种"以己度物"的方式来认识世界和沟通世界的思维方式。在这种思维中，他们赋予了对象事物宇宙生命力。在长期的劳动实践过程中，史前先民适应了观察大自然的各种物象，通过简单的经验累积，逐渐学会模仿并表现自己的"心中之象"。此"心中之象"就是在这种简单直观的思维方式中产生的。它是一个从对象到人的反映过程，同时是一个从人到对象的投射过程。这个过程不仅是双向的，更重要的是它遵循的是一种写实原则，也成为早期审美心理直观性的萌芽。例如，集中在内蒙古乌拉特中旗、乌拉特后旗、磴口县等旗县境内的阴山岩画（图1-3），其艺术水平精湛，刻法有敲凿、磨刻、线刻等，世界上只有少数岩画遗迹可与之媲美。阴山岩画题材极为丰富，包括动物、人物、飞禽图案及人类的狩猎、乘骑、放牧、舞蹈、征战、巫师作法、日月星辰、圆穴等大量的符号、标记等。其中，有几幅将动物的角或头的图案放入方形圈的图像最具代表性。学者们普遍将"方形圈"解释为一种巫术圈，将动物的角或头画入圈内是在表达将整个动物置于巫术意志掌控之中的强烈愿望。

图1-3 内蒙古地区阴山岩画

史前人类在劳动过程中首先追求的是一种物质上的实用价值，因为这直接关系到他们的生存。劳动带给史前人类的情感体验是多方面的，其中对节奏感、协调感和愉悦感的追求使劳动显得省力而有效。正是在这种愉悦感中，史前人类的审美心理悄无声息地出现了。在原始人看来，巫术绝不是一种科学，而是"一门早产的艺术"。从跨文化视野来看，人类审美心理的发生期和孕育期是巫术文化兴盛的时期。我国著名哲学家李泽厚先生在《美学四讲》中将美的根源（或由来）归结为"自然的人化"。他把一些客观事物的性能、形式等归为实践。在谈到美与美感的问题时，认为其根源是人类悠久的生产劳动实践。在原始时代，形象审美与巫术不是思维或理解的结果，因为人类当时并没有发达的理性认知来建立复杂的语言系统。因此，当人们认为"形象审美"起源于巫术时，它代表了从巫术活动中的一种祭祀仪式符号转化为审美符号的过程，生动地还原了最初巫术活动的形式。这种具有特定意义的、神秘的、庄严的、崇高的活动在今天仍然包含审美情感的因子，同时逐渐被引申与扩大。

（三）神话中人类原始形象的塑造

神话是原始初民的艺术，是远古人类对世界起源、自然现象和社会生活的原始理解的最早记录。从认识论角度来看，神话反映了人类初级形态的认知心理结构，是原始人类的主观意识对于客观现实美的认识的产物。与西方神话中人类原始形象相比，中国神话中人类原始形象的塑造更具有沉勇、庄严的氛围。例如，西方神话通常充满了一种外向型的纯真、活泼与纵情，而中国神话则是一种内向的、自主的、理性的忧患意识和反省思考，更多地表现了中国先民在严峻的自然环境中与复杂的社会条件下百折不挠的艰苦抗争和奋斗精神。这也正是数千年来中华民族性格的真实写照。纵观各民族神话中的人类原始形象塑造，都有一个由低级向高级发展的上升过程。一般低级阶段的神话形象明显带有飞禽走兽的特征。因此，前期的神话形象通常是原始的、质朴的，而后期的神话形象则具有人类的外形和性格。

成书于战国时期至汉代初期的《山海经》，常与《易经》《黄帝内经》并称为上古三大奇书。书中记载了关于上古地理、历史、神话、天文、动物、植物、医学、宗教以及人类学、民族学、海洋学和科技史等方面的诸多内容，是一部上古社会生活的百科全书。书中多处记载了怪兽的特征，它们通常具有某种超自然力，对原始人类生活有着正面或负面影响。这些简略且有力的文字足以证明这些神话的原始性，其共同特点是纯粹自然神，毫无人格化痕迹，具有祸福于人的超自然力。其超自然力的表现常与迷信相结合，体现了原始思维的混融性、未经概括的抽象性、原始文化的粗疏性等特点。这些神话均以虚幻为真实，以险异为雄奇，以荒诞为瑰丽，以蒙昧为睿智，使人受到精神上的鼓舞和情感上的愉悦。它揭示了人与自然之间最原始的审美关系，虽朦胧混沌，却严肃认真，表现神话中人类原始形象审美的天真与稚气，兼有虚幻朴野，离奇怪诞的美学风貌。

总之，神话作为人类语言发明后所形成的第一种意识形态，在其深层结构中深刻地体现着一个民族的早期文化。在不断演进的历史中，积淀于民族精神的底层，从而转变为一种自律性的无意识集体，同时，深刻地影响着不同领域文化的发展。在此意义上，神话中的原始人类形象塑造绝不仅是一种纯美学性的比较，而是蕴含着一种形象审美心理、民族文化和民族历史的深层结构，也是对文化本身之根的挖掘和探求。

（四）阶级的出现与形象审美层次化

在阶级存在的社会中，所有阶级都必然以本阶级的利益来衡量一切。人们的形象审美观念一般是由阶级立场、思想观点所决定与转移的。一定阶级的审美观念是一定阶级的立场观点在审美活动中的表现。在审美活动中，也必然以本阶级的利益为转移来评价事物的美丑。剥削阶级的利益和劳动人民的利益有深刻的矛盾。特别是处于没落时期的剥削阶级，他们的阶级利益与社会历史的发展方向是相对立的。而所谓美，也就是符合社会历史发展方向的生活。因此，美的发展也就与剥削阶级的阶级利益相矛盾。这就是剥削阶级常常歪曲事物的美丑性质，或以丑为美，或以美为丑的根本原因。无产阶级是人类历史上最进步的阶级，代表全人类的利益。它的发展方向是与社会历史的发展方向相一致的。这也就是说，它的阶级利益与美的发展方向也是一致的。只有在无产阶级审美观念的指导下，才能客观地揭示和评价事物的美丑性质，才能通过社会实践不断地创造美，从而推进美的发展。

形象审美是阶层之间进行符号区分的行为结果，也是一种基于集体品位而做出的集体选择性的产物。由于品位具有不断变动的特征，形象审美也呈现出流动性特征。人们不仅可以根据自己的经验辨认出审美时效，而且能够洞察出其与整个社会生活风格和氛围之间的微妙关系，并以此作为依据选择接受或者拒绝官方推行的形象审美。例如，在古代阶级层级固化的日常生活中，人们将官方倡导的形象审美准则和自己认同的审美意向进行对接、融合，从而在审美与阶级之间生产出一种既应时又能为自身接受的形象审美风格。

二、形象设计的发展

形象是内在与外在相结合的一种表现与整体评价。由于形象设计的市场需求与日俱增，而化妆美容用品和服装厂家都在利用形象设计来吸引顾客，并以此来提高产品的销售量。形象设计不仅是为了个人的美而存在，而且与商业发展越来越紧密相连；不仅改变了人们的生活方式，并且对人们的思想和行为都有一定的影响。形象设计离不开人们的日常生活，它与人们紧密联系在一起，是紧紧围绕着人们的生活展开的。它包含了生活中每一个细节的形象安排，包括日常上班时该以什么样的穿着打扮去面对同事、在不同社交场合中该如何穿着、如何打理发型、如何呈现个人形象等一系列的问题。在形象设计发展的历史长河中，共经历了五个时期，分别是原始社会时期、奴隶社会时期、封建社会时期、近现代和当代。

（一）原始社会时期

勤劳的先人们创造了辉煌灿烂的中国文化，而原始社会中的形象设计也在中国传统文化中有着举足轻重的地位。在原始社会时期，人们的祖先在漫长的实践中不断改造自然和劳动工具，并逐渐产生和发展着自己的思维能力、审美能力和创造能力，孕育出了大量令人赞叹不已的惊世作品。早在远古图腾崇拜时期，先民们为了生存，对神秘莫测的宇宙万象和诸多动植物的形状与生活特性充满了幻想与猜测。随着进一步征服自然的步伐越来越快，祈福求安的图形符号也随之诞生。出现在这一时期彩陶工艺上的动物纹、人面鱼纹等纹样都带有"人敬天神"的意味。这种图腾文化也在客观上奠定了吉祥纹样的发展基础，先民们的生活经历也极大地丰富了吉祥纹样的题材，他们广泛地将这些纹样应用于建筑、雕塑和民俗之中。新石器时期的彩陶、石雕、玉刻中先后出现了各种形状的纹样，如龙、凤、龟、鸟等，以及云纹、水波纹、回纹等纹饰也先后出现。中国吉祥纹样符号的资源极其丰富，它也是中华文化中最典型、最有代表性的符号。

在人类尚未开化的远古时期，由于物质生活环境极其恶劣，生产工具简单粗暴，人类还没有多少形象审美的意识。这一时期的形象设计主要以石器为核心。例如，上海青浦出土的良渚文化玉项链（图1-4），新疆哈密古墓出土的原始社会晚期皮衣（图1-5）等，青海大通县孙家寨出土的马家窑文化彩陶上有三组（每组五人）剪影式舞蹈人物纹样（图1-6）。从人物剪影的垂饰判断，这些人物似乎穿着下摆齐膝、臀后垂尾的兽皮衣。此外，选择动物皮毛作为服饰形象材料，一方面是为了狩猎时便于伪装接近猎物；另一方面则是文化信仰等方面的原因。在原始社会时期曾出现过众多成功的形象案例，它们不仅是为了塑造栩栩如生的形象和社会生活的简单表现，而是将其具有的鲜明的独特个性发挥出来，从而表现丰富而广泛的社会概括性。这是一种在人类与动物、器物等原有

图1-4 上海青浦出土的良渚文化玉项链

特征基础上再创造的艺术形式。对于社会、历史都具有再创造的审美认知功能，往往能够更加深刻真实地揭示社会、历史、人生的真谛，在反复实践中反映出对社会的认知。

图1-5 新疆哈密古墓出土的原始社会晚期皮衣

图1-6 青海大通县孙家寨出土的马家窑文化彩陶

（二）奴隶社会时期

夏商周时期是中国奴隶社会的开端。当进入阶级社会后，我国的造物技术和表现形式有了长足发展，各类艺术品、青铜器、陶器、玉器等丰富且精美。当历史演进到阶级社会时，形象设计的形式已不再是单纯的物质性延续，而是开始注重阶级意识和统治观念的表现，即在服装中注入等级差别的内涵。于是，服装的礼仪制度也就应时而生。夏商周时期是中国服饰史由原始社会以巫术象征过渡到以政治伦理为基础的王权象征的重要历史时期。根据《周礼》等书中的记载，当时把礼划分为吉礼、凶礼、军礼、宾礼及嘉礼五大类，俗称五礼。这些繁缛的礼仪规定了统治阶级和被统治阶级之间，统治阶级与统治阶级之间，被统治阶级与被统治阶级之间的礼节界限。《商书·太甲》有"伊尹以冕服，奉嗣王归于亳"，表明奴隶主贵族身穿冕服举行祭礼。国王在举行各种祭祀时，还要根据典礼的轻重，分别穿着六种不同的冕服，总称六冕。所谓冕服，就是由冕冠和礼服配成的服装。此外，商周时期的服饰开始礼制化，其中上衣下裳，形成君王冕服，普遍着深衣的趋势。据《深衣篇》记载，深衣是君王、诸侯、文臣、武将、士大夫都能穿着的，诸侯在参加夕祭时不穿朝服而穿深衣。儒家认为，深衣的袖圆似规，领方似矩，背后垂直如绳，下摆平衡似权，符合规、矩、绳、权、衡五法，所以深衣是比朝服次一等的服装，庶人则用它当作"吉服"来穿。

再如，梳理头发时使用的一些饰物，如簪、笄等（图1-7），它们是一根一头粗钝，一头尖细的长钎子，一般用陶、竹子、骨头、金属以及玉石制作。大致在先秦时期叫作笄，而从汉代起叫作簪。平民多使用竹制品，而贵族们的簪、笄都是用象牙、玉石等贵重材料制成，并且在钝的一端雕刻出精美的花纹。礼仪制度规定"十五而笄"，是指女子到15岁以后，就要把头发盘到头顶上，再用黑色的巾帛包裹住头发，在上面插上簪、笄等头饰进行固定。这一类似男子的成丁礼，表示女子从此长大成人可以出嫁了。直至近代，中国一些地方还保留着女子在出嫁时要将头发改梳成盘髻的风俗，叫作"上头"，这也是古代礼仪的遗绪。在商周的墓葬中还出土了大量的玉、石、陶、铜制人形俑。从它们的服饰上可以看出在阶级社会中，身份不同，衣着形象也有所不同。商周时期，已经形成一套完整的服饰体系。有

图1-7　古代女性发簪

衣、裳、鞋、帽以及各种饰物，还有与之相配的发式与妆面等。但这些只是上层社会人物可以享用的文明成果，而广大的平民与奴隶则不可能具有如此丰富的衣着。周公制礼，建立了一套完整的、以血缘家族观念为基础的等级制度，它系统地完善了与等级制度相匹配的服饰制度。从此，中国的服装就成为标志上下尊卑的工具，不同的阶级被清晰地划开，不得僭越。

（三）封建社会时期

中国封建社会是指从中国古代秦朝开始，到清朝后期（鸦片战争前）结束的历史时期，持续了两千多年。封建社会悠久的历史造就了服饰纹样多种多样的变化，对后世产生了深远的影响。公元前221年秦灭六国，建立了中国历史上第一个传统的、多民族封建国家，推行"书同文，车同轨，兼收六国车旗服饰"等一系列措施。秦代建立了初具规模的服饰着装制度，主要是根据社会的等级来进行划分的。对于底层的人民，政府规定其必须着麻布衣。对于居于金字塔上层的人们，在服饰的选择上则以"衣丝"为贵。《日书·衣篇》记载："入七月七日乙酉，十一月丁酉材衣，终身衣丝。十月丁酉材衣，不卒岁必衣丝。"从该记载可分析，当时人们以"衣丝"为贵，"衣丝"也是秦代人们追求富贵的特征。这一时期的军服分为高级将军、中级军官、下级军官、士兵等。秦朝甲衣着色非常艳丽，仅战袍就有朱红、玫红、粉红、紫红、石绿、宝蓝等多种颜色（图1-8）。

图1-8　秦朝战袍

汉代服饰的艺术形态首先是宽衣大袖与峨冠博带。汉代服饰以袍服为主，宽绰阔大的服饰形制形成汉代服饰的宽衣大袖，体现出威仪凝重的审美内涵。自汉代开始，黄色开始作为皇帝朝服的颜色。西汉时期头饰和发髻较为朴拙，常以花朵作为头饰，不讲求头饰的华丽。发髻也多以头后挽髻为主，饱满且质朴。东汉时期头饰和发髻明显变得复杂、华丽，头上的装饰品有耳珰、簪、华胜、金步摇（图1-9）等，发髻的样式也更加丰富，假发的使用更增添了发髻的雍容华贵。汉代服饰形象的多样性是这一时期所特有的审美意蕴，是汉代富丽多姿而又质朴雄浑的完美展现。

图1-9　东汉女性发饰"金步摇"

　　魏晋南北朝时期战乱频繁，汉族与各少数民族之间相互融合，杂居交错。此时的服饰纹样形象较为纷繁，加之佛教的传入，中华服饰文化进入新的历史发展时期。这时的服饰形象一方面继承了秦汉艺术风格；另一方面吸收了外来文化。服饰文化在造型设计上更加粗犷、肥厚。随着丝绸之路的逐渐壮大，中外贸易往来也变得十分密切，一些异族的纹样不断传入中国，人们也开始使用佛教纹样来作为装饰，如莲花纹、忍冬纹等，这些纹样大都对称排列，装饰性较强。此外，当战争与民族的迁徙使服饰文化碰撞、融为一体时，服饰纹样的形制也相应得到了改革与发展。

　　唐代女性服饰形象是中国服饰历史上最为精彩的篇章。这一时期既有富裕的经济基础，又勇于接受外来文化，并以此来实现服饰形象革新。唐代女性服饰十分有特色，下身长裙的裙腰提至腋下，领口通常富有变化，如圆领、方领、斜领、鸡心领等。盛唐时的袒领一般为宫廷嫔妃所穿着，服装样式极为开放、大胆（图1-10）。同时，唐代女性还盛行穿着男装和少数民族服装。少数民族服装又称为"胡服"，体现了北方游牧民族匈奴、契丹等与中原交往的密切程度。唐代服饰纹样题材广泛、色彩斑斓、疏密有致，表现了一种积极向上的精神品质和艺术风格，并一直影响后世的纹样发展。例如，明清时期的团花纹样、皮球花纹样等均由唐代宝相花、唐草纹等纹样演变而来。宋代纹样在唐代的基础上面料更加丰富，其中蜀锦和缂丝纹样尤为突出，多以折枝花为主。提花纹样更是丰富多彩，花纹之间相互呼应，形成了和谐统一的视觉艺术效果，色彩也更加艳丽迷人。宋代丝织业发展在产量、质量、花色上都有很大提升，宋代锦约40余种，如绢、绫、纱、绮等。纹样多以植物、动物、人物相结合，一改唐代的浓墨重彩，略显拘谨，更多的是一种恬淡、静雅之美，对后世的影响具有深远的意义。元代是我国第一个少数民族统一的国家，蒙古族人喜欢用捻金线和片金来制造织物，

图1-10 簪花仕女图（局部）

图1-11 宋高宗后坐像（局部）

使服装呈现金色。元代地域广阔，虽然汉、蒙两族的服饰仍然沿用，但民族杂居在一起，必定会相互融合。蒙古族人们还从征服来的地区汲取大量文化作为他们的服饰纹样，如缅甸锦、波斯纹样等。元代还继承了宋代的丝织业，使服饰纹样更加丰富多彩。自宋代起，对女性肉身的约束逐渐开始强化。这主要表现在三个方面：一是妆容由唐代的浓艳招摇走向文静素朴，二是缠足开始流行，三是汉族女性开始穿耳。因此，从宋代大量的传世人物造像来看，宋代的妆容一反唐代浓艳鲜丽之红妆，而代之以浅淡、素雅的薄妆，如《宋高宗后坐像》（图1-11）等；在眉妆上则以纤细、秀丽的蛾眉为主流；在唇妆上也不似唐代那样形状多样，而是以"歌唇清韵一樱多"的樱桃小口为美。北宋词人秦观的"香墨弯弯画，燕脂淡淡匀"（《南歌子·香墨弯弯画》）基本就是北宋女性日常的典型妆面。

　　明代服饰最为突出的特点是前襟的纽扣代替了数千年的带结。纽扣的使用体现了时代的进步。明代江南地区盛产棉花与桑蚕，拥有多种发达手工业，邻近地区大都"以机为田"，逐渐摆脱了数千年以来的封建经济。对服饰面料、色彩、图案等方面的发展起到了至关重要的推动作用。一时形成了北方服饰仿效江南地区的趋势，改变了原有服饰效仿京都的局面。明代也是织绣技艺迈向顶峰的重要时期，如在官服中出现了补子，其中不同级别纹样的华丽程度各不相同。明代在服饰纹样上大多采用谐音和寓意的手法，通常将吉祥和祝福之词应用于服饰纹样上，如松树和仙鹤寓意长寿、瓶子代表平安、蜜蜂和猴表示封侯当官等。明代女性发髻包括坠马髻、螺髻、流苏髻、桃心髻、牡丹髻、鹅胆心髻、挑尖顶髻等多种式样。在妆容打扮上会使用水银烧粉，或用玉华花作为傅粉材料，以杉木炭研末抹额，眉间贴以翠羽为材料制成珠凰、梅花、楼台等式样的面花等。在女性衣裳方面，明代女性服饰有精致典雅、层次有致的内装领饰、质地精良的抹胸、穿于衫外的褙子、从元代承袭而来的比甲、求奇尚巧的水田衣，还包括大红绿绣的藕莲裙、色彩鲜艳的画裙、繁复的细简裙、华美精致的月华裙；在鞋袜方面，明代女性有穿膝袜和弓鞋的记载，还有一些女性穿着木屐与靴的风尚。

　　清代是满族统治的政权，满族入关以后，满汉服饰文化相融合，但仍然保留着游牧民族的服饰特色。满族崇尚白色，因此服饰色彩较为淡雅。清代在服饰制度上实行了残酷的民族镇压政策，如坚守其本民族的旧制，并以强制手段推行，致使在近三百年间男子服装基本以满服为模式。在"男从女不从"的规范下，满汉女子基本保持各自的服装体制。满族女性穿袍，一般袍体较为宽大，衣长至足，两边开衩；脚穿花盆底鞋（图1-12），底高1~2寸或4~5寸，高跟在鞋底中心，穿着这种鞋主要有两个目的：一是为了掩盖女性的天足；二是为了增高体形，体现满族气势。清代饰物还具有一定的实用和装饰功能，同时也内含强烈的政治色彩与象征功能。清代官帽所饰宝石种类、颜色和羽翎材质、眼数等方面揭示了清代森严的官制规定。例如，彩帨是清代后妃等贵族垂戴于胸前的彩色绸带，在色彩及纹饰上尊卑有别，具有极强的装饰性和功能性。清代服饰

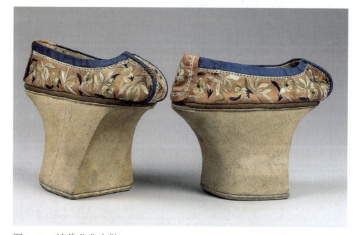

图1-12　清代花盆底鞋

纹样多以写生手法为主，取材广泛，配色明快、组织紧凑、种类繁多、花色多样，讲求层次上的变化。例如，龙、狮、百兽、凤凰、仙鹤、百鸟、梅、兰、竹、菊、百花、云纹等纹样均在中国服装史上留下了浓墨重彩的一笔。

（四）近现代

自1860年至辛亥革命，再到"五四运动"时期，统治阶级本身为了维护自身的统治，开始被迫接触和采纳国外的先进技术和思想文化。从民族资本主义属性的角度来看，民族资本主义的文化便是在外国资本主义文化的夹缝中发展起来的，其本身具有既接纳又排斥外国文化的特点。这一时期，还有许多怀着救国救民思想的热血青年留学欧洲、美国、日本等近代资本主义国家，不断寻求自强自立的道路。因此在服饰形象上的展现，便是既有传统的旗装、长袍、玉佩、烟壶等，又有中山装、西服、眼镜、钟表等（图1-13）。在20世纪初，探寻中国新道路的人士穿上了中山装，在一定程度上强烈地反映了中国要求独立自主发展自己国家的愿望。中国文化运动先驱鲁迅曾在其作品中描述穿西装、留长辫子的"假洋鬼子"形象，一针见血地指出了西装和长辫

图1-13 民国时期服饰单品

子之间的文化冲突，以及在冲突中的接纳与融合。其中，当中国农民开始从购买向中国市场倾销的机织洋布与穿戴中山装，反映了中国农民强烈地反对封建压迫和反抗外来侵略的思想，也为后来中国共产党领导下的新民主主义革命奠定了群众基础和革命联盟。

在西方20世纪10年代，由于第一次世界大战的爆发，人们的价值观和审美观也发生了改变。女性服饰从20世纪初S形外观的成熟女性形象转变为追求宽松直筒式风格，腰线降低至胯部，否定女性特征等服装式样。讲究叛逆、平胸、窄臀是这一时期的理想形象。20世纪20年代，资本主义各国的经济得到逐步恢复并进入快速发展阶段，此时服饰在总体上继承了10年代的服饰风貌，并在此基础上有些许变化，更多地追求花哨而轻松的式样。服饰形象作为时代的一面镜子，在不同历史时期呈现出不同的时代风貌。近现代的服饰流行特点或许可以引导时尚业反思服装产业如何受到经济生活的影响、如何影响消费者的时尚态度和消费心理等。

（五）当代

随着改革开放及中外文化交流日益频繁，形象设计成为青年最具吸引力、最易模仿的文化载体。当社会大众生活水平逐渐提高，对于个人的外在形象已不仅是单纯地模仿西化，而是更加注重自身的个性表达与民族情感。形象设计的发展与社会的进步是密切相连的，这一点是任何时代都具有的共性。

当下是形象设计百花齐放的新时代，不同风格的妆容形象、发型形象、服饰形象等如雨后春笋般涌现，给人们的生活也增添了许多靓丽的风景线。主要特色有三个方面，一是追赶时尚的革新发展。例如，现今的"Z世代"人群多为有着自主独立思考的新群体，他们不再认同原本的主流时尚，想要追求更加能够表明自己生活态度的时尚和服装，标榜出自身的"酷"和与众不同，这些都与亚文化的核心重合。当下伴随"千禧一代"消费能力的成长，也加速了他们通过时尚回归童年的脚步。"Y2K"风格的翻红受到了跨时代文化连接的影响，从诞生起就充满超现实主义和未来感，热衷这一风格的年轻人希望通过这种形象塑造在其幻想的乌托邦中寻找归属感，并为其带来乐观向上的情绪。二是满足日常社交生活的需要。面对形象设计市场需求的日益剧增，目前我国从事形象设计相关工作的人群也在不断增加。其中，许多从业人员是从美容、美发、化妆等行业中分流而来，通过系统的学习之后成为专业形象设计师，为客户解决日常形象塑造中的问题。过去，形象设计只是与影视表演、服饰设计等相关专业的少数院校所开设的一门课程；而今，已被众多本科及中高职院校纳入教育教学体系之中，以此来提升学生美育的新路径。此外，还得到了从业人员及社会各界人士青睐，成为其日常社交生活中不可或缺的必需品。三是民族情感的传递。对于形象设计而言，民族情感在形象设计中的应用有利于人物自身风格的塑造。形象设计师应深入洞悉人物本身的风格与特色，寻找并挖掘出有价值的民族情感符号。将文化内涵融入形象设计中，按照现代审美观念进行改造，并赋予其现代气息。使这一富有民族情感的形象拥有新的内涵，焕发新的生命力。例如，当下汉服文化颇受年轻人欢迎（图1-14），青年一代自发传承中华民族传统文化。通过汉服形象呈现蕴含东方元素的审美印象，体现象征国际语境下的民族身份，并在文化层面表达传承语境下的家国情怀。

图1-14　现代身着汉服的女性形象

第二节　相关概念界定与形象设计现状

　　形象设计是根据社会的发展进程而不断完善的。随着时代的发展和物质生活水平的不断提高，人们对化妆、美容、美发、服饰等整体形象设计的要求也越来越高。一个人的外在形象不仅是化妆与服饰的装饰，也是整体形象的一种表现。它不仅是日常生活的一项活动，更具有社会性和文化性。本小节从形象与形象艺术、艺术与艺术设计、设计与形象塑造、动态形象设计与静态形象设计、审美与美学、形象设计美学、形象设计的基本属性与范畴等方面对形象设计相关概念进行准确界定。同时，针对形象设计现状进行分类概述，分别从传统形象设计审美现状、形象设计中的亚文化现状、形象设计材料多元化现状、形象设计首发与技术现状、高科技与艺术相结合的现状进行阐释。

一、相关概念界定

形象设计的概念界定涵盖了多个方面，从不同角度解读相关概念有着不同的内涵意义与属性特征。在学习形象设计专业理论之前，对相关概念的梳理与阐释可为后期深入且全面的学习奠定稳固基础。这一部分主要就形象与形象艺术、艺术与艺术设计、设计与形象塑造、动态形象设计与静态形象设计、审美与美学、形象设计美学、形象设计的基本属性、形象设计的范畴、形象设计的学科归属、形象设计的核心问题、形象设计的边界问题等概念进行界定。

（一）形象与形象艺术

形象是指能够引起人的思想或情感活动的具体形态或姿态。形象在文学理论中指语言形象，即以语言为手段而形成的艺术形象，也称文学形象。它是文学反映现实生活的一种特殊形态，也是作家的美学观念在文学作品中的创造性体现，可通过有效且生动的语言刻画或描写出一个人物或事物的外部形象特征。形象艺术是一种遵循美的规律的艺术形态，是一门改变个人外貌、着装来表达特定气质的技术，它是塑造形象的一项独特性艺术系统工程。形象艺术将医学、科技和审美有机结合，对人的形象实施全方位的整体美化。它所应用的领域涵盖室内设计、景观设计、视觉传达设计、妆容设计、发型设计、服饰设计、建筑设计、城市形象设计、工业设计等。

（二）艺术与艺术设计

从传统的功能主义定义来看，艺术即具有再现对象、表现情感或形式审美功能的实践活动。艺术是人们追求"美的事物"的精神活动。从历史的发展脉络来看，尽管人们在各自的研究领域中对"艺术"做出了多种阐释。但是，从它发生的最初时刻开始，就存在着人类对美好事物的追求，并逐渐凸显出艺术的"精神活动"特征。近现代艺术的实践和思潮不断在时代背景之下穿梭，艺术的精神属性也并未因此发生任何改变。直至今日，艺术的形象性、情感性、审美性和创造性依然是人们辨析艺术之美的主要特征。无论人们的生活环境发生怎样的变化，艺术本身所具有的作用将始终存在。艺术设计是指依据人的经济性或实用性的目的和要求，以视觉形象的方式赋予物品或空间以美的形态的创造性活动。其中的"形态"一词，不仅指事物在一定条件下的表现形式，也可指一种结构性要素。不同元素的排列组合或者编码方式，即可构成不同的形态。其定义的本意是确认"设计"的艺术指向性。"艺术设计"是"设计"中的一部分，唯有体现艺术的基本特征的设计，才能称为"艺术设计"。

（三）设计与形象塑造

设计与形象塑造是密切相关的一项系统工程，它既要符合时代背景、文化环境的要求，又要使用准确的形态和色彩来表达人物或事物的性格特征。从而塑造出人物外在形象与精神内涵和谐统一的视觉效果。设计是指设计师有目标、有计划地进行技术性的创作与创意活动。其任务不只是为生活和商业服务，同时也伴有艺术性的创作。根据美国工业设计师维克多·帕帕内克（Victor Papanek）的定义，设计（Design）是为构建有意义的秩序而付出的有意识的直觉上的努力。形象塑造是塑造人物或事物形象的一个系统性工程，其中包括了形象定位、文化、个性等内在要素，也包括了视觉形象设计、广告形象宣传、公共关系形象、营销传播形象等外在要素。通过这样一个系统工程及过程，成功的形象塑造才能在大众心中树立、构筑、创造和长久地维护。

（四）动态形象设计与静态形象设计

所谓"动态"是指事物脱离静止状态后而发生变化的情况。在设计领域中，"动"与"静"存在着相对关系，二者相互关联，又形成鲜明对比。"动"是指事物发展、运动的具体表现，是针对物体本身所表现出的活动和神态。动态形象设计是一种在数字技术的支持下，出现的不可缺少的设计表现形态。当一件形象设计作品缺乏"动态"表现时，则会失去灵动性和趣味性，无法更好地吸引受众眼球，缺少体验感。所谓"静态"是指停止不动、相对静止的状态。在静态形象设计时需要全面考虑各类因素，如掌握静态展示美学、展示设计、平面设计等方面的知识。但是，如今传统的静态形象设计正被体验式形象设计方式所替代，后者加入了大量的新技术、新手段，设计师在向参观者传达信息的同时，也更注重从旁观者的心理体验入手，引导他们参与其中，使其享受愉悦的心境。由此可见，在多种技术元素参与的条件下，静态形象设计在品牌形象策划、文化形象传播、市场营销中的作用将会变得越来越重要。

（五）审美与美学

审美是人类理解世界的一种特殊形式，是指人与世界（社会和自然）形成一种无功利的、形象的和情感的关系状态。审美是在理智与情感、主观与客观上认识、理解、感知和评判世界上的存在。审美现象是以人与世界的审美关系为基础的，是审美关系中的现象。从古至今，人们对于美和艺术的追求都从未停歇。作为一个带有主观色彩概念的词语，审美难以通过文字性的叙述对其下定义，且随着时代的更迭，社会对于美的理解也是一直在发生变化的。人的审美活动是人类生产实践发展到一定阶段的产物。美的创造与艺术是在人对美的认识的基础上形成的，而美学则正是在审美活动与艺术创造产生之后诞生的一门科学。美学研究的对象包括自然美、社会美、艺术美、美的认识、美的创造等，它既是一门边缘性学科，同时又有自身的独立性。美学始终在哲学中占据着一个分支的地位，其研究范围极为广阔并不断向新的领域开拓。

（六）形象设计美学

形象设计不仅是一门具有社会性质的学科，还是一个综合艺术类的学科。在形象设计中存在着许多美学理念，设计师不仅要突出人物或事物的设计感，还要向观者传达美学概念，这是形象设计者应肩负的责任。如今，社会大众对于美的感受多来自对潮流的追求。在形象设计美学中，有很多关于美学的元素以及设计中的艺术美、科技美、实用美、秩序美、混乱美等，涵盖了服装、饰品、发型、化妆等多方面的完美结合，还包含着精神、文化等多方面因素，它是一个完整的艺术改造过程。但是，美的定义并不是一成不变的，需要设计师在日常工作生活中不断积累经验，顺应时代发展的脚步，不断完善自身的形象设计美学修养，从而实现对形象设计美学的实践与传播。

（七）形象设计的基本属性

形象设计的基本属性主要包含三个方面：一是自然属性。人与自然相同，皆是通过独特的个性表现出来的。个性化是形象设计美的最高境界。形象设计是与形象相关的所有综合性人物或事物元素，通过科学化、合理化的搭配组合，从而形成一种独特风格。这种个性化的表现可以是从心理角度上的包装，也可以从性格或环境上来定位。须知形象只是外在技巧的产物，而人的固有因素是无法改变的。只有在每个独特个体的基础上发掘特色，再通过一定的衬托修饰，最终才能达到绝佳的个性化效果。二是直观属性。人物设计是视觉艺术，也是一种形象的客观呈现。人们通过视觉信息传达人物形象并留下直观印象，它是人际交往前的主要观察手段，也是形象设计的一个重要特征。三是兼容属性。人物形象设计是艺术与技术相结合的新兴设计学科。如今，人物形象设计的概念是集美学、设计学、色彩学、心理学、艺术学、公关礼仪等多门学科为一体的综合性实用学科。

（八）形象设计的范畴

作为新兴产业，形象设计的范畴越来越广。无论是政府、企业，还是他们的代表，都需要以一个崭新的姿态和形象展示在世人面前。形象设计行业的未来发展前景甚好，但由于人们对人物形象个性化、多层次设计的需求不断增强，目前开始遭遇人才短缺和研究不足的发展瓶颈。形象设计运用视觉元素塑造人的外观，并通过视觉冲击形成视觉美感，从而引起心理感应和判断。它将美学、化妆、美发、服饰装扮、体态语言等各方面元素综合于一体，运用造型艺术手段，塑造出符合人物身份、修养、年龄、职业等全方位的个性形象。形象设计的范畴主要包括五个方面，一是形象设计概论，二是面部化妆与造型，三是发型设计，四是仪态举止，五是整体形象塑造。

（九）形象设计的学科归属

随着社会经济的不断进步，我国经济社会已经不再仅仅是依靠第一、第二产业发展的重工业社会，而是逐渐转向依靠第三产业带动经济社会的发展。为了适应社会发展的需要，中职院校已加大对美容、美发与形象设计专业的培养力度。近年来，中职院校已向社会输送了大批专业技能较高的形象设计人才。现今，人民生活水平不断提升，对生活质量及服务要求也越来越高，服务行业已成为当今社会生活中不可或缺的一部分。形象设计共分为三大类：一是个人形象设计，二是群体形象设计，三是大型活动形象设计。从学科归属的角度来看，形象设计是从事形象设计职业必修的一门专业课程，旨在对学生进行职业知识教育与职业技能指导。其任务通过在理论层面上的融合及提升，并在技能上给予一定的指导，使学生掌握形象设计的基本规范，以及必备的基本技能，形成符合时代要求的形象设计观念，学会依据社会发展、企业需求和个人特点进行形象设计的方法。

（十）形象设计的核心问题

在形象设计过程中，通过对不同人物风格特征来塑造不同的面部妆容、发型、服饰、仪态举止等。使学生掌握解决以上问题的能力，并作为前提条件来培养学生对形象设计的要求和认识，提升学生对形象设计行业的深入理解，也为今后的学习打好扎实基础。探析形象设计的核心问题主要有三个方面，首先是以丰富的实践训练为突破口。由于形象设计训练具有自然与艺术两种属性，其目的在于遵循科学规律，充分发挥人物本身的各项机能，使其成为既有美的艺术形体，又有丰富的想象力和艺术表现力的形象。其次是以艺术的感悟力为形象设计的核心。形象设计主要是一种感觉训练、心理训练、思维训练、想象训练和自我意象训练等。不仅是一个技术和技巧问题，感觉训练或心理训练才是属于真正的形象设计问题。最后是以多样化的案例实践为推助器。只有通过不断的案例实践活动，才能全面把握妆容、发型、服饰、仪态之间的关系，进一步深化形象设计理念，成为全能型形象设计人才，提高形象设计行业的发展。

（十一）形象设计的边界问题

形象设计作为一种独立的系统的艺术表现形式，在艺术设计中占据着重要的地位。对于服装设计或服装表演专业的学生而言，形象设计课程为其奠定了扎实的舞台表演、表现力及展示原创设计精神等多方位的综合基础。虽然我国众多院校已经将形象设计设为服装设计专业、服装表演专业的必修课程，但是，从人体包装塑造形象的角度来看，相关的配套设施还不够完善。形象设计不仅是对面部的打造和修饰，还需要不同风格的服装、配饰、仪态等来塑造。为了更好地实现教学目的与教学效果，应让学生树立整体形象设计观念，而不是一味地设计和展示服装。因此，教师应在教学中采取针对性训练，培养学生的原创性思维能力和实际操作能力。完善形象设计专业、服装设计专业、服装表演专业等领域的知识结构和学科建设，加强学生综合素质及应用能力的培养，紧跟时代变化，不断地更新教学所需配件设施，才能使形象设计的边界问题得到有效解决。

（十二）形象设计心理学

设计心理学作为独立名词使用最早出现于20世纪末期计算机人机交互设计和数字媒体领域。它是研究设计过程中所遇到的各类心理问题，并帮助设计者通过心理学知识的运用使设计达到更好地为人类服务的目的。设计心理学受到设计领域的广泛关注并作为独立学科被提出始于20世纪90年代，迄今为止其主要理论基础和研究方法来自心理学领域。形象设计心理学主要涵盖了设计者运用美学知识对人物或事物本身进行全方位包装。根据人物或事物的外在特征、内在性格、心理诉求、社会角色等综合因素，经过专业心理诊断工具，测试出适合其本身形象的风格类型。通过化妆、美发、服饰搭配、仪态造型等方式进行修饰，从而展现人物或事物在社会中的生存方式和状态。

二、形象设计的现状

我国形象设计行业起步虽晚，但随着行业市场需求的不断扩大，其发展速度也越来越快。市场需求对人物形象设计专业的从业人员提出了越来越高的要求，文化素养、艺术审美、爱岗敬业、学习创新等综合素质缺一不可。但是目前从业人员的现状并不乐观，较低的文化素质和艺术修养甚至影响服务品质和行业健康发展。因此，培养高素质形象设计专业人才成为亟待解决的问题。社会上现有的多数行业培训在培养模式、培养层次、培养规格、培训内容上都各不相同，教学质量也参差不齐，亟待规范与提高。当下形象设计行业发展现状趋于多元化特征，主要从五个方面探析形象设计现状，分别是传统形象设计审美现状、形象设计中的亚文化现状、形象设计材料多元化现状、形象设计手法与技术现状及高科技与艺术相结合的现状。

（一）传统形象设计审美现状

在形象设计中渗透传统文化审美因素是经济与社会发展的必然结果，也是形象设计行业发展的内在要求。20世纪90年代初，形象设计曾以短期培训的形式兴起于沿海地区各个开放城市，并迅速扩展到内陆地区。由于信息落后、闭塞等因素的制约，较少借鉴海外院校相关专业的先进经验，国内各类相关培训发展也相对滞后。进入21世纪以来，物质生活水平的提高不断催升人们的审美期待，市场需求不断扩大，原有的培训模式已经不能满足市场对形象设计专业人才的需求。众多形象设计机构培训层出不穷，此类培训机构紧跟最新的时尚潮流，聘请海外专家授课，培训内容和技术都较为先进。但受限于培训周期短、从业人员文化基础相对薄弱、学习能力不足等因素，往往造成人才知识结构缺乏系统性，缺乏长期职业规划，难以满足形象设计的高端消费市场需求。目前，这类传统的形象设计机构逐渐被市场所淘汰，取而代之的是各类个人形象设计工作室、网红博主等。此外，现今高校所开设的形象设计专业开始更加注重专业人才的知识结构系统性、实践性、艺术性、审美性、职业生涯规划等综合素质的养成。随着形象设计行业的快速发展，专业服务对象不再局限于原来特定的人群，从婚纱影楼、婚庆公司、影视剧组舞台形象设计，逐渐扩展到职场形象设计、私人形象定制等领域。高端顾客群市场不断扩大，对形象设计专业人才在专业技能等各方面都提出了更高的要求。

目前，许多形象设计案例往往集中于彰显简洁、明快的一面，而在一定程度上失去了"柔和、含蓄"的传统审美风范。这也就要求了高校形象设计专业需要在形象设计实践中多元地引入传统文化、审美元素来加以修正这种制约因素。因此，若能将传统文化与审美因素体现在公众日常必然接触的环境、服饰、妆容、发型、视觉传达等形象设计中，就有望潜移默化地培养公众对于传统文化的认同感和归属感，自然会促进传统文化的保护与传承，从而回归本民族传统的文化与审美范式。

（二）形象设计中的亚文化现状

亚文化也被称为次文化，泛指主流之外的非主流文化、中心之外的边缘文化和独立之外的从属文化。它是通过风格化、个性化的形式和符号对主流文化进行挑战从而形成共同认可的小众文化，并将特定着装、习惯、观念与准则由团体流传扩散开来。因不同国家、地区的民族、历史、宗教、肤色、性别、职业等存在异同，导致亚文化之间也存在矛盾或者差异，并对应产生了千姿百态的亚文化艺术。在全球化浪潮的席卷下，各种不同的文化思潮迅速传播至每一片土地，并生根发芽绽放出不同的光芒。由于青年的创造性、引导性以及颠覆性，"朋克（Punk）""迪斯科（Disco）""涂鸦（Graffiti）""二次元""电竞"等亚文化形态的出现，促使其始终出现在社会前进和发展的道路上，并引起社会大众的广泛关注。亚文化是一种非主流的、局部的文化现象，它不是作为主流文化的对立而存在，而应理解为是对主流文化的补充和促进。近年来，互联网的快速发展催生了文化交流和传播方式的巨大变革，形象设计中的亚文化研究热度也在逐年升高。社会主义主流文化需要多元亚文化来滋养和补充，但需要建立既与中国特色社会主义主流文化相通的价值和观念，又有属于自己独特价值和观念的多元亚文化。

（三）形象设计材料多元化现状

形象设计材料多元化延伸给社会大众提出了一个全新的概念，即妆容材料、发型材料、服饰材料等。形象设计创作不再仅仅停留于材料的外部形态、色彩、肌理等表面化领域。同时，还应将形象设计材料艺术创作中的相关要素，如人物内在的思想观念、性格特征等要素糅合进作品之中。在进行形象设计时，若是被指定了某一种风格时，时常只能参照过往经验，选择常规性的传统面料。这时，应在现有材料的基础上进行挖掘与再造，利用形象设计中的某一本质属性，改变其外部特征，将其融入人物的创作思考之中。也可以将材料表面化的特征延伸到内部的本质中，从而产生全新的感官体验。这一挖掘与再造的过程，实际上就是形象设计材料多元化的延伸设计。形象设计材料的多元化属性在当今艺术创作中广为运用，如从平面形态向立体形态的纵深设计，打破形象设计材料的常规用途，寻求形象设计材料高低、深浅、厚薄、层次和肌理的变化，使形象设计材料的形态从二维向三维空间拓展，进而实现外在形象和内在气质的共同升华。

（四）形象设计手法与技术现状

形象设计手法与技术应用是许多设计领域共存的设计途径，它并不是形象设计所独有的。只有掌握其技术应用规律，才得以灵活应用。目前，经常使用到的设计手法有分布设计法、仿生设计法、系列设计法、逆向设计法、综合设计法、联想设计法、夸张设计法、加减设计法、突出特征法等。这些方法只是设计思维的一般方法，在掌握了以上设计方法后对于形象设计有着极大的帮助。若设计者的原始知识积累不足、感悟性较差，则很难塑造出满意的形象。因此，设计者必须完善与丰富个人知识结构，汲取多方面灵感。在进行造型设计时多使用现代先进的高科技技术和高效率手段，为进入更广阔的思维空间储存必备条件。

（五）高科技与艺术相结合的现状

科技和艺术虽然分属不同学科，但都具备创新的本质属性和为了满足人类需求的一致性。艺术设计的发展进步离不开科学技术的发展，两者既相互依存又可以转化。高科技是一种对人类社会的发展和进步具有重大影响的前沿科学技术。相较于传统和常规科技，高科技在于体现技术的前沿性较强的竞争性和渗透特性。人类在依赖高科技的同时，也面临传统格局的重塑。科学针对客观现象，发现并建立起自然界中确凿事实与其之间的关系和理论，把科学的成果应用到实际问题中去。科技与艺术伴随人类文明不断进步与发展，科学揭示真理，艺术展现事物原始的属性与面貌。随着近现代科技的快速发展和社会进步，实用艺术比以往更为普及和重要，实用艺术也开始不断追求人类精神层面的需求。特别是进入信息技术革命时代后，高科技深刻引领社会发展趋势，各行业都无法忽视前沿科技的影响力。科技与艺术的联系变得更为密切和复杂，艺术从未如此依靠高科技的手段寻求突破。现代设计的本质是科学性和艺术性的完美结合，体现在社会生活的各个层面中。人类对潮流科技的依赖，从侧面显示了不断变化的物质和精神需求，二者的融合体现这一本质属性。

第三节　形象设计的价值与目的

形象设计的价值与目的是形象设计中至关重要的组成部分，它代表了设计对象最终所呈现的形象风格。其中，形象设计的价值主要包含了两个方面，一是人文价值，二是自然价值。形象设计人文价值是指形象设计中的精神价值、美学价值、艺术价值。形象设计自然价值是指形象设计中的健康价值与经济价值。形象设计的目的主要分为心理目的与物质目的，它们是构成形象设计目的的重要基石。其目的是搭建一座具有跨界属性、应用属性的互通桥梁，从而使其不断地向其他学科横向渗透。

一、形象设计的人文价值

人文价值是价值客体对人们精神文化生活的意义和价值，它以追求真善美等崇高的价值理想为核心，以人的自由和全面发展为终极目的。人文是指人性文化，其价值可以简单地理解为以尊重人性为基础的文化价值理念。人文价值几乎关联着社会各个领域，而形象设计中的人文价值主要包括精神价值、美学价值和艺术价值。

（一）形象设计的精神价值

精神价值影响着人们的感知、行为及思维。尤其是在当今物质生活极大丰富的前提下，精神价值逐渐成为形象设计领域进行价值判断的重要参考标准之一。它对形象设计的重要性正日益被设计师们所认识、运用与追求。形象设计的精神价值是注重美观及情感因素的一种设计。它是以人性化的理念从事形象设计，努力将人们的情感要素植入外在形象之中，使内与外之间具有良好的互动性，并形成稳固的情感纽带。既满足了人们对形象设计物质层面的需求，又达到了精神层面的共鸣。形象设计的基本造型要素包括妆容要素、发型要素、服饰要素、仪态要素等，它们会在形象表现中呈现出不同的精神面貌。例如，粉色系妆容给人以温柔甜美的形象视觉体验，干练飒爽的西服款式可以塑造出商务精英形象等。

（二）形象设计的美学价值

美是一种价值存在。康德认为美是无关利害的，但是美一旦进入现实生活领域，特别是商品经济中，它就必须是功利的。审美是人类劳动生产演进到一定阶段，随着对生产对象性能的掌握与熟悉，生产制作技术的提高以及人的需要不断扩大而出现的一种社会现象。审美价值就是任何自然、社会、艺术领域中的客体形象对主体审美需要的满足。审美价值是形象审美客体对形象审美主体审美需要的满足和审美能力的提升，可以认为是一种对审美主体的情感驱动而形成的情感价值，属于一种虚构价值。形象设计的美学价值是指在一定历史文化背景下，通过设计创新或文化积淀后满足社会审美需要，给人带来审美愉悦和精神享受的一种以物质为载体的无形价值。多数情况下，它对形象设计美学价值的判断只能依靠主观感受，很难用标准的、统一的评价尺度去衡量。无论是现实物体呈现的美，还是文学艺术表现的美，只要是美的事物一般都会给人带来审美愉悦或者快感。审美愉悦性是形象设计的美学价值的根本属性，也是区别于一般形象设计的主要特征。

（三）形象设计的艺术价值

形象设计的艺术价值体现在许多方面。妆容、发型、服饰等形象作为一种外在表现形式，最重要的价值是整体结合在一起时所产生的美感，具有极高的审美价值。此外，人物通过外在形象所流露出的内在气质也具有一定的艺术价值。人物本身在塑造形象的过程中会产生美感、联想和共鸣，从而呈现出内外相融的视觉形象。艺术价值是艺术中最本质的价值，没有绝对客观的标准。它受到来自从美学价值、人的主观感受、市场经济规律等方面的影响。不同的形象设计有其特有的表现形式，其形象设计的艺术价值主要体现在最终呈现的整体形象中。现代社会大众的消费逐渐由物质性的追求转向精神性、文化性的追求，其中艺术价值无疑占有主导地位。这些观念的变化契合了社会大众的实际需要。应当利用艺术审美规律创造新的关于美的形态，从而推动形象设计不断向前发展。以人文价值为基础，走持续发展的道路。

二、形象设计的自然价值

人与自然的关系是人类最早接触和研究人类社会最基本的关系之一。从人对自然的绝对服从到主体意识的增强，逐渐摆脱自然的控制进而开始控制自然。这既是人类社会的进步，同时也为人类社会的发展埋下了隐患。自然价值论是一种强调整体主义的价值理论。传统的自然价值主张将自然看作一个整体的生态系统，其科学基础是现代生态学和系统论的发展。从空间上看，自然是一个完整、美丽、和谐且相对稳定的生态系统。每一个物种均对系统的稳定和均衡发挥着特定功能，并通过各自的物质循环、能量流动、信息交流等方式实现价值。从形象设计的角度看，将研究主体由人转向自然，提出自然和人一样具有主体性地位，形成属于形象设计的自然价值理念，为人们重新审视人和自然的关系开辟全新的视角。

（一）形象设计的健康价值

不同时期的形象设计创作必然以价值为导向，以此来满足特定时期人们的需求。形象设计创造作为人类的一种思维活动，会根据不同时期的价值取向、思维观念等因素的变化而不断发生改变。随着社会生活节奏加快，人们在生理、心理和精神上的压力也逐渐加重。健康的定义伴随时间的推移而不断完善与发展，但关于健康的组成因素似乎是已经达成共识，即生理健康、心理健康和环境健康。形象设计中的健康价值体现应是以人为本，要在人与社会之间的复杂关系下专注于人的生理、心理和精神感知层的良好体验。良好的外在形象对人们的健康和生活方式有着很大的影响，而不修边幅的外在形象带来的不仅是个人的健康卫生问题，而且在社交活动等方面也会产生问题。应当将健康意识纳入人们的日常生活中，尤其是通过外在形象传递的社交环境之中。

（二）形象设计的经济价值

形象设计呈现的经济特性满足了人们精神生活的需求。从原始社会开始，当人类的祖先开始为使用猛兽牙骨、贝壳等用于个人装饰时，就已有了自发的形象设计意识。随着经济的发展和审美意识的提高，更是激发了人们的形象设计能力，这已成为社交生活中经济特性的重要表现。形象设计的经济价值主要体现在带给人们审美愉悦的同时，改善与提升了自己的形象。良好的形象设计会带来令人愉快的美学经验，大大提高人们的生活质量。因此，要提升形象设计的经济价值就要深度挖掘特定环境下的深层形象基因。这是一个综合性的系统工程，其价值在于优化形象设计，确保优化利用有限的内外形象资源。注重形象设计的经济性，最大限度地提高形象设计的经济价值。

三、形象设计的目的

设计是满足现实生存需求的有目的的意向活动，其目的既是特殊功利的，又是普遍超越的。形象设计能出现在任何一个想象得到的情景之中，设计师通过不同的外在形象要素进行整体综合塑造，从而吸引人们的注意力。作为形象设计的目的，其应用方法是守界的，是向专业纵深挖掘的，是不断类比动态与静态的组合关系的。它是走向创意化、系统化、个性化的设计结构与形象知识载体。形象设计的目的主要由两个方面组成，一是心理目的，二是物质目的。心理目的是形象设计的内在心理情绪，物质目的则是形象设计的外在物质语言。

（一）心理目的

随着现代科学的进步和发展，人类越发关注心理的变化。设计心理学隶属于心理学研究范畴，它是设计领域对心理学知识的一种延伸，也是通过心理学方法更好地去完成设计目标的一门心理学学科。形象设计中的心理目的是人物或事物自身透过内在心理情绪的抒发，从而产生出感觉、知觉、记忆、注意、想象、情感、思维等心理活动方面的变化。不同的内在心理情绪对于外在形象的塑造也有不同的表现。这种心理目的一般可分为从众、求新求异、攀比、求实等，并在一定程度上影响着消费者的行为与设计目的。当下，形象设计的心理目的也由最初解决实用性问题朝向多维度进行延展。早期的形象设计可能是以外在形象服务为导向，如今则是深入把握设计对象内心深处的真实诉求，由里及外地进行全面塑造。

（二）物质目的

形象设计中的物质目的是指其外在物质语言，即外在形象。当下社会已经进入视觉感官的时代，打造成功的个人外在形象可以造就良好的自我视觉感官，对整个社会的物质精神生活层面都有着极大的影响。大众的审美形态是随着物质文明的发展而不断变化的，它直接或间接地影响着形象设计行业由过去的单一化选择转变为多样性选择。例如，以人物个性定位为前提，针对不同个性特征采取不同的外在形象设计方法。其根本理念在于服从和服务于人物自身内与外的双重需求。使内外形式相融合，从而达到与人物个性定位的统一。从形象设计物质目的层面来说，为了适应这一市场新形态和需求，只有从根本上突破原有的既定印象，通过多样化的外在物质语言实现不同风格形象设计，才能不断增强竞争力。

第四节　形象设计的范畴与原则

形象设计是一项有目的的艺术创造活动，它所创造出的形象应是满足适用和审美两种属性需求的。形象设计所研究的内容是人物或事物自身和不同环境下所遇到的一系列问题。无论是从设计者还是人物或事物自身的角度出发，形象设计在塑造和呈现的过程中都会对形象功能、外观、色彩、造型、内涵等方面产生评价和批判趣味。本小节分别从艺术的角度、技术的角度、学科的角度、医学的角度、心理的角度进行阐释形象设计的范畴。将形象设计的原则归类为五个方面，分别是满足心理原则、美化目的原则、经济原则、健康原则以及镜像匹配原则。

一、形象设计的范畴

在设计范畴中，形象设计与人们生活有着较强的依附关系，也是日常生活中最为常见的设计形式，其功能是为满足人的需求而设定的，通常可划分为物质功能与审美功能。形象设计的范畴主要涵盖了艺术、技术、学科、医学、心理等方面。形象设计折射出的物质实用性、审美性、阶级性、生产方式及经济发展模式等分别指向人与人、人与物、人与社会之间的关系。形象设计的功能性与商业流通作为其与社会相连接的媒介，承载着形象设计迈向多元化市场的重要作用。

（一）从艺术的角度阐释

人类通过数千年的原始积累与潜心沉淀，形成了属于人类本身的艺术审美体系。虽然这种审美体系受地域、文化、种族的影响而有所差异，但对于美的追求却是一致的。社会经济的工业化发展为大众带来了数量可观的工业制品，它们虽在一定程度上提高了人们工作生活的效率。但是，随着高科技发展与自媒体时代的不断冲击，人们开始逐渐尝试打破传统艺术，也引发了人类对形象设计审美趣味的多维反思与设计重构。从艺术的角度来看，形象设计即是艺术性整合设计，展示一种颇具吸引力的人格化传播方式，从而成为不同工作生活场景下的视觉中心。不同类型风格的形象设计决定了人物或事物的形象定位。一个成功的形象设计直接传达着人物外在形象、行业领域等方面的形象理念、审美感、艺术美学意识等。同时也影响着其心态与行为，引起他人视觉心理的审美共鸣。

（二）从技术的角度阐释

形象设计所面临的对象具有一定的复杂性、多样性、变化性等。在技术层面的方法使用上要具备随机应变、及时解决问题的能力。首先，要全面了设计对象的职业背景、生活场景、应用场合等，具体且深入洞悉其内在精神诉求及形象设计要求。其次，要根据设计对象确定其所对应的形象风格，即塑造能够彰显个人气质的优质形象。每个人都有优点与缺点，如何恰当地避开缺点、发扬优点是技术层面需要准确定位的核心内容。例如，浓眉大眼的女性一般可驾驭大气、华贵的成熟形象；五官较为秀气、小巧的女性则可以尝试清新、自然的简约形象。最后，在完成以上步骤的基础上，解决其外在形象的不足，例如，身高较矮可通过技巧性的服饰搭配进行弥补；肤色不均、暗沉等问题可通过妆容塑造、修容等美妆技巧进行修饰；含胸、驼背等问题则可以通过仪态训练进行矫正与塑形等。在形象设计中，只有准确把握艺术性审美定位，才能利用技术性步骤逐一解决相关问题，从而塑造出满意的形象。

（三）从学科的角度阐释

虽然设计源于艺术，但是工业化革命使得设计与艺术分离，设计不再从属于艺术，而是成为依赖于人身体的技艺或者现代技术所进行的创造性活动。设计是一门综合社会学、人类学、经济学、心理学等的系统科学，它涉及人类、社会、环境等诸多方面。设计学以设计为对象，研究设计的发生、发展、应用与传播，强调理论与实践的结合，是集多种学问智慧、创新、研究与教育为一体的交叉学科。当下，关于形象设计领域的知识体系和研究方法尚不够完善且成熟。其中，关于理论、思维和工具的创新对其他学科研究路径的借鉴等正不断推动着形象设计的发展，也拓展了形象设计领域研究的视野与边界。

（四）从医学的角度阐释

从医学的角度来看，形象设计是人们对信息进行视觉化处理的技巧和实践，可以提高人们接受信息、使用信息的效率。形象设计是定义、设计外在形象系统的设计。随着社会科学技术的不断升级，形象设计的交互内容和功能也在不断地变化升级。形象设计主动与医学领域相结合可以利用外在信息化设计、交互设计等手段对医学领域相关知识点进行梳理，旨在不改变科学真实性的前提下，从不同的角度来演绎不同的形象。形象设计的发展需要新思路、新方法的不断刺激与推动，需要相关设计人员与教育者跳出形象设计的舒适圈，走进包括医学在内的各学科中寻求新理念、新样式与新手段。通过设计师主动地接触医学知识，可以挖掘整理更多科学概念、符号和生命表达样态，这是新鲜的形象设计素材，有利于拓展设计思维、改善设计方法、呈现设计成果。随着实践的不断深入和内容转化的不断积累，一个包含着医学与形象设计共同协作的素材库将会建立起来，它有着一定的现实意义。设计与医学的结合是众多设计从业者多年来不断探寻与实践的一个命题。它会随着医学与设计学科的不断发展而不断生成新的内容。

（五）从心理的角度阐释

近年来，形象设计与众多学科的交叉无疑成为引人注目的前瞻领域。设计心理学就是其中一门融合心理学与设计艺术学科内容的交叉学科性质的课程。该课程建立在心理学基础上，是研究人们心理状态，尤其是人们对于产品、空间需求的心理及人的潜在意识如何作用于设计的一门学问。从心理学的角度来看，形象设计以设计情感、基于需要的设计思维、环境心理、心理学研究方法为核心。在学习过程中，可以先从自我形象设计开始，学习形象知觉影响下的各种行为与反应的产生。同时，从设计师的角度更加深入地理解设计对象的需求。基于形象设计心理学的特征表现，主要有以下五个方面：一是在形象设计实践中发扬良好的人文素养；二是具备从家国的角度思考形象设计的能力；三是掌握形象设计心理学理论原理并加以运用；四是有效与设计对象沟通，学会基于设计对象的需求进行设计；五是具备一定的创新精神和创新设计能力。成功设计出令人满意的形象并不是一件容易的事情，设计师作为形象设计者其实在整个过程中处于一个很微妙的位置。因此，形象设计师除了要把握设计对象的心理，还要抓住其在设计过程中的心理活动变化，如何在这样复杂的设计环境中保持耐性，并激发其创造力是形象设计心理学当下及未来需要研究的重要课题。

二、形象设计的原则

形象设计的原则是提倡人们从更理性、更全面的角度了解人与社会环境之间的互动关系，增进形象设计的实用性、安全性和可持续性。利用相关原则进行针对性设计，在形象设计系统上给予一定制约，使外在的形象功能、内在的个性及气质更富有情感，从而达到高层次意义上的和谐。形象设计的原则是体现设计面貌的基准标尺，能帮助形象设计中的设计主体对最终设计效果的优劣产生一个客观的评价标准，从更深的层面上为形象设计的评价提供依据，丰富形象设计的评价准则。形象设计的原则主要有满足心理原则、美化目的原则、经济原则、健康原则与镜像匹配原则。

（一）满足心理原则

当今世界是新经济时代，消费趋势变幻莫测，消费者需求多样化、消费心理变化不定，使需求更加模糊，呈现个性化、分散化的特点。在形象设计中，设计对象更加重视整体形象的独特性，讲究内外形象的全面表达，注重形象本身的艺术化审美特征。这就对形象设计师提出了更高的要求，形象设计不仅要满足设计对象的外在展现需求，更要有对内心精神世界的关注。这种心理首先表现在对外在形象的直接反应，这是一种较为常见的心理，人们对一个人的既定印象总是从外表到内部。形象独特、新颖、富于美感的外在形象往往具有更强的吸引力。尤其是在同类外形风格的人群中，成功的外在形象总是会成为人群中的焦点，提升魅力附加值，满足内心对美的追求。此外，崭新的形象能够给人一种新鲜、新潮的感觉，所以新形象往往会更加受人关注。人们对新形象往往抱有一种好奇和新鲜感，而对已有的形象会觉得习以为常，不会给予太多的关注。这种心理消费群体大多为年轻人，他们思维活跃、热情奔放、富于幻想，容易接受新事物、喜欢猎奇，喜欢代表潮流和富于时代精神的形象设计。

（二）美化目的原则

形象设计中的美化目的是一种综合性、交互性的情感体验。特别是那些与人能产生直接交互行为的形象设计，如妆容、发型、服饰搭配等。它是一种通过视觉形象传递信息的语言方式，是有一种利用创造性的意念，将外在形象元素的形态、空间、逻辑等因素进行综合创造并实现设计思想的可视化，继而向人们传达某种思想情感或内在情绪。将其作用于形象设计之中，不仅可以丰富外在造型、创新风格形式，给人耳目一新的体验，还可以扩展到整体形象塑造，美化或协调整个风格，给人身心带来愉悦感。例如，将视觉化的妆容、发型或服饰元素运用到形象设计中，既可助力形象的立体化设计，增强形象的视觉冲击感，又可丰富形象风格，加强形象的标识性。形象设计随着时代的发展不断更新，不再只局限于传统意义上的装饰表达，更多是以其特有的想象力、创造力、表现力、视觉感、冲击力，以及其特殊的构成方式、运用形式等应用于妆容、发型、服饰搭配等方面，以此来突显个性化审美情趣，丰富形象设计领域情感与思想方法。

（三）经济原则

形象设计中的经济原则是新时代提出的创新性命题，深刻诠释了形象设计与经济市场之间在新时代的关系。然而，高速发展的形象设计领域也为经济原则的广泛适用带来重塑性挑战。在这一背景下，经济原则应避免走向仅调整某一类形象设计关系而无法对整个形象设计领域具有普适性的误区，为此应考量将形象设计中的多项原则囊括其中。形象设计作为人们日常生活中最常应用的表现形式之一，它肩负着人们社交生活的任务和使命。在当下社会中，形象同样被赋予了经济属性，即人们在进行形象设计时也需要遵循经济原则。形象设计的经济原则是基于满足人们对最优形象表达的需求而演变出基本原则，给予了人们新的视角，并从经济学的角度研究分析与指导形象设计的应用。随着形象设计表达形式的日渐丰富，形象演变和发展的基本规律也充分体现了形象设计所具有的经济属性。因此，通过对现有经济手段使用规律的了解与掌握，能帮助形象设计工作者使用最优的经济手段，高效地凝练出形象设计的核心内容，抓住整体形象的精髓和神韵，从而更好地服务社会大众。

（四）健康原则

人类健康在形象设计中占据着重要地位，任何一个行业的运行和运行成果都不能以牺牲健康为代价，尤其是牺牲设计对象的健康。应杜绝在形象设计中使用对人类健康有害的材料和设计，如不注重舒适性，使用对皮肤有危害的服饰面料、化妆品等；不注重视觉效果的适宜性，导致设计对象心理压抑等。形象设计中应当注重对人类健康的保护，尽量减少人类生活对非自然因素的依赖，采用天然材料、环保材料，用可持续材料来代替一部分对身体、环境有危害的材料，用健康、开阔的格局保护设计对象的心理与生理健康。如今，各行业的设计中都开始出现对原始材料、未加工材料的运用，世界流行审美开始向原始、未修饰美方向转变。作为形象设计师要抓住潮流，尊重原本的形象面貌，返璞归真，纯净清洁，以自然美感为卖点打动消费者，迎合时代和市场对于健康的呼吁。

（五）镜像匹配原则

镜像，或称为映像，在现代社会中被赋予了多重涵义，而其中最基本的定义即因光线的反射作用而显现的物像。虽然人们早已习惯在镜子或照片中看到自己的影像，但难以想象当人类第一次通过镜像看到自己时所带来的巨大精神冲击。长期以来，镜像虚实相间的特性被许多艺术家运用至绘画或雕塑艺术创作中。技术与工艺的发展使镜像匹配在形象设计领域有了新的用武之地。镜像原则是指形态推导和句法推导并行对应匹配的一个推导过程。镜像元素的构成应考虑到场地的气候，光照、周边环境等因素，这样才能做出好的设计。它强化了人们的自我意识和自我感受，使主体能够认识自己、接纳自己、评价自己。可以通过观看镜像产生潜意识设想以达到正视自己能力与决心的目的，减轻心理压力和烦躁情绪。

本章小结

学习了解形象设计的起源与发展一方面可以向社会传递历史文化、人文精神、社会意识等；另一方面可以提高人们的文化素养和艺术审美感知力。

　　形象设计的概念界定涵盖了多个方面，从不同角度解读相关概念有着不同的内涵意义与属性特征。

　　形象设计的价值主要包含了人文价值与自然价值。形象设计的目的主要包含心理目的与物质目的。心理目的是形象设计的内在心理情绪，物质目的则是形象设计的外在物质语言。

　　形象设计的原则是为了提倡人们从更理性、更全面的角度了解人与社会环境之间的互动关系，增进形象设计的实用性、安全性和可持续性。

思考题

1. 形象设计的起源主要有哪些方面？
2. 简述形象设计发展现状。
3. 在形象设计中，你认为最为重要的价值有哪些方面？
4. 什么是形象设计的目的、范畴与原则？

第二章
形象设计基础理论

课题名称：形象设计基础理论

课题内容：1. 形象设计的要素
2. 形象设计的形式美法则
3. 形象设计的色彩表达
4. 形象设计的风格定位

课题时间：12课时

教学目的：通过形象设计基础理论的学习，使学生全面了解形象设计所涵盖的要素、形式美法则、色彩表达与风格定位。

教学方式：1. 教师PPT讲解基础理论知识。根据教材内容及学生的具体情况灵活制订课程内容。
2. 加强基础理论教学，重视课后知识点巩固，并安排必要的练习作业。

教学要求：要求学生进一步了解形象设计的核心要素、形式美法则、色彩表达与风格定位等。

课前（后）准备：1. 课前及课后多阅读关于形象设计方面基础理论书籍。
2. 课后对所学知识点进行反复思考与巩固。

形象设计是系统而全面的，其主要特征为主体与关联性细部共同构建的有机整体。一个人的容貌、穿着、心灵、思想等使其成为独一无二的丰富个体。形象设计则围绕"人"这一丰富个体展开，将其外在美与内在美进行有机地统一。在一个独立人物个体中，内在美与外在美互相区别又互相联系。人的内在美是人本质的、精神深度的美，外在美则是内在美的外化，并深受内在美的规范和制约。当外在美与内在美在本质上达到高度统一时，整体形象才能体现出最高的美感。形象设计以目标人物形象的个人外形特点和个人内在风格为重心，在整体设计意象的指导下，充分发挥发型、妆容、服饰搭配的造型功能和审美表达。在具体的人物形象设计中，设计师应当牢牢把握形象设计的主次之分，充分考虑人体各部分外形的功能，以做到在变化中求统一，在统一中有变化。

第一节　形象设计的要素

形象设计的构成包括体型要素、发型要素、妆容要素、服饰要素、个性要素、心理要素及文化修养要素。本节将着重从这几个方面展开描述。人的外在美是最直接的，也是人们最普遍的追求目标，不仅能够满足自己对美的需求，更能够让自己在社会交往活动中获得关注和自信。在实际生活中，由于时代、性别以及个人的差异，人体是很难达到理想中的美的，并没有一个恒定的测量标准。因此，形象设计就是利用不同人物的形象特质，进行风格上的设计与取舍，使人物形象彰显自身表现力和感染力。

一、体型要素

体型是指人体的外形特征和体格类型，是反映人体各个部位结构比例的标志。而构成人体体型的生物学基础是骨架、发育情况和脂肪积累这三大要素，其中后两者和人的新陈代谢情况密切相关。人体体型受遗传、生长发育及营养等因素影响较大。所谓体型美，是指人的整体指数合理，人体各部位之间的比例关系恰当而形成优美和谐的外观特征。

女性体型可分为A型、H型、I型、O型、X型、V型体型（图2-1）。A型体型女性肩窄，盆骨较宽，身体重心集中于腰部、腿部和臀部；H型体型女性肩宽中等，腰部、盆骨及臀部视觉上宽度相似，重量感倾向于腹部和大腿；I型体型女性体型在腰部、盆骨、臀部趋向一致，整体较为消瘦；O型体型女性身材脂肪含量较多，整体曲线较为圆润，身体重心集中于中部；X型体型女性骨架均衡，肩宽约等于臀宽，腰部较细，胸、臀部丰满；V型体型女性较为阳刚，肩宽，腰、臀部较窄，曲线感不明显。

男性体型分类则较简单，根据外观大致分为T型、H型、O型、A型四种（图2-2）。T型男性体型肩部最宽，腰部和臀部较窄，视觉上呈"倒三角"，肌肉含量较足，充满男性魅力和健康美；H型男性体型比较普遍，一般偏瘦，胸部、腰部、臀部呈直线型；O型男性体型较圆润，肩线下垂，腰围和臀围相似，整体较圆润；A型男性体型上窄下宽，肩膀较窄，腰部、臀部较宽。

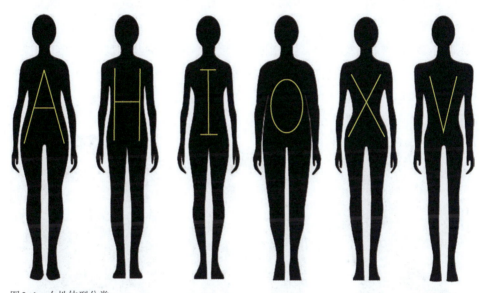

图2-1 女性体型分类

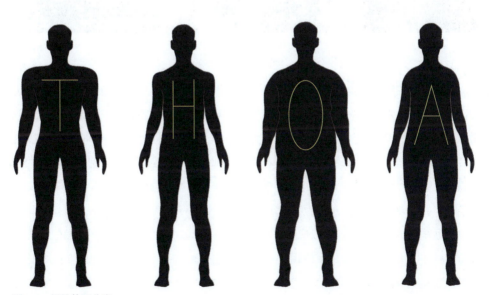

图2-2 男性体型分类

二、发型要素

发型是头发塑造的艺术形式，是形象设计师艺术修养、审美情趣等方面的综合表现。人的头发既是自然装饰，又是可塑性、选择性和修饰性很强的部位。头发不仅具有单独的审美价值，而且对头部、面部、颈部、肩部乃至整个体态都有很重要的协调作用。头发形态按卷曲程度可分为直发、波发和卷发三种（图2-3）。直发又可分为硬直发、平直发；波发可分为浅波发、宽波发和窄波发；卷发种类较多，主要有紧卷发、松卷发、稀卷发等。根据软硬程度、含水量的不同头发可分为硬发、绵发、油性发、沙性发和自然卷发五种。头发的颜色基本由种族决定，例如，黄种人发色多为黑色，白种人发色多为浅色，黑种人发色多为黑褐色或赤褐色。另外发色与遗传基因、内分泌系统、年龄等也有关。

图2-3　不同头发形态的女性

根据用途和场合分类，发型大致可分为生活发型、创意发型和角色发型三种。生活发型是指在日常生活中人们为了满足自身审美需要，或者应对特定的场合和社交环境所做出的对头发的设计；创意发型是指在造型、色彩、材料上对发型的创新开发，一般来说会考虑到人物整体形象风格而提前进行构思和预设；角色发型是指为影视、戏剧中的人物角色进行发型设计，用以突出其时代特征、身份地位、性格特点等，进而丰满人物角色。

根据发型长度的不同，可以把女性发型和男性发型分为短发发型、中发发型、长发发型三种（图2-4）。常见的女性短发发型有超短发、挂耳短发等；常见的女性中发发型有中直发、中卷发、锁骨发等；常见的女性长发发型有长直发、长波纹卷发、复古长羊毛卷发等。根据形象穿搭的需要还可分为盘发、扎发、编发等。常见的男性短发发型有寸头、子弹头等；常见的男性中发有大背头、偏分、中分、齐刘海等；男性长发发型较少，有长直发和长卷发之分。

图2-4　不同发型长度的女性

三、妆容要素

化妆是一项实践性很强的技能。它要求设计师具有一定的审美能力、艺术创作能力以及扎实的动手能力，既能够创作出符合人物个性，又符合时代潮流的形象。妆容不仅需要适应人物的职业、年龄、性格，还需要符合不同的时间、地点、场合。由于每个人的脸型、五官都有一定差异，因此，妆容要力求反映对象或自身独特的气质与风度。

女性妆容是多样的，按照用途可分为日常生活妆、舞台戏剧妆和摄影艺术妆三大类。其中常见的生活妆主要有欧美风妆容、日韩风妆容等。按风格可分为八类，即少女型妆容、浪漫型妆容、优雅型妆容、少年型妆容、自然型妆容、戏曲型妆容、古典型妆容、时尚前卫型妆容。其中，少女型妆容较为柔和淡雅，强调睫毛和嘴巴；浪漫型妆容较为华丽，强调眼线、睫毛、嘴唇的曲线；优雅型妆容妆面干净，强调睫毛，淡化眼影和口红；少年型妆容强调眼部，眼线平直，整体妆面干练、清爽，不强调曲线感；自然型妆容以淡妆为佳，淡化眼影与口红色彩；戏曲型妆容重点突出个性，如高挑眉、浓眼影、强调睫毛浓密，唇色饱和；古典型妆容注重细节，用色柔和，突出五官轮廓，不使用强烈色彩；时尚前卫型妆容强调眼妆与唇妆，突出个性特色。男性妆容较之女性会更加简单，主要是为了修饰面部轮廓、重点突出五官阴影，遮掩瑕疵和油光感，多为淡妆，不强调色彩饱和，追求清爽、立体的妆效。

妆容的整体色系由眼部色调决定。眼影可分为三大色系，分别是冷色系、暖色系、无彩色系（图2-5）。日常生活中的妆容多为暖色系，通常以橘黄色为主，在此色系延伸下还有大地色系、橘色系、粉色系等不同风格的妆面。冷色系主要以绿、青、蓝调为主，一般用于舞台妆、影视妆、平面摄影妆等；无彩色系以灰白为主，是特定场合需要的妆容，日常生活中并不常见。妆容造型与服饰、发型以及整体形象风格息息相关。在表现和谐的前提下，服色为暖色调时，妆色应为暖色调；服色为冷色调时，妆色也应统一。妆容是人物情绪个性的表达，也是整体形象的点睛之笔。

图2-5　不同色系眼妆的女性

四、服饰要素

服饰是服装与饰品的总称。服饰作为视觉艺术的一门分支，其美学价值给人们留下了非常深刻的印象。所谓"人靠衣装"是指人物个体形象不仅要靠发型设计、化妆设计来美化，更要靠服装和饰物来提高层次。服饰是流动的时尚风景，也是一件赏心悦目、不断更新的艺术品，无疑是人物形象设计中最重要的内容。科学的服饰搭配不仅要求服饰的色彩、款式以及服饰的其他美学因素给人以美的感受，更强调服饰与年龄、体型、肤色、职业、季节、时间、场合、目的以及发型、化妆、个性气质等多方面因素的协调。

服装色彩丰富，品类繁多，按性别可分为男装和女装（图2-6）。按年龄可分为婴儿装、幼儿装、儿童装、少年装、青年装、中年装、老年装。按面料分可分为天然面料服装和人造面料服装。按款式可分为上装、下装，包括内衣、外衣、裤装、裙装、连体装等。按使用目的不同可分为礼服、休闲服、职业服、运动服、舞台服等。服装制作过程是指从服装量体、结构制图到排料、画料、裁剪、缝纫、熨烫等整个成衣加工的成型过程。服装制作工艺是成衣制作的基本手段和方法，主要包括手针、机缝、熨烫等工艺，具体有刺绣、印染、磨花、拼贴、镂空、镶嵌等。

图2-6　男装和女装

饰品包括许多种类（图2-7），它们具有不同的用途和装饰效果。从使用的角度来看，通常分为两大类：一类是实用价值明确、使用性较高的服饰品，如帽子、围巾、腰带、包、手套、眼镜等物品；另一类则是以装饰为目的的饰品，如项链、耳环、胸针、戒指等，不同的穿搭风格所需要的饰品也有所不同。

图2-7　常见的女性饰品

五、个性要素

个性也可称为性格或人格，个性是个体思想、情绪、价值观、信念、感知、行为与态度的总称，它是人们如何观察生活、如何进步和改变的经历总和。简单来说，个性就是个体独有的并与其他个体区别开来的整体特性，即具有一定倾向性的、稳定的、本质的心理特征的总和，是一个人共性中所凸显出的一部分。个性赋予了形象设计活力与感情，使其成为具有生命的设计。

个性可分为两大类，开放型个性和封闭型个性。开放型个性是指从个体与外部世界的关系中，有一类人的感觉器官完全转向客体并向客体充分开放，故而能与外部世界建立颇为轻松自在的联系，同时也能有效地影响与改造客观世界，这类人的个性属于开放型的个性，日常表现为活泼、开朗、自由、随心等。封闭型个性是指另一类人的感觉器官不能完全转向客体，不能向客体充分开放，常以主观的感受去处理客体，这种感受的选取常以自己原始需要的快感与不快感为基准，因而造成个体与外部世界的脱节，这一类人的个性是一种封闭型的个性，日常则表现为内敛、沉默、敏感、寡言等。

影响个性发展的因素主要有三个方面。第一个方面是时代因素。社会越发展，人们就越会追求有个性的东西，这是一种普遍的规律。第二个方面是性别因素。由于男女两性在身体构造、性格、气质、感觉、感情、智力等方面的差别，反映在个性上两种不同的美。男性的主要特征是力量和坚毅，是一种刚性美，女性的主要特征是娴雅和温柔，是一种柔性美。第三个方面是年龄因素。年龄的增长往往会导致个人爱好、兴趣的变迁，个性也会随着阅历的增长而变化，例如，孩童时期的个性往往积极活泼，而到了中年则就有可能变得深沉老练。

六、心理要素

人的心理过程包括认知过程、情绪情感过程和意志过程。认知过程是人脑认识客观事物的过程，是人最基本的心理过程，包括感觉、知觉、记忆、思维和想象。情绪情感过程是人脑对客观事物是否满足自身物质与精神需要所产生的态度体验，是人对客观事物需要的主观反映。意志过程是人自觉确定目的，克服困难，力求实现预定目的的心理过程。

心理健康的表现有智力正常、情绪正常、意志健全、有良好的自我意识、良好的人际关系、有效的生活方式等。影响心理的因素主要有性别、性格、环境、职业四个方面。性别心理基于性别生理，又与性别生理不同，生理是心理的基础，而性别是性格的基础。男性和女性在生理性别上的不同特点就决定了其心理特点的不同。男性一般是具有进取性、纵向性、冒险性和未来性的；而女性一般是具有保守性、横向性、稳重性和现实性的。性格是个体的主要内在因素，俗话说："江山易改，本性难移。"性格虽然是有性别为基础的，但一旦形成就会稳定，就能独立地完成和运转，最终形成先天和后天两部分。心理环境是人在出生之后，特别是在幼儿时期，通过家庭教育和与外界打交道的环境过程中逐渐形成自己人格的一部分，同时也会逐渐影响自己的心理健康。职业与个体心理选择有关，不同的职业影响人的心理程度是不一样的。同时地域、文化、家庭和单位都会影响个体心理的发展。

七、文化修养要素

当判断一个人时往往会从他的着装、谈吐、行为等细节方面积累，进而形成对其的整体判断。可以说，形象是一个人的着装、谈吐、行为的综合观感。形象的核心是一个人的内在素养，而内在素养的集中反映就是文化修养。一个人的文化修养是通过他的着装、行为、言语、能力等来表现的，并不是与生俱来的，而是在后天学习与实践中不断获取的，包含观察与分析、选择与决策、交往与组织等诸多方面的能力。

文化修养分为三个部分。一是欣赏素养，它是人们对美的欣赏的重要标准。欣赏素养的培养不是一件容易的事，它依赖于浓厚的文化氛围，同时对于文化的反思亦属不可缺少的因素。二是认知素养，通过学习知识，提高自己的综合能力，不断增强对知识的全面掌握、深刻理解和创新。三是艺术修养，艺术是美的集中表现，也是人们喜闻乐见的审美对象。艺术有多种形式，对艺术的欣赏也有着一定的规律。掌握美学来自艺术的、人生的智慧，不仅能使人们在人生旅途中更加自由、主动地学习和理解世界，还能使人们的人生因艺术欣赏而更丰富、更深刻。

影响文化修养的因素有三个方面。一是生理素质的优劣，它直接或间接地影响人们的成长发展。二是智能的发展，它是一个人具备文化素养的必备条件，是先天素质、社会环境、教育影响和个人努力等诸多因素相互作用的结果。三是心理素质，当一个人具备了良好的心理素质，就能够在主观上坚持不懈地努力，扬长避短，充分利用内因和外因的积极因素，从而成为对社会有用的人。

第二节　形象设计的形式美法则

美学是设计艺术的灵魂，就内容与形式的关系而言，美是二者的统一，任何美的形式都是有内容的。但是，形式本身又具有相对独立性，并有其构造的规律性。可以说，形式美是贯穿于整个审美领域的普遍的美的法则，对于形象设计来说形式美是具有决定性意义的。在社会生活中，对形式美的感受和体验无处不在。形式美是一个主体范畴，它之所以能引起人们的审美反应，吸引人们的注意，正是由于它是事物外观形式方面所呈现出来的审美特性，例如，色、线、形、声以及节奏、韵律、对称、均衡、变化、统一等组合规律。它能够符合人的心理本性和规律，与人们的心理结构、知觉情感和审美愿望相一致，给人以美的精神享受。

形式美的生成，离不开两方面的条件。一是客体的形式存在，二是来自主体的形式感。自然界中的客观事物无不拥有着其自然形式和运动规律，构成形式美的诸因素（线、形、色、声等）和规律（对称、比例、节奏、和谐等）就身列其中，这些因素和规律在大千世界中都得到了普遍呈现。形式美的产生也离不开人类在实践中对审美经验的积累和对形式审美感受力的培养，这种形式感体现了人对事物的把握力量。客观事物的形式反映到人的头脑中，经过审美经验的多次反复和概括，使人逐渐把握了其普遍规律，从而形成了人的形式感。尤其是在日常生活不断审美化的今天，形式美尤其受到了关注，对形式美的追求也成为现代人的时髦风尚。

一、统一与变化

统一与变化，又称多样统一、和谐，是一切艺术形式美的基本规律，也是上述各种法则的集中概括和总体把握。统一与变化着眼于整体，因而具有总揽全局的宏观意味。体现了自然界对立统一的基本规律，整个宇宙世界就是一个物质统一与变化的有机整体，它既是千姿百态、千变万化的，同时又有着内在的统一性，宇宙之美也就由此得以体现。

（一）统一与变化的概念

统一是指画面诸要素之间的内在联系。具体表现为形、色、材质、技法等要素的相同或相近，是最简单的一种形式美的规律，即在整体形态中没有明显的差异和对立因素。通

图2-8　统一与变化

过将复杂的结构归纳为简洁的、视觉心理比较容易接受的形态（图2-8）。通过突出、强调主要部分来引人注目，增强视觉效果。简洁的形态也可以蕴含丰富的内在信息。统一的特点是没有差异和对立的一致和重复。

变化是指画面诸要素间的本质区别，具体表现为形、色、材质、技法等要素的差异，自然万物乃至整个宇宙都是具有变化性的。在艺术作品中，各种因素的综合作用使形象变得丰富而有变化，但是这种变化必须要达到高度的统一，使其统一于一个中心或主体部分，这样才能构成一种有机整体的形式，即变化中带有对比，统一中含有协调。变化性也体现在自然及生活中的对立统一现象。例如，形有大小、方圆、高低、长短、曲直、正斜；质有刚柔、粗细、强弱、润燥、轻重；势有动静、疾徐、聚散、抑扬、进退、升沉，这些变化的因素体现在艺术形象上，就成为和谐的形式美。

（二）统一与变化在形象设计中的应用

在形象设计中，统一与变化的关系可以从两种不同的角度来理解，一种是在统一

的前提下求变化，如在人物服装、化妆、发型、配饰的色彩与风格等统一的情况下，以个别元素的变化展现出独特的设计巧思，具体来讲就是表现形、材质、技法等要素上的差异。另一种是在变化的前提下求统一，如在人物服装、化妆、发型、配饰的色彩都不同的情况下，求得材质与风格的统一，从诸多的色彩变化中，找出贯穿始终的元素来形成新秩序，以达到人物形象的整体统一效果。如图2-9所示，设计者主要使用了蓝色系和白色的整体配色，在色彩细节的变化中又进行视觉上的交叉与色块的划分。其中，飞鸟主题元素贯穿两种色系，用颜色的渐变与位置的变化调整视觉中心，使整体设计完整统一。在

图2-9　统一与变化在服饰形象设计中的应用

形象设计中，既要注重整体的变化与统一，又要在局部设计中遵循这项最基本、最重要的设计法则。就面部化妆而言，无论是形（如眉形、唇型、五官型的矫正）还是色（如底色、眼影色、面颊色、唇色等），只有达到统一，方可产生协调之美。若在此基础上加以微妙变化，即达到了在统一之中有变化的目的。例如，在眼睑处略施一点与整体色调形成对比的眼影色，就会产生更高境界的审美情趣。如图2-10所示，模特的着装风格与面部底妆较为素雅，而下眼睑处一抹跳跃的黄色使整体形象生动活泼，在统一中又不乏变化。

图2-10　统一与变化在妆容形象设计中的应用

二、对称与均衡

对称与均衡是体现事物各部分之间组合关系最普遍的法则。既存在着差异，又在差异中保持着一致性，这是对称与均衡的主要特征。均衡是指在特定的空间范围内，使形式诸要素间的视觉力感保持平衡关系。对称和均衡都是为了在视觉上取得一致，以达到和谐，产生美感。

（一）对称与均衡的概念

对称是在审美对象中部引一条直线或定一个点，线或点的两侧不仅形状相同，而且距这条线或点的距离相等。对称是指整体的各部分依实际或假想对称轴或对称点两侧形成同等的体量对应关系，它具有稳定与统一的美感（图2-11）。在艺术表现方面，对称适用于表现明快统一、井然有序、明确坚实、严肃神秘等风格。对称是世界中最常见的现象，一切生物体的常态几乎都是对称的，人的体型也是左右对称的。如人体正常情况下，以鼻梁上的线为中轴，双眉、双眼，双耳的部位间距和高低位置是均等的。行走时双脚先后起动，双臂前后摆动幅度也是均等的。人类之所以把对称看作美，就是因为它体现了生命体的一种正常发育状态。人们在长期实践中认识到对称具有平衡、稳定的特性，从而使人在心理上感到愉悦。相反，残缺者和畸形的形体是不对称的，因而会产生不愉快的感觉。

均衡是指在特定的空间范围内，使形式诸要素间的视觉力感保持平衡关系。它是一种给人以自由稳定感的结构形式（图2-12）。均衡也称平衡，是对称的变体。只是形式一致，同一定性的重复，还不能组成均衡对称。如果有均衡对称，就要有大小、地位、形状、颜色、音调之类定性方面的差异，这些差异还要以一致的方式结合起来。均衡是一种给人以自由稳定感的结构形式。只有将彼此不一致的定性结合为一致的形式，才能产生均衡对称，即处于中轴线两侧的形体并不完全等同，只是大小、虚实、轻重、粗细、分量大体相当。

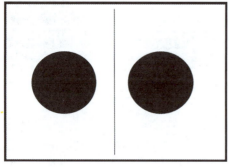

图2-11　对称

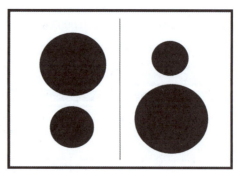

图2-12　均衡

（二）对称与均衡在形象设计中的应用

形象设计中，对称是最基本的造型手法。由于人体本身就是对称的典型，因此服装一般也制成左右对称款式。对称是在传统设计中被大量采用的方法。左右对称的设计虽然缺乏动感和立体感，但具有安定、庄严、稳定、安静、平和的感觉，并且具有纯平面、简洁、井然、静态的均衡美。服装中的礼服类多采用对称的形态来表现庄重的气度。

例如，"中山装"就采取了对称形式法则（图2-13），它既借鉴了西洋服饰文化，又与中华民族的气质融合。为了在服装设计中克服对称形式可能会带来拘谨、单一的问题，避免呆板、单调，营造生动活泼的氛围，人们通常通过切线、口袋、装饰物、面料与花色等方面的非对称形态与基本对称形态相结合，来增加变化和动感。如藏族男女着装常露右臂，将右袖垂于腰右后侧，在不对称中求得相对的稳定感，创造一种新的平衡（图2-14）。

图2-13　中山装

图2-14　藏族女性服饰

三、对比与调和

对比与调和是对立的概念。对比强调的是差异，调和强调的是统一。作为两种不同的形式原理，它们既矛盾又统一。调和给人以平和之感，对比给人活跃之感，调和是静的，对比是动的。对比也好，调和也好，它们的目的都是要通过一定的形式，达到新的和谐。由于它们创造和谐的方式不同，呈现的效果也大有不同。对比是通过不同质与量的对照，产生富有活力的刺激性效果，成为造型原理中最为活跃的积极因素。调和则与对比刚好相反，是形式要素中的共同因素。能够使各种不同要素有机地联系在统一体中，成为造型活动中最具有和谐效应的一种因素。

（一）对比与调和的概念

对比是强调表现各形式要素之间彼此不同质与量差异的形式法则。对比的双方利用相互间相反的性质，各自增强自己的特征，使对比的两者之间的相处更加突出，从而产生强烈的刺激。它的主要作用在于使造型效果生动，富于活力。由于对人们的感观刺激比较强，容易使人们产生兴奋状态进而使形式具有生命力，因此是最活跃的形式法则。对比的内容也十分丰富，如粗与细、厚与薄、冷与暖、强与弱、明与暗、大与小等。对比分为两种，一种是并置对比（图2-15），指两种形式要素之间的等同、平列的对比。并置对比一般来说，所占空间较小，而且相对集中，效果比较强烈，容易引起人们的兴趣。第二种是间隔对比（图2-16），指两种或两种以上的对比形式要素之间隔开一定距离的对比，它具有较强的装饰效果，呈现出均衡的动态美。

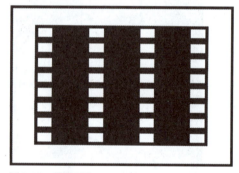

图2-15　并置对比

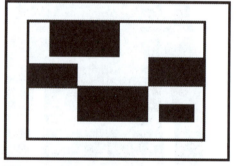

图2-16　间隔对比

与对比相反，表现形式几个要素之间在质与量上都保持着一种秩序和统一，这种状态叫做调和。这是审美对象各组成部分之间处于矛盾统一之中，相互协调，多样统一的一种状态。它是最早被人们发现和肯定的客观对象的审美属性之一。调和首先是形态性质的统一，形态的类似性是达到这种统一的重要途径。如圆的形态，反复出现在衣领、下摆、口袋和搭配的扣子、首饰上，在服饰整体形象上就容易达到统一。调和是一种秩序感，但如果类似性过强，又会感到单调。所以，在运用形态的调和时，往往要和其他形式配合使用，如对比、比例、节奏等。这些形式的量必须控制得恰如其分，否则很容易破坏调和的大效果。

（二）对比与调和在形象设计中的应用

对比与调和虽然是对立的，它们却都是形象设计中经常运用的形式原理。例如，模特身穿黑白波点的连衣裙，首先在视觉上充满了跳跃的对比感，白色波点大小不一点缀其间，波点又反复出现在衣身各处，整体形象既生动又和谐统一（图2-17）。当需要活泼欢快的效果时，一般运用对比的方式；当需要庄严肃穆的效果时，一般运用调和的方式。例如，以蓝、灰二色为主形成的冷色系对比，显得清爽、活跃，很适合餐厅服务员造型的要求；而西服半裙套装统一调和的搭配，就会将庄重的白领丽人的气质表现得恰到好处（图2-18）。对比与调和在服饰上可以起到很好的视觉平衡效果，在妆容和发型上也有一定的运用，例如，在一些较为活泼的形象设计中，妆容可以与服饰色彩对比开来，起到点睛提亮的作用；发型上可以选择与服装色彩相对比的颜色，但是在服装细节处可以体现与发型色彩一致的颜色，起到对比与调和的作用。

图2-17 对比与调和在服饰形象设计中的应用　　图2-18 服务员制服与西服半裙套装

四、重复与渐变

重复与渐变都具有一定的节奏和韵律美感。节奏是有规律的变化，是客观事物运动的重要属性，广泛地存在于天地万物之中。海水的涨落，昼夜的更替，四季的演变，人的呼吸都是有规律的、周期性变化的节奏。所以，从广义上来看，节奏的内涵也包含着重复和渐变。节奏是它们形成和谐的原因，而它们又是节奏的特殊表现形式。重复和渐变有着一定的共同点，它们都是强调形式要素间共同因素的形式原理。

（一）重复与渐变的概念

重复是通过相同或相似要素的重复出现来求得形式的统一。重复是一种历史悠久的形式美，也是最基本、最常用的形式原理。重复的主要特征是创造形式要素间的单纯秩序和节奏的美。由于重复容易被视觉辨认，一目了然，而且在知觉上不产生对抗性，因此一般具有静止的、消极的美，能够加深印象，增强人们的记忆。重复的形式有两种：第一种为单纯重复（图2-19），即某一种形式要素的简单重复出现，这种反复的形式创造了均一美的效果。单纯反复的形式适用于大面积的群体化的装饰。第二种是变化重复（图2-20），指在相同形式要素排列的空间上，采用不同图的间隔形成反复，这种形式由于在反复中有变化，不仅能产生节奏美，还会形成单纯的韵律美。

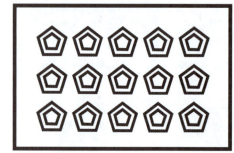

图2-19　单纯重复

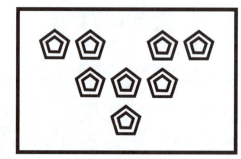

图2-20　变化重复

渐变指某一形态按照一定的顺序逐渐呈现阶段性的变化，是近似一种递增或递减的有秩序的排列（图2-21）。这是一种通过同类要素的微差关系来求得形式统一的方法。渐变是节奏的特殊表现形式，在视觉上产生柔和、含蓄的感觉，具有抒情的意味。同时渐变是一种很微妙的表现形式，体现了对立统一的变化规律。但无论怎样尖锐的对立要素，只要在它们之间采用渐变的手段加以过渡，两极的对立就会很容易地转化为统一关系。如色彩的冷暖之间、形状的方圆之间、体积的大小之间，都可以通过渐变的手法求

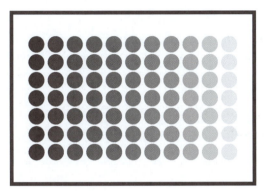

图2-21 渐变

得统一。此外，渐变在它构成因素数量的渐增渐减中，必须具有一定的秩序和比率，它与比例有着密切的关系。

（二）重复与渐变在形象设计中的应用

在形象设计中，重复与渐变是常用的手段。其中重复因为外在形式的雷同，容易产生呆板的效果，在运用这种手段时，要注意加大相同因素之间的面积差或体积差，使它们在一致中又有变化。如果要求形象质朴、端庄，可采用单纯重复。形态虽然同质同形，但利用排列间隔的变化就可以消除单调感，产生调和的美。如果要求形象活泼、生动，可采用变化重复加以渐变效果，达到视觉上的柔和。形态在两种以上，排列时不管间隔是否变化，它们总是比较有生气的、欢快的，适宜于要求灵活、生动的设计。例如，如图2-22所示的模特身着的礼服袖子和裙摆处即运用了渐变的设计手法，使其视觉中心集中于衣身部分，渐变的色彩由衣身中部向外延伸至四周，充满了视觉的延续感，同时也使整体形象更加如梦如幻。重复与渐变在妆容上的使用同样很常见，例如，眼妆的晕染与叠加，修容的重复晕染等，这些都是将边缘线更加柔和化，使其达到更为深邃的效果。

五、节奏与韵律

节奏与韵律是构成形式美的又一重要法则，主要通过引导观者的视线沿画面进行顺序移动，从而使观者视觉上产生一种运动的愉悦感。大自然本身就显示着无穷无尽的节奏和韵律美，生物具有生长的节奏和韵律，心脏的跳动具有生理的节奏和韵律……正如色彩的强弱和明暗的交替，装饰花边与褶皱的反复，都会产生各种不同的节奏和韵律，形成独特的审美情趣。

（一）节奏与韵律的概念

节奏统指形、色合乎规律的周

图2-22 重复与渐变在服饰形象设计中的应用

期性运动与变化，简言之，就是相同的形象元素反复出现于同一画面之中的构成法则。节奏感强的发型能产生规整、稳重、恬静之感，而服装中的装饰花边与褶皱的反复所产生的节奏也能形成独特的视觉效果。从构成的结构来划分，节奏可以分为六种类型（图2-23）：第一种是渐变的节奏，即同一要素由逐渐变化而形成的节奏；第二种是等差的节奏，即同一要素由等差比例而形成的节奏；第三种是旋转的节奏，即同一要素由旋转而形成的节奏；第四种是起伏的节奏，即同一要素由起伏而形成的节奏；第五种是等比的节奏，即同一要素由等比比例而形成的节奏；第六种是自由的节奏，即由同一种自由曲线的反复而形成的节奏。

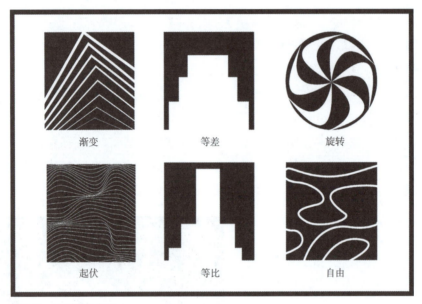

图2-23　不同节奏类型

韵律指对节奏给予的变奏性处理。如对同一形象元素做有规律的大小、长短、疏密、色彩、肌理等方面的艺术加工而构成的画面效果（图2-24）。对比与变化是韵律有别于节奏的标志。具有合理韵律的画面不仅能够构成富有运动感的造型特质，还能更符合人们追求视感丰富的审美心理。

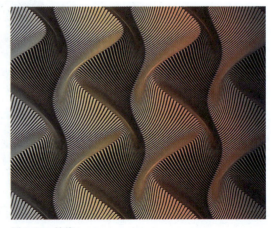

图2-24　韵律

图2-25　节奏与韵律在服饰形象设计中的应用

图2-26　仿生法则在木桨造型中的应用

（二）节奏与韵律在形象设计中的应用

形象设计中有节奏与韵律感的设计通常是可以运用某些造型设计要素进行有条理性的、有秩序的、有规律的形式变化，从而使整体设计形成一种如同音乐节奏与旋律般连续的形式美感。这种贯穿节奏与韵律感的造型设计虽简洁却有着丰富无比的内容，能够表现出变化统一的艺术规律。因此，在形象设计中运用节奏与韵律时，常以形体的厚薄、线条、大小、形状、肌理、色彩等来表现。例如，图2-25中的模特身着宽松的褶皱礼服裙，面料的光泽感为整体形象增加韵律和动态感，裙摆宽窄不一，随风摆动下会呈现出层次美感，整体形象为冷色系风格，与模特素净淡然的妆面呼应统一。服装与发型的节奏与韵律往往与发型、妆容的节奏相呼应，服装的节奏整体较为紧密，那么妆容就会相对缓慢，色彩要素也就要相应地减少，从而保证视觉中心更有韵律和层次感。

六、仿生法则

人类的智慧不仅停留在观察和认识生物界上，还会运用人类所独有的思维和设计能力模仿生物，通过创造性的劳动来增加自己的本领。例如，鱼儿在水中自由游戏，人们就会开始模仿鱼类的形体造船，以木桨仿鱼鳍在水上游行（图2-26）。相传早在大禹时期，我国古代劳动人民就会观察鱼在水中摇摆尾巴而游动、转弯，从而学会了在船尾上架置木桨。并通过反复的观察、模仿和实践，逐渐改成舵和橹，增加了船的动力，掌握了使船转弯的手段。仿生的目的就是分析生物过程和结构以及分析它们用于未来的设计。仿生的思想是建立在自然进化和共同进化的基础之上的。

（一）仿生的概念

仿生设计包括植物、动物、建筑等具象的形象创作。仿生设计法是设计师通过感受大自然中的动物、植物的优美形态，运用仿生学手段创造性地模拟自然界生态的一种造型方法，概括和典型化地对这些形态进行升华和艺术性加工，并结合人物形象特点创造性地设计出人物造型。

（二）仿生法则在形象设计中的应用

仿生设计法在人物形象设计中的应用主要是模仿动、植物的形态造型或者在局部造型中模仿动、植物的纹理。通过视觉上的色彩、触觉上的质感以及各种形态的变化，在形态和神态上达到统一，从而表达出仿生形象的思想。通过化妆技法、服饰与配件道具、场景等元素间优化和相互间的协调，最终通过人体形象表达出逼真的仿生创意形象。仿生在当今的舞台剧、影视剧形象中多有运用，为了更好地完成故事，在保证美感的情况下，仿生往往会借鉴一部分的动物造型与特性，而不是全部搬抄动物形象。在形象设计中，最重要的还是维持美感，因此在仿生妆发、服装设计上都会选择二次再设计的手法，使造型与人类形象更加贴切、美观。如图2-27所示的模特妆容即仿照了蛇的外观，运用与蛇类皮肤相近的冷色系色彩画出鳞片等效果，更加真实地表现出仿生效果。

七、视错法则

人们的眼睛由于受环境、角度或光、形、色等各种因素的干扰，以及人们以往经验的介入和生理上的原因，因此在感知事物的时候是常常会发生错误的感知。例如，在黑夜里迅速晃动一根点燃的火柴，火柴的光点在眼睛里成了一条光线；在飞驰的火车上观看路边的景观，似乎路边的

图2-27　仿生法则在妆容形象设计中的应用

房子、树木都是向车后奔驰运动的。很显然，视错不但在生活中普遍存在，而且复杂多样。在建筑、雕塑、广告、工艺设计等艺术领域中，视错不但被普遍应用，理论上也有较为深入系统的研究。人物形象设计虽然是视觉艺术，也常会运用视错的概念原理，对人物形象造型中的"形"与"色"进行修正和营补，以升华人物形象。

（一）视错的概念

视错是视错觉的简称，是人的大脑出现的视觉错误。包括由眼球生理作用所引起的错觉和病态错觉等，通常指几何学的错视和因色彩对比所造成的错觉。首先，视错表现为形的视错，如通过面积大小、角度大小、长短、远近、宽窄、高低、分割、位移、对比等形成的视错（图2-28）。其次为色的视错，如通过色彩、颜色的对比，色彩的温度、光和色疲劳等形成的视错（图2-29）。最后是光和肌理形成的视错。画家在作画时随时都在利用视错现象，为的是达到所期望的视觉效果。

图2-28　形的视错　　　　　　　　　　　　图2-29　色的视错

（二）视错法则在形象设计中的应用

视错在形象设计中具有十分重要的作用，利用视错规律进行形象设计能弥补体型上的某些缺憾，把不理想的部位加以改善，使设计的形象在视错的作用下达到预期效果。例如，身材高瘦的人适合穿着横线条的服装，因为横向延伸的线条会引导视线向两侧伸展，造成丰满的视觉印象。而身材矮小的人则适合穿着竖线条的服装，这样能从视觉上产生纵向拉伸感，造成增高的视觉印象（图2-30）。或是将服装上的装饰线条集中于腰腹部，使其视觉中心更加聚拢，整体形象看起来更加纤细苗条。在服装造型中，视错手法会使人物整体体型在视觉上更加美观。在妆容上视错手法同样可以使整体妆容更加立体。例如，当一个人的眼睛较小、较窄时，可以利用眼影、修容等手法将眼窝阴影的色彩加深，从远处看就有了放大双眼的效果。

图2-30　视错法则在服饰形象设计中的应用

八、比例美法则

合理的比例是构成形式美的重要法则，发现正确的比例对于形象设计师来说是必不可少的。比例无处不在，它存在于日常中的各个部分，从人体的比例美到绘画构图的比例美，从建筑的比例美到雕塑的比例美。在传统的绘画技法中，头身的比例有"站七、坐五、盘三半"的说法，即人水平站立时身高应为七个人头那么高；而坐在椅子上从地面到头应该有五个头高；盘腿而坐时，整个人的高度应该是三个半头高。体现了艺术家们对比例美的研究与探索。

（一）比例美的概念

比例是某一艺术形式内部由数量关系所产生的平衡关系，它实质上是指对象形式与人有关的心理经验形成的一定对应关系。当一种艺术形式因内部的某种数理关系，与人在长期实践中接触这些数理关系而形成的快适心理相契合时，这种形式就被称为符合比例的形式，从而产生美的效果。这种给人以美感的数量关系就称为"比例适度"，反之，则称为"比例失调"。比例中的数量关系，主要是全体与部分，或部分与部分之间的长度、面积等，通过大小、长短、轻重等质与量的差异显示出来。例如，不同线段之间的长度比，不同色彩之间的面积比，不同形体之间的体积比等。比例源自于数学，关于这个比例关系取什么样的值为美，自古以来人们就开始研究它。研究者的立场不同、角度不同、方法不同，所得的结论也就不同。

（二）比例美法则在形象设计中的应用

比例在形象设计中的作用是十分重要的。不同的比例与主次体现了完全不同的风格，反映了不同的形象风格。比例美强调人体美、色彩美等方面，在人体上掌握合理的比例搭配可以在视觉上突出美感。而在色彩上，对于色调与色块的比例运用会使人物形象更加生动活泼。例如，模特身着高腰裤、露脐上装，上身比例降低就会拉长腿部，这种比例风格是"时尚辣妹"的选择（图2-31）。这样的穿着就像是20世纪70年代末流行至今的喇叭裤一样，通过服装的剪裁和腰部高低的调节，在视觉上拉长腿部比例，整个人也就看起来更修长。比例美在色彩上同样具有调节的作用。通过色彩的张力使视觉中心延伸，服装上的竖条色块可以有效拉长上身比例，使整体形象更加苗条且闲适（图2-32）。

图2-31　上下装比例美法则

图2-32　服装色彩比例美法则

第三节　形象设计的色彩表达

　　色彩影响着人们的自我感觉以及观感。就形象设计领域而言，个人形象设计在很大程度上是利用色彩来进行的。形象本身即是一种图像颜色的选择，在印象的具体化和相互间的交流中，色彩起着重要的作用。不同的色彩会使人们产生不同的反应，不同的反应会在人们的脑海中形成不同的形象。色彩是首先吸引别人注意力的元素。配色是形象设计的一个重要方面，如色彩的主与次、多与少、大与小、轻与重、冷与暖等。色彩在形象上的表现效果不是绝对的，适当的色彩搭配会改变原有形象的风格及性格，从而产生新的视觉效果。

一、色彩的基础知识

　　有关色彩学的研究，一般是先从对色彩的认知出发，然后从色彩的属性上考虑。物理学家把色彩视为光学来研究；化学家则研究颜料的配制原理；心理学家研究色彩对生活的影响；医生和生理学家研究色彩与视觉、身体器官的反应关系；画家用色彩来表达思想情感；服装设计师则研究如何融汇以上各家所研究的内容，进行色彩分析再组合，并将其在服饰上进行表达。

（一）色彩的认知

色彩学是一门横跨两大科学领域（自然科学和社会人文科学）的综合性学科，是艺术与科学相结合的学问。色彩现象本身是一种物理光学现象，通过人们生理和心理的感知来完成认识色彩的过程，再通过社会环境的影响以及人们实际生活的各种需求表现于生活之中。

（二）色彩的产生

太阳光线造就了眼睛这样的特殊感官，使它天然具有光学系统的形式。角膜、房水、晶状体与玻璃体作为屈光介质，像透镜般使物体成像于视网膜上。视网膜上的锥体细胞和杆体细胞如同底片上的感光乳剂，分别接受色彩与明暗的光刺激。视网膜内层含有神经节细胞，与视神经相连，负责把光的信息传递到大脑。

色彩的发生是光对人的视觉和大脑发生作用的结果，是一种视知觉。它需要经过光—眼—神经的过程才能见到色彩。光进入视觉通过三种形式，分别是：光源光，即光源发出的色光直接进入视觉，如霓虹灯、蜡烛光、太阳光等；透射光，即光源光穿过透明或半透明物体后再进入视觉的光线；反射光，即反射光是光进入眼睛的最普遍的形式。在有光线照射的情况下，眼睛能看到任何物体都是由于该物体反射光进入视觉所致。光线进入视网膜以前的过程，属于物理作用。在此之后视网膜上发生化学作用而引起生理上的兴奋，当这种兴奋刺激神经系统传递到大脑，并与整体思维相融合，就会形成关于色彩的复杂意识。它不仅引起人们对色彩的心理反应，还涉及色彩的美学意识。

（三）色彩的范畴

色彩分为无色彩与有色彩两大范畴。当投射光、反射光与透过光在视知觉中并未显出某种单色光的特征时，所看到的就是无色彩，即黑、白、灰色。相反，如果视觉能感受到某种单色光的特征，所看到的就是有色彩。无色彩不仅可以从物理学的角度得到科学的解释，而且在视知觉和心理反应上与有色彩一样具有同样重要的意义。因此，无色彩属于色彩体系的一部分，与有色彩形成了相互区别而不可分割的完整体系。

（四）原色、间色、复色

三原色是指这三种色中的任意一色不能由另外两种色混合产生，而其他的色可由这三色按一定的比例混合出来，色彩学上称这三个独立的色为三原色（也叫作三基色）。国际照明委员会（CIE）将色彩标准化，正式确认色光的三原色是红、绿、蓝（蓝紫色）（图2-33），颜料的三原色是红（品红）、黄（柠檬黄）、青（湖蓝）。间色是指由两种原色调和而成的颜色。如：红＋黄＝橙；黄＋青＝绿；青＋红＝紫，橙、绿、紫便称为三间色。复色是指由原色与间色、间色与间色或多种间原色相配而产生的颜色。

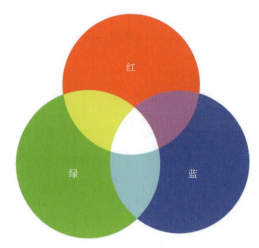

图2-33　三原色

（五）色彩三要素

色彩三要素指的是色相、明度和纯度。色相也称色调，指色彩本身的相貌（即在自然光下所呈现的色彩面貌），如玫瑰红、橘黄、中黄、墨绿、天蓝等。从光学物理上讲，各种色相是由射入人眼的光线光谱成分决定的。对于单色光来说，色相的面貌完全取决于该光线的波长；对于混合色光来说，则取决于各种波长光线的相对量。物体的颜色是由光源的光谱成分和物体表面反射（或透射）的特性决定的。

明度也称光度、深浅度，指色彩的明暗（即浅与深）程度。各种有色物体由于其反射光量的区别而产生颜色的明暗强弱。色彩的明度有两种情况：一是同一色相不同明度。例如，同一颜色在强光照射下显得明亮，弱光照射下显得较灰暗模糊。同一颜色加黑或加白以后也能产生各种不同的明暗层次。二是各种颜色的不同明度。例如，当红、橙、黄、绿、青、紫这些颜色放在一起时，明度也是不一样的。

纯度也称彩度、饱和度，指色彩的鲜浊程度，它取决于一种颜色的波长单一程度。纯度遇到以下三种情况常常会发生变化。一是将白色混入其他颜色后，明度会提高，纯度会降低；白色加入的越多，明度就越高，纯度就会越低，这种颜色一般属于"明调"。二是将黑色混入其他颜色后，它们的明度和纯度都会降低，这种颜色一般属于"暗调"。三是将白色和黑色同时混入其他颜色后，它们的纯度会降低，明度则随白色和黑色所占比例的多少而变化。白色多明度高，黑色多明度低，这种颜色一般属于"含灰调"。

（六）色彩的感觉

色彩有收缩感与膨胀感。一般来说，深色有收缩感，浅色有膨胀感。运用在服装

上，其具体表现为，体胖的人适合穿
着深色的服装，体瘦的人适合穿着浅
色的服装（图2-34）。色彩具有冷暖
感的特征，由于色彩是自然界中的一
种物理现象，因此当人们看到红、橙、
黄时，常常会联想到太阳、烈火、阳
光等，从而产生热感；而看到青、蓝
等色时，则会联想到大海、夜空等，
从而产生冷感。因此，红、粉、橙、
黄等称为暖色；青、蓝、绿、紫等称
为冷色；黑、白、金、灰等称为中性
色（图2-35）。此外，明度低的颜色
会使人产生沉着感；明度高的颜色会

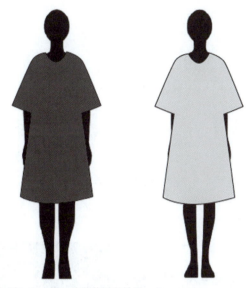

图2-34　深、浅着装视觉效果

使人产生轻巧感；中纯度的颜色能使人产生强硬感；饱和度较高的颜色（红、橙、黄、
绿青、紫）能给人以明快和华丽感；白色的物体给人以轻飘感、黑色的物体给人以沉重
感；一般高明度的含灰色给人的感觉较为柔软，而低明度的纯色给人的感觉较为硬朗；
明度较高的鲜艳色具有明快感，灰暗混浊的颜色一般都具有忧郁感；偏暖色调的色系容
易使人产生兴奋感；偏冷色调的色系容易使人产生沉静感；纯度过强、色相过多、明度
反差过大的对比色组合很容易使人产生先兴奋、后疲劳的感觉等。

暖色　　冷色　　中性色

图2-35　暖色、冷色、中性色

二、色彩美的形象个性表达

　　每种色彩都有自己的个性表现，或热烈，或沉静，它们构成了形象设计中千变万化
的色彩组合。在形象设计中，人们既要立足于形象色彩的共性美，又要考虑到形象色彩
的个性美。个性指一个事物区别于其他事物的特殊性质，而色彩也是拥有自己的色彩语
言。不同的色彩拥有不同的特性，因此不同色彩的形象反映出来的审美需求和思想个性

是截然不同的。

（一）色彩美的个性语言

红色是典型的暖色调。红色象征着生命、健康、热情、活泼和希望，能使人产生热烈和兴奋的感觉。红色在汉民族的生活中还有着特别的意义——吉祥、喜庆（图2-36）。红色有深红、大红、橙红、粉红、浅红、玫瑰红等，深红具有稳重感，橙红和粉红则比较柔和、文雅，中青年女性使用橙红和粉红比较适宜。强烈的红色比较难以配色，一般用黑色和白色与其相配能呈现出很好的艺术效果，与其他颜色相配时则要注意色彩纯度和明度的节奏调和。

图2-36　红色系个性语言

橙色波长仅次于红色，其明度比红色高。橙色既有红色的热情，又有黄色的光明（图2-37）。它的视觉认识性较高，注目性也很强，常用来做安全衣等。橙色一方面给人以光明、温暖、华丽的体验，令人力量充沛，易引起人的食欲，从而产生欢喜、兴奋、冲动的情感；另一方面也会给人以暴躁、嫉妒、疑虑的心理暗示。

黄色是光的象征，因而被视为快乐、活泼的色彩（图2-38）。它给人的感觉是干净、明亮且积极向上的。纯粹的黄色由于明度较高，比较难与其他颜色相搭配。而纯度稍微浅一些的嫩黄或柠檬黄，则比较适用于学龄前儿童的服装配色，整体显得干净、活泼、可爱。青年女性通常体型优美，皮肤白皙，穿着较浅的黄色服装显得温文尔雅、气质端庄；若肤色较黑，则应穿着色感较为深沉的土黄或含有些许灰调的黄色较为合适。此外，黄色系与淡褐色、赭石色、淡蓝色、白色等相搭配时，也能取得较好的视觉效果。

图2-37 橙色系个性语言

图2-38 黄色系个性语言

　　蓝色是一种冷色调，在电磁波的可见光中频率较高，属于高频光。蓝色是光的三原色之一。蓝色犹如大海般深邃而神秘，像天空一样浩瀚沉静、深远宽厚，是永恒的象征（图2-39）。作为冷色系最常出现的色彩，蓝色可以称为冷色系的代表性色彩。蓝色系服装能很好地表现清纯、冷静、诚实、理智的个性魅力。

图2-39　蓝色系个性语言

　　青色是介于绿色和蓝色之间的一种颜色，即发蓝的绿色或发绿的蓝色（图2-40）。青色属于冷色调，具有稳定、沉静、充满希望的视觉观感，会使人联想到广阔的山脉和无垠的海洋。在进行团体活动时，青色是较为常见的制服色之一。

　　黑色是全色相，是没有纯度的色彩。黑色具有双重内涵，即积极内涵和消极内涵。积极内涵是指优雅、端庄、永恒等；消极内涵则是邪恶、黑暗、死亡、神秘等。相比于灰色和白色，黑色是一个本身就无刺激的颜色，它会强化其他任何与之搭配的色彩。无论是暖色还是冷色，黑色都会提高或降低其色温。因此，在与任何色彩的搭配中都可以取得较好的效果。黑色总会传递出神秘、复杂、可靠、品质、机能等意象。在形象设计中，黑色通常表示个人的成熟感，从礼服到常服，乃至少数民族，黑色都是作为最常见的固定配色来使用。

　　白色也属于无彩色系，是黑色的相反色，是明视度很高的中性色。白色与黑色同属于全色相，并可以与其他任何色彩进行协调搭配。白色给人以优雅、极简、干净、光明、天真、神圣、正义等感受，也有着空虚、无尽、单调之感。白色适合所有肤色的

图2-40　青色系个性语言

人，其色彩经得住时间的考验。在服装色彩中，白色始终保持着自己的地位，可以搭配任何色彩，是流传不变的经典色彩。与黑白色不同，灰色系明度变化幅度较大，在黑白之间能区分出多个层次，这就意味着浅灰可以是白色的替代，而深灰则是黑色的替代。这一现象在美术中最为常见，包括阴影的塑造等。为避免使用绝对的黑白色调，通常会选取变化性相对丰富的灰色调进行调和。灰色给人的印象是低沉、寂寞、黯淡的，多数情况下被认为是阴郁的色彩，但是灰色既不抑制也不强调，能给人的视觉带来一种平衡感，具有谦逊、温和的视觉印象。

（二）色彩美的个性联想

　　色彩的联想来自阅历、生活及记忆。"因花想美人，因雪想高士，因酒想侠客，因月想好友。"色彩的联想与观者的生活阅历、知识修养直接相关，因此在进行形象设计时要分清对象，善于抓住不同人物的个性要点。用色彩来体现设计的内容，使形象整体真正符合色彩美的原理。色彩美分为具体联想与抽象联想。具体联想是指人们往往看颜色时会联想到生活中的某种景物。例如，有人看到红色会想到鲜血、喜庆、节日、红旗、火焰；有人看到白色就会想到白雪、白云和婚纱（图2-41）；有人看见黑色就会想到夜晚、墨水、煤炭等，这种将色彩与生活中的具体景物联系起来的想象属于具体联想。色彩美的抽象联想是指如果有人看到蓝色联想到冷静、沉着；看到红色就会联想到热情、革命；看到黄色联想到光明；看到绿色联想到和平、希望等，这种把色彩与知识中抽象的概念联系起来的想象属于抽象联想。

图2-41　红色联想与白色联想

三、色彩美的形象共性表达

共性指不同事物的普遍性质，共性决定事物的基本性质。在形象设计中，既要立足于形象色彩的个性美，又要考虑形象色彩的共性美。色彩是有着一些共同特征的，反映在人体上即为人体固有色；反映在视觉上即为膨胀、收缩等感受。这是形象色彩普遍的规律，也是判断个人色彩属性以及形象色彩风格的重要依据。

（一）色彩美的人体共性

色彩美的人体共性有肤色共性、发色共性、瞳色共性（图2-42）。一是肤色共性，肤色、发色和瞳孔色的对比度决定着个人色彩的特性。黄色调、蓝色调和中性调三种基本色调确立后，再加上对比度的差异，它们就共同形成与个人色彩相对应的色彩特征。在分析个人色彩的过程中，最基本的前提就是要先判断出皮肤的基本色调。皮肤的基本色调可大致分为肤色泛黄的黄基调肤色、肤色泛蓝的蓝基调肤色以及介于两者中间的中性基调肤色。肤色的色调由明度和纯度综合作用形成。黄色调肤色属暖色系，这类肤色是带有橙色气韵的健康型皮肤；蓝色调肤色属冷色系，带有蓝色气韵，缺少红润感；中性色调肤色是处在蓝色调和黄色调当中的中间色调的自然色系。二是发色共性，发色主要因为人种的不同而有所差别，而在同一人种中，发色往往又会因为黑色素的含量差异而呈现出不同的颜色。通常情况下，黄色调的人发色包括黄色、橙色和棕色，而蓝色调的人基本是发质坚韧、色泽光亮的黑色头发；中性色调的人发色介于黑色和褐色之间。三是瞳色共性，人的眼睛颜色是由虹膜的颜色决定的，人类虹膜颜色特征取决于虹膜色素含量。根据色素含量的不同，人类的虹膜可呈现棕色、蓝色、绿色或灰色等不同的颜色。色素细胞中的色素含量与皮肤颜色是一致的，并且与种族的遗传有关系。东方人是黄色人种，虹膜中色素含量多，因此眼珠看上去呈黑色；西方人是白色人种，虹膜中色素含量少，基质层中分布有血管，因此看上去眼珠呈浅蓝色。世界上大多数人口拥有棕色的虹膜，蓝色和绿色几乎只出现在欧洲人中。

图2-42　肤色共性、发色共性、瞳色共性

（二）色彩美的视觉共性

色彩美的视觉共性是指膨胀、收缩、前进、后退、轻重、软硬等。一般来说，暖色、

亮色（红、黄、白）具有扩散性，看起来要比实际的大一些，称为膨胀色；冷色、暗色（蓝、绿、黑）具有收敛性，看起来比实际小一些，称为收缩色。暖色一般比实际面积看上去要大，因此同样面积大小的红、蓝两色块，人们总会觉得红色要大一些（图2-43）。一般认为，黄色面积看上去是最大的，黄大于绿、红大于蓝。在同一平面上的同样大小的图形，由于色彩的不同，一方好像就在眼前，而另一方看上去好像变得很远，这是由于眼球的光学作用造成的。在一定的条件下，根据实验测定，暖色系会偏靠前而冷色系则偏靠远，呈现出橙、黄、白、红、绿、紫、蓝、黑的前后顺序（图2-44）。与色彩的亮度相比，色相的影响要强得多。明度、彩度高的暖色（白、黄等），给人以轻快的感觉；明度、彩度低的冷色（黑、紫等），给人以重的感觉。电冰箱一般是白色的，不仅让人感到清洁、美观，也感觉更轻巧一些，码头上的集装箱也因为采用了明亮的黄绿等色，给人以轻松的感觉。明度较高、彩度较低而有膨胀感的暖色通常显得较为柔软，生活中棉麻制品也大都属于这类色调；明度低、彩度高、重而有收缩感的冷色显得较为坚硬，生活中机械设备大都偏向于这类色调。因此，婴幼儿服装往往选择浅淡的颜色，如淡黄、淡蓝、淡绿、粉红等，这些颜色能衬托孩子的皮肤，更显得娇嫩。

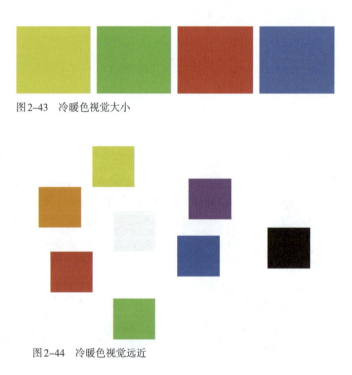

图2-43　冷暖色视觉大小

图2-44　冷暖色视觉远近

四、形象设计与环境色的融合

环境色可分为光照环境色、低沉环境色、反差环境色和柔和环境色。在不同的环境色衬托下，整体形象的风格、色彩和个性表达是不同的。形象设计不仅是在自然光环境下做出的设计，更是适应符合更多光照环境下的审美需求，将形象设计的美感和多样表达发挥到极致。

（一）形象设计与光照环境色的融合

光是表现立体感的关键，在形象设计中具有极其重要的作用。形象设计的一个重要方面在于如何表现立体的"型"，而光能反映在物体表面构成微妙的光影变化，真实而具体地再现物体的形态特征，把物体的立体感呈现得淋漓尽致。光的造型是依靠光线照射的方位，不同方向的光线可以接收到不同的视觉效果。

1. 顺光环境

顺光环境中的顺光造型特点是布光均匀，容易全面揭示物体外表特征。色相、明度、纯度反映正常，能取得平和、清雅、明快、高调的效果。如图2-45所示，摄影作品中的模特整体形象非常干净透亮，人物外形清晰，服饰搭配淡雅，与整体的顺光环境很好地融为一体，彰显出形象的自然、优雅之感。

2. 斜光环境

将富有表现力的阴影部分保留在被照射物体的表面，构成受光面、阴影面和投影，使立体感明显地显示出来，从而较夸张地突出物体的质感。斜光造型与顺光造型的效果明显不同，前者突出立体感，后者突出平面感。该图中的模特形象，在侧面光线的衬托下，凸显了面部五官、肢体动作和衣纹褶皱等，更显人物立体感和气韵（图2-46）。

图2-45　顺光环境人物形象　　　　　　图2-46　斜光环境人物形象

3. 逆光环境

照明物体明暗影调配置产生明显的对比。距离近的物体色调偏深、偏浓、偏暖；距离远的物体色调偏浅、偏淡、偏冷，形成鲜明的透视效果。逆光造型时，在被照射物体的边缘往往会形成一条明亮的分界线，使物体的轮廓、姿态、手势或某部分线条格外引人注目，并成为造型的重点。因此，逆光造型往往只用来表现物体的轮廓特征，而不是用来表现物体的立体形状。在形象设计中利用逆光造型时，要充分发挥它以线形取胜的特点。逆光造型的重点和观众的吸引力一般是放在物体的形态、线条、轮廓上，使光、形、线融为一体，形成丰富的视觉语言（图2-47）。

（二）形象设计与低沉环境色的融合

阴天和云层是低沉环境色的典型代表。由于光线照射角度不明显，被照射物体失去光线的方向性，物体表面没有明显的光线投影，景物的明暗反差缩小，光线细微柔和，物体主要依据自身的明暗和色彩变化来分辨差别。物体远近缺乏影调上的明暗变化，显得平淡单一；空间深度感减弱，前后景物叠合，缺乏层次感；立体感减弱，表面质感也不突出；物体表面光线亮度和明度区别小……这些缺陷可以用人为的方法来补足，如利用人工布光来增强物体的立体感、空间感、质感；有目的地形成物体与背景的色调对比，使设计的主要对象显得突出等。如图2-48所示，这幅摄影作品中整体环境是阴沉的，但为了突出人物个性和服饰细节，使用了人工背景模板并辅助打光等，使整体形象设计更加丰满。

（三）形象设计与反差环境色的融合

被摄物体或画面影像中，明亮部分与阴暗部分的亮度差称为反差。明暗差别程度大，即物体或影

图2-47　逆光环境人物形象

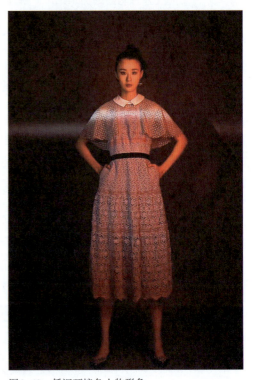

图2-48　低沉环境色人物形象

像的黑白对比强烈称为反差高或反差大；反之，则称为反差低或反差小。反差环境色正是利用这一条件，对于人物形象细部进行深入刻画。在表达意境、抒发感情、深化主题方面可以产生独特的效果。反差环境色使得人物与背景环境形成了鲜明的对比，因此可以清晰地刻画出人物的妆容、服饰、动作等，整体形象非常地夺目，视觉中心较为集中（图2-49）。在反差环境色的运用中，人物形象的服饰和妆容色彩要尽可能地与周围拉开差别，这样人物在环境中则会更加突出，氛围感也就更强。如果是太过相近的色彩会很容易与环境色相融合，视觉效果也就会相应减淡一些。

图2-49　反差环境色人物形象

（四）形象设计与柔和环境色的融合

　　柔和具有温润、柔软之意，此类的环境色一般用来表现较为沉静的人物形象，整体画面的饱和度偏低，色彩淡雅可以很好地表现出整体安静的气氛，同时也更注重烘托出人物的情感。例如，雨雪天气光线柔和细腻，被照射的人物形象会展现出一种光与影的结合、明与暗的变化，形成不规则的光点，具有很强的抒情性；或是整体环境色彩基调保持一致的宁静，整体色彩也要趋向于低饱和，人物形象才能够很好地融于气氛中，不会显得过分跳跃。柔和环境色往往适用于性格较为古典、安静的形象，寓情于景，才会使形象更加饱满，具有故事感。在一些古风题材、森系风格的形象设计中，柔和环境色通常是一些典雅的画卷背景、宁静的芦苇丛等，主要是体现人物与背景环境的相交融。

如图2-50所示，模特身着灰蓝色长裙，妆容雅致脱俗，整体气质温婉可人，与灰色的环境背景相呼应，具有统一的视觉美感。

图2-50 柔和环境色人物形象

第四节　形象设计的风格定位

　　风格是指艺术作品的创作者对艺术的独特见解，并运用与之相适应的独特手法所表现出作品的面貌特征，它必须借助于某种形式的载体才能体现出来。风格是创作者在长期的创作实践活动中逐渐形成的，创作观念的改变会带来作品风格的转换。人物形象设计风格是指形象外观与精神内涵相结合的总体表现，是形象所传达的内涵和感觉。人物形象风格能传达出形象的总体特征，给人以视觉上的冲击和精神上的作用，这种强烈的感染力是人物形象的灵魂所在。人物形象设计追求的境界是形象风格设计，即创造崭新的形象风格。

一、职业与风格定位

　　职业是参与社会分工，利用专业的知识和技能，为社会创造物质财富和精神财富并获取合理的报酬。作为物质生活的来源，职业是一种满足精神需求的工作。在分工体系的每一个环节上，劳动对象、劳动工具以及劳动的支出形式都各有特殊性，这种特殊性决定了各种职业之间的区别。而世界各国国情不同，其划分职业的标准也有所区别。根据《中华人民共和国职业分类大典》的划分，我国职业共分为八个大类，分别是：第一大类为国家机关、党群组织、企业、事业单位负责人；第二大类为专业技术人员；第三大类为办事人员及相关人员；第四大类为商业、服务业人员；第五大类为农、林、牧、渔、水利业生产人员；第六大类为生产、运输设备操作人员及相关人员；第七大类为军人；第八大类为不便分类的其他从业人员。这八大类职业基本涵盖了所有的职业类型，既是人们在社会中扮演的具体角色，也是每个人实现其人生价值，丰富个人形象的具体途径。

（一）第一大类职业与风格定位

　　第一大类为国家机关、党群组织、企业、事业单位负责人等包含中小细类在内的职业人员，指在中国共产党中央委员会和地方各级党组织，各级人民代表大会常务委员会、人民政协、人民法院、人民检察院、国家行政机关、各民主党派、工会、共青团、妇联等人民团体，群众自治组织和其他社团组织及其工作机构，企业、事业单位中担任领导职务并具有决策、管理权的人员。常见的有法官、检察官、企业总裁等。这类人员往往社会地位较高，身份较为特殊，有着统筹规划的决策资格，因此在职业风格上表现为严肃、庄重、沉稳、大气等。这类职业女性形象一般会穿着西装制服，佩戴检察官特有身份徽章，妆面简单干净，整体形象端庄大气，具有很强的身份识别度。

（二）第二大类职业与风格定位

第二大类为专业技术人员等包含中小细类在内的职业人员。专业技术人员广义理解指拥有特定的专业技术（不论是否得到有关部门的认定），并以其专业技术从事专业工作，并因此获得相应利益的人；狭义理解指在企业和事业单位（含非公有制经济实体）中从事专业技术工作的人员，以及在外商投资企业中从事专业技术工作的中方人员。常见的有注册建筑师、主任医师、学院教授、注册会计师、律师等。这类专业技术人员为企业或高校、事务所等的立足之本，因此会受到企业或高校、事务所等领域的高度重视，职业规范性高、专业性强，因此，在职业风格上表现为标准、严谨、精细等。形象整体着装较为整洁大气，具有职业特征。这类职业形象，着装往往低调简约，仪态亲切端庄，妆容淡雅自然，充满着学识素养。

（三）第三大类职业与风格定位

第三大类为办事人员和有关人员等包含中小细类在内的职业人员，指在国家机关、党群组织、企业、事业单位中从事行政事务工作的人员和从事安全保卫、消防、邮递等业务的人员。常见的有消防员、警察、邮递员、银行业务员等。此类职业讲求的是为人民服务的宗旨，因此，职业纪律性高、规范性强，又要做到服务为民的亲切。职业风格上表现为规范、礼貌、耐心等，服装往往是职业服饰。其中，消防员因职业场所多为消防事故发生场所，常见的消防员形象往往身着防护服装、头盔、护目镜等，多为强壮有力的男性。

（四）第四大类职业与风格定位

第四大类为商业、服务业人员等包含中小细类在内的职业人员，指从事商业、餐饮、旅游娱乐、运输、医疗辅助及社会和居民生活等服务工作的人员。常见的有餐饮服务员、收银员、商场导购等。此类职业以服务盈利为主，具有很强的目的性，因此，职业较为活泼，感染力高、营销性强，职业风格上表现为亲切且具有活力等。这类服务性行业工作人员在工作过程中往往会以顾客的消费体验为首要，因此服饰搭配要符合工作场合的要求，多为简洁大方的制服装，清新淡雅的妆容，得体的仪态表达也是很重要的部分。

（五）第五大类职业与风格定位

第五大类为农、林、牧、渔、水利业生产人员等包含中小细类在内的职业人员，指从事农业、林业、畜牧业、渔业及水利业生产、管理、产品初加工；从事大田作物、园艺作物、热带作物、中药材等种植、管理、收获、贮运和农副产品初加工的人员。此类职业经验性强、效率性高，因此职业风格表现为科学、规范、效率等。这类农艺工人往往会从事户外农作物的种植与培育，衣着也会相对朴素简单，方便活动，不施妆容，纯真自然，外出劳作时会佩戴毛巾、遮阳帽等。

（六）第六大类职业与风格定位

第六大类为生产、运输设备操作人员及有关人员等包含中小细类在内的职业人员。生产、运输设备操作人员指的是从事矿产勘探、开采，产品生产制造，工程施工和运输设备操作的人员及有关人员。常见的有地质勘探人员、测绘人员、印刷人员、金属冶炼人员等。此类职业操作性强，规范性高，职业风格上表现为严谨、细致、认真等。其中勘探人员通常身着显眼的工作制服，佩戴安全帽、防护手套等安全措施，整体形象朴素，具有统一性的特点。

（七）第七大类职业与风格定位

第七大类为军人等包含中小细类在内的职业人员。第七大类职业是指保卫国家安全，保卫及守护国家边境，政府政权稳定，社会安定，有时也参与非战斗性的包括救灾的人员及有关人员，如陆军、空军、海军等。此类职业有着很强的纪律性、责任感、信念感，职业风格上表现为严谨、肃穆等。这类职业人群神情坚毅，身着统一军人制服，并持配相应的武器等，整体形象令人肃然起敬。

（八）第八大类职业与风格定位

第八大类为不便分类的其他从业人员，常见的有影视明星、时尚博主、戏剧演员等。此类职业灵活性高，对艺术以及审美要求较高，可驾驭的风格也较多，由于其职业的特殊性与变化性，因此没有作特定的分类。该类型职业风格表现为活力、时尚、多变等。这类从业者形象风格十分时尚潮流，非常符合当下年轻人的审美追求。妆容多变且个性，配饰精致丰富，给人以别具一格的视觉观感。

二、环境与风格定位

按环境的属性，可将环境分为自然环境、人文环境和心理环境。不同环境中的形象风格是不同的，它们随着环境色、环境印象与人文色彩的影响而变动。环境在形象设计中是一个很重要的背景因素，它往往决定了形象设计的风格和色彩的搭配等，只有符合环境特色的形象设计，才会显得浑然天成。

（一）自然环境与风格定位

通俗地说，自然环境是指未经过人的加工改造而天然存在的环境，是客观存在的各种自然因素的总和。人类生活的自然环境，按环境要素又可分为大气环境、水环境、土壤环境、地质环境和生物环境等，主要指地球的五大圈——大气圈、水圈、土圈、岩石圈和生物圈。常见的自然环境包括森林、海洋、戈壁、沙漠（图2-51）等，在不同的环境中，人物形象是需要做出改变的。例如，在沙滩阳光的环境中，人物形象就会对应地调整为沙滩风格，服饰妆容也会对应地调整为度假风；在层峦叠嶂的森林环境中，人物形象就会对应地调整为森系风格，服饰多用天然材料，少做装饰，妆容清新淡雅。

图2-51　常见的自然环境

（二）人文环境与风格定位

人文环境是人类创造的、物质的或非物质的成果的总和。物质的成果指文物古迹、绿地园林、建筑部落、器具设施等；非物质的成果指社会风俗、语言文字、文化艺术、教育法律以及各种制度等。这些成果都是人类的创造，具有文化烙印，渗透着人文精神。人文环境反映了一个民族的历史积淀，也反映了社会的历史与文化，对人的提高起着培育熏陶的作用。人文环境下的人们积攒了数千年的历史文化、民族精神和审美表达。我国历史悠久，民族众多，拥有着丰富的服饰文化资源，在世界服装史上形成了独特的中式风格。由于中西文化存在较大的差异，导致着装观念也有较大的差异。中国古代盛行儒家文化，服装自古以来都是宽衣大袖，直到"民国"时期中西文化交融，才出现了旗袍这种代表着中国女性典雅端庄又不失魅力情怀的服饰。中式服饰的穿着往往以含蓄、谦逊为美（图2-52）。而远在中东地区的阿拉伯人崇奉伊斯兰教，在服饰美上遵循"中正之美"的原则，男性的着装观念是要体现男性气概和风度；女性服饰是长袍和面纱的组合，全身需遮盖严实，禁止暴露肉体，袍子宽大的款式可以隐藏身体的轮廓，只有手和脸是允许自然露出的。伊斯兰教认为白色最为洁净，黑色庄重含蓄，因此，男性服饰以白色为主，女性服饰以黑色为主。

图2-52　中国女性旗袍形象

（三）心理环境与风格定位

心理环境是指对人的心理发挥实际影响的生活环境，是一切外部条件的总和。心理环境有内外之分，以学校教育活动为主体，心理内部环境主要指学校内部客观存在的一切条件之和，如校风、同学关系、师生关系、教育设施、师资水平等；心理外部环境是学校以外的社会环境和家庭环境。心理环境最典型的就是校园和家庭环境。在校园环境中，人们往往以自持、自尊、自爱的心理待人接物，整体形象是较为整洁美观的。学生会根据年龄段和熟悉程度对于自身的服饰形象做出改变。例如，中学生日常会穿着校服，梳洗简单的学生发型；大学生则会穿着更为时尚的服饰；已工作的女性会追求精致的妆容，男性则会表现得更加沉稳、干练等。在家庭环境中，人们的心理是最放松的，舒适的环境下人们往往会选择最舒适的服装，不加以打扮，以最简单质朴的形象出现。

三、个性特色与风格定位

1913年，卡尔·荣格（Carl Gustav Jung）在国际精神分析大会上提出个性的两种态度类型：即内倾和外倾。1921年他在《心理类型学》一书中又作了详细的阐述，并提出了四种功能类型，即理性功能相互对立的两种类型：思维功能与情感功能；非理性功能的相互对立的两种类型：感觉功能和直觉功能。美国心理学家凯瑟琳·库克·布里格斯（Katharine Cook Briggs）和她的女儿伊丽莎白·布里格斯·迈尔斯（Isabel Briggs Myer）在荣格的两种态度类型和四种功能类型的基础上，又增加了判断和知觉两种类型，由此组成了个性的四维八极特征——I（内倾）、E（外倾）、S（感觉）、N（直觉）、T（思维）、F（情感）、J（判断）、P（知觉）。其中选取两个，可任意组合而成16种人格类型。在形象设计中，可以根据此理论，将个性简单地分为内倾型个性、外倾型个性和内外兼修型个性。

（一）内倾型个性特色与风格定位

内倾型个性特色表现为主体的注意力和精力指向于内部的精神世界，其心理能量通过内部的思想、情绪而获得。内倾型个体在内部世界中获得支持并看重发生事件的概念、意义等，因此他们的许多活动都是精神性的，他们倾向于在头脑内安静地思考以加工信息。内倾型人群往往安静、内省、喜欢独处。因此在形象风格上偏向于古典和素雅，注重的是人物内心世界的表达。如图2-53所示，人物形象就是典型的婉约内敛的风格特色，反映的主要是人物的气质和素养，装饰简洁大方，妆容上会强调柔和自然，偏向于饱和度较低的色彩，显得宁静温柔。

图2-53　内倾婉约型个性形象

图2-54　外倾开朗型个性形象

（二）外倾型个性特色与风格定位

外倾型个性特色表现为主体的注意力和精力指向于客体，即在外部世界中获得支持并依赖于外在环境中发生的信息。这是一种从主体到客体的兴趣向外的转移。外倾型个体需要通过经历来了解世界，所以他们更喜欢大量的活动，并偏好于通过谈话的方式来思考，在语言的交流中对信息予以加工。外倾型人群往往心直口快、活泼开朗、善于交际、感情外露、待人热情、诚恳，且与人交往时随和、不拘小节，适应环境的能力较强。因此在形象风格上偏向于积极和阳光，展现和表达自我意识，风格多变且外露，色彩选择较多，饱和度也较高，妆容和服饰的选择根据场合的不同而多变，会出现类似于赛博朋克等现代化夸张的元素。例如，图2-54中的人物形象就是典型的外倾开朗型风格，服饰搭配时尚多变，颜色丰富夸张，妆容精致华丽，和热闹的氛围环境相得益彰。

（三）内外兼修型个性特色与风格定位

内倾型和外倾型个性往往是具有明显特征性的，其风格也较为固定。现今社会上出现了较多"内外兼修"风格的人物个性，指的是不明显表现的个性特点。比如在熟悉的环境中会表现出外倾型人物的特点，而在社交陌生的场所则表现出内倾型人物的特点，能够调控自己情绪的变化。此类个性特点往往是以多变的风格示人，例如，后田园时代风格（图2-55）一改传统的森系自然风，而是增添了带有现代感和时尚感的再造风格，兼顾内向和外向人群喜爱的元素，充满可能性。或是自然军旅风格（图2-56），略带哲学意味的自然风貌被加入女性独有的自信与柔美，呈现出聚焦都市风尚与科技性能的干净与现代风，整体风格在简约中既透露着中性帅气，又不失自然柔和。

图2-55　后田园时代风格

图2-56　自然军旅风格

四、整体形象风格定位

形象设计应创造并保持自己独有的风格。人的容貌、形体是千差万别的，人的性格与气质也是多种多样的。整体形象是表现个性风格的媒介，只要掌握自己的形象原则，根据自己的身份加以变化，便可以享受形象带来的满足感。个性风格的选择要根据个人的性格倾向和情趣爱好来确定。因此，需要了解不同类型的人的个性风格特点，掌握造型要点，一方面，使人物的内涵与外在形象的表达和谐统一；另一方面，使整体定位更具有个性风格特点与生命力。

（一）运动休闲形象风格定位

运动休闲型风格人物指的是个性爽朗、热情奔放、喜爱运动、青春活力的人物形象。例如，图2-57中的人物就是典型的运动休闲形象风格，这一形象在日常生活中较为常见。其中女性形象通常没有过多的人工修饰，一切以休闲舒适、自然真实为主。化妆重点应放在眼部及唇部，均以自然色为主，眼影多用浅色，唇部口红用裸色或者淡彩色，也可直接用透明或粉色唇彩表现健康润泽的整体效果。发型可长可短，可自然束起，也可随风飘扬，多为不拘一格的式样，塑造清爽的印象；服装款式以宽松休闲为主，表现健康的体质和活泼开朗的个性；饰物佩戴较少，往往是简洁清爽的休闲饰品，如运动类挎包或者书包等。运动休闲型男性形象整体较为简单整洁，往往不加妆容修饰，以此来展现自然健康的外形特征；发型清爽，利于打理，多为短发或寸头；服装宽松休闲，没有过多装饰。配饰部分也多选择书包、运动拎包等。

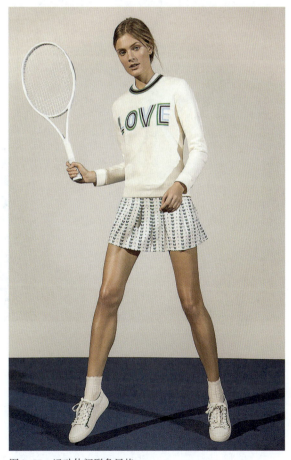

图2-57　运动休闲形象风格

（二）职场干练形象风格定位

职场干练型风格人物是指在职场中处事精干、理智稳重、冷静沉着的人物形象，这一类型的人多出现在政府机关工作的公务人员以及大型企业的高层CEO中。他们不仅是行业精英，而且是社会的中坚力量。其中女性形象往往五官匀称，妆面干净淡雅，不多出现浓妆。妆容重点放在眼部和唇部，眉峰稍深，棱角分明；眼影色常采用褐色、棕色或驼色等色系；口红颜色自然或稍深，多为饱和度较低的色彩；发型多简洁，偏保守且易于梳理，一般以中长发居多，保守简洁。服装以套装为主，做工精良，款式端庄大方，色彩以中间色、深色为主，饱和度较低；配饰多为符合人物身份的女性挎包或者拎包，例如，图2-58中就是很典型的职场干练形象风格。职场干练型男性形象一般面部整洁，不加以化妆修饰；发型整齐清爽；服装为合体的西装衬衫，配饰往往采用符合人物身份的领带、公文包等。

图2-58　职场干练形象风格

（三）前卫时尚形象风格定位

前卫时尚型风格人物指的是个性独特、夸张、另类、新奇的人物形象。这一类型的人往往是特立独行、思想前卫、富有创造性的，从身体外形到心理个性都呈现一种中性化色彩。例如，图2-59中人物就是很典型的前卫时尚形象风格，此类形象风格的女性身材多为直线型、高挑纤细、棱角分明，女性身材特征不突出，面部多骨感、有棱角，目光锐利、冷漠，鼻梁高等；妆容多为夸张的样式，色彩浓烈丰富，如烟熏妆、暗黑妆等；唇色选择较多，多偏黑色、深红色等。面部时而会出现穿孔、刺青、彩绘等特殊化妆方法；发型往往是反常规设计，色彩醒目，多漂染；服装款式结构复杂、变化多，如解构主义服饰风格，服装局部造型夸张，或者有一些新奇的装饰、反常规的结构等。面料多为新兴材料、带有特殊肌理效果的新式面料或多种面料混淆搭配，产生强烈的对比效果。色彩多艳丽、对比强烈；配饰多为金属类、形状奇异；包类多为色彩丰富、光泽明显的包饰。此类形象男女风格相似，多为中性化的表达，男性部分大多以此呈现。

图2-59　前卫时尚形象风格

（四）甜美可爱形象风格定位

　　甜美可爱型风格人物多指的是女性形象，总体风格印象是可爱天真、清纯乖巧。例如，图2-60中的女性形象，身材多小巧玲珑、曲线适中；肤色白皙，面部骨骼柔和；妆容多选择清新自然的日系妆容和裸妆系妆容，以橘粉色调为主；嘴唇多追求饱满精巧的视觉效果，因此唇色多透亮水润；发型以短发、中直发或卷发为主，形状多为披肩、扎发、丸子头等；服装多选择可爱风、公主风、学院风、洛丽塔风等，线条曲线感强，装饰性元素较多，如荷叶边、花边、蕾丝等；配饰多为与服装搭配的饰品，如富有光泽感的皮鞋、带花边的白色棉袜、可爱卡通系双肩包或挎包等。

图2-60　甜美可爱风格形象

（五）简约大气形象风格定位

　　简约大气型风格人物也多指的是女性形象，这类女性个性恬静柔美、温婉优雅，具有大家闺秀的气质。因此，整体形象应在精炼的线条和素净的色彩中体现神清气定、娴静平和、优雅从容的风格品位。妆容强调五官的秀气和精致、眉眼的神韵，眼影多选择棕色系，唇色多为红棕色系；发型往往是高高盘起的发髻、端庄成熟的短发或是相对比较成熟的发型；服饰穿着大方得体，追求严谨而高雅，典雅而简约的款式，并以高度和谐为主要特点，多为套裙、连衣裙、西裤等；配饰多为精致的耳环、项链、手镯，挎包等。例如，图2-61中的形象就是典型的简约大气形象风格。妆容干净清新，发型整齐简约，服饰选择灰色连体裤、长款马甲外套、白色针织衫及礼帽相搭配的造型，展现了女性的柔美与干练。

图2-61 简约大气形象风格

本章小结

　　形象设计要素是掌握形象设计这门学科的认知基础，需先了解人体内在和外在的各个审美要素，才能进行后续的设计与操作。

　　形象设计的形式美法则是整体设计的灵魂所在，这种美感与人们的心理结构、知觉情感和审美愿望相一致，熟练掌握形式美法则是进行形象设计的关键。

　　形象设计是一门视觉艺术，因此色彩在形象中的运用和表达至关重要。学习色彩的基础知识、个性表达、共性表达以及合理运用环境色等可以让整体形象在和谐美观的基础上增加艺术性和故事性，使人物造型更加丰满。

　　形象设计的风格定位是将人物的所在职业、所处环境、个性特色、整体表达等进行风格上的阐述，不同环境的形象有着不同的风格。

思考题

1. 形象设计的要素主要有哪些方面？

2. 简述形象设计形式美法则要点。

3. 在形象设计的色彩运用中，你觉得最重要的部分是什么？

4. 人物的个性特色与形象设计的关系是什么？

第三章
形象设计与美妆造型

课题名称：形象设计与美妆造型

课题内容：1. 妆容在形象设计中的地位与作用

2. 妆容形象设计的基础知识

3. 妆容形象设计的基本方法

4. 美妆形象设计案例分析

课题时间：12课时

教学目的：通过形象设计中美妆造型内容的学习，使学生全面了解妆容在形象设计中的地位与作用、妆容形象设计的基础知识、基本方法以及相关案例分析。

教学方式：1. 教师PPT讲解基础理论知识。根据教材内容及学生的具体情况灵活制订课程内容。

2. 加强基础理论教学，重视课后知识点巩固，并安排必要的练习作业。

教学要求：要求学生进一步了解妆容在形象设计的具体表现、掌握基本方法、针对不同案例进行分析与总结。

课前（后）准备：1. 课前及课后大量收集妆容形象设计方面相关素材。

2. 课后针对所学妆容形象设计知识点进行反复思考与巩固。

美妆造型是形象设计中非常重要的环节，其成功与否不仅决定着人物面部形象的外在美观度，还会直接影响形象整体气质。美妆造型设计并非只是简单地进行堆砌和装饰，而是涉及了色彩调和、面部生理特征、个人形象与气质搭配等诸多方面的综合性艺术学科。如果妆容造型与脸型、五官、气质等方面不协调，那么妆容不仅会弱化人物个性特征，还会破坏人物的整体形象。因此，为了能够准确定位、搭配得当，实践之前需要在前期做好一定的调研与准备工作。本章节将通过概述妆容在形象设计中的地位与作用，逐一介绍妆容形象设计相关基础知识，从头部轮廓、妆容形象的分类与特征、色彩识别、脸型及五官等方面进行深入分析，全面梳理与总结美妆造型设计中的方法及注意事项。最后，引入经典案例进行详细说明。作为一名优秀的形象设计者，应当学会用高水平的审美看待问题以及运用专业的技术实力解决问题，同时还要具备一定的逻辑思维能力和创造力。

第一节　妆容在形象设计中的地位与作用

随着社会经济的不断发展、人们物质和文化生活水平的不断提高，个人妆容形象塑造、服饰穿搭等方面也得到了广泛的关注。适当的妆容形象不仅是为了修饰面部瑕疵，提升个人气质形象，更是现今社交生活中的一张名片。作为一种特殊的视觉艺术表现手法，美妆造型一方面可以弥补人物形象的缺憾；另一方面，也可以增添真实的自然美感、营造出不同风格的妆容形象。在形象设计中，妆容与人物形象本身有着密切的关系，是不可忽视的一项重要环节。既是表现人物形象优势的重要特殊媒介，也是融入艺术文化修养、美术技法的创作源泉。

一、妆容在形象设计中的地位

美妆造型脱离了形象设计就是一个孤立者，两者必须结合起来才能使整体形象设计丰满和完善。作为形象设计中的要素之一，妆容在形象设计中具有重要的地位。从某些角度来说，形象应是一种状态，它体现着流变中的社会形象与个体形象之间的矛盾关系。当形象与妆容一词联系起来理解时，则是作为妆容的目的和结果。妆容可以理解为人体形象装饰的手法，与服装设计和人体之间的关系有着异曲同工之妙。妆容与形象的概念不仅有着内在的联系，还是形象塑造的手段和过程，二者呈因果关系。在当今社会中，妆容形象的塑造满足了人们多方面的需求，如社会交往、职业活动、展示自我个性等。如今，人们正处于对物质与精神需求都日趋高涨的阶段，无论是从专业角度还是非专业角度来看，妆容在形象设计中都有着不可言喻的重要性。

（一）社会交往的需要

随着时代的发展，人们获取讯息的方式也在不断增加。其中，了解与欣赏美好事物的渠道也已越发广泛、快速、便捷。但随之变化的是人们日益提高的审美需求，和对美好事物的不断追求。在社交活动日益频繁的今天，恰当的妆容、发型、服饰，谈吐修养是充分表现个人形象魅力的有效途径。一般来说，妆容有晨妆、晚妆、社交妆、舞会妆等多种形式。它们的浓淡程度存在着一定差别。因此，妆容要根据不同的时间和场合来选择，如日常妆容要相对简约、清新、素雅，而晚宴妆容则可华丽且浓艳（图3-1）。

（二）职业活动的需要

现今，化妆已不再局限于舞台之中，而是逐渐融入人们的职业活动中。通过人为的修饰，使平凡的相貌焕发出个人魅力，给人以美的享受，也从侧面反映出新时代精神风貌。不同的职业活动需要不同的妆容形象风格，恰当且美观的妆容形象可为其职业形象增添几分光彩。例如，演员、模特等职业，通常会根据工作和角色的需要而采用特定的妆容设计，使人物与剧情、环境达到完美的和谐统一。在职业活动中，通过妆容塑造将美丽的容貌、文雅的举止、干练的形象展现在公众面前，在一定程度上

图3-1　日常妆容与晚宴妆容

可以为自己的职业形象增光添彩（图3-2），并在求职、工作、会议、商务谈判等重要职业活动场合中给人留下自信、智慧的深刻印象。

（三）展示自我个性的需要

在现代社会中，由于化妆技术与化妆工具的更新迭代，人们对于妆容的运用也显得更为得心应手且富有变化。不同的妆容形象能够表现出人们独有的审美情趣与个性魅力。例如，近年来大为火热的Y2K妆容（图3-3），妆面中通常会使用珠光、闪片、偏光眼影及存在感较强的高光来诠释未来感等。随着多元文化的冲击与融合，许多男性群

体也开始注重塑造自己的妆容形象（图3-4）。他们一般会选择偏向自然风格的妆容来
修饰气色，如进行简单的修眉、画眉、打底修容即可。这样看起来较为干净利落，不会
出现满面油光、粗糙的尴尬状态。

图3-2　干练的职业妆容

图3-3　Y2K妆容

二、妆容在形象设计中的作用

妆容是指对人物面部、五官及其他部位进行渲染、描画、整理、调整形色等，从而达到掩饰缺陷、表现神采、增强立体印象的目的。通过妆容的塑造可以展示人物独特的自然美，增添个人形象魅力。这样的手法既可以作为一种艺术表现形式，也可以呈现一场完美的视觉盛宴。其中，妆容的作用主要集中在突出优点、掩饰缺点、建立个人形象风格三个方面。

（一）突出优点

根据五官风格特征，彰显妆容形象优势，突出个人优点。不同的妆容风格能够

图3-4　男性妆容

展现不同的魅力，可以根据自身的五官、脸型等因素来选择适合的妆容。从整体妆容形象上看，脸型轮廓清晰、五官立体感强的人群比较适合简单的妆容色系，可以重点突出五官自然、立体的感觉；脸型圆润、五官立体感较弱的人群则可通过较为浓重的妆容色系来提升五官的量感，使妆容形象整体达到平衡的美感。从面部轮廓上看，有的人前额圆润丰满，眉毛轮廓清晰，这种情况下可增加前额露肤面积，不必遮挡。不同的眼型可以通过眼影进行局部矫正，反复试验何种色调的眼妆更适合自己，从而突出眼睛的魅力。

（二）掩饰缺点

利用妆容修饰产生视差，弥补面部形象缺点，淡化他人注意力。每个人的外在形象或多或少都会存在一些缺点，为了掩饰与弥补这些瑕疵，可以通过一些妆容技巧来修饰，从而提升原有的形象气质。从塑造整体妆容形象的角度来看，如果皮肤略显粗糙，并伴有些许瑕疵，可利用底妆遮瑕的方法掩饰缺点。从塑造局部妆容形象的角度来看，若眼皮过于厚重，则会显得眼型扁塌，这种情况下可以利用隐形双眼皮胶贴和粗黑的眼线来巧妙地修饰眼睛形状，使眼睛变得明亮、圆润。若眼睛没有神采，可重点描画眼部，突出眼部妆容形象。此外，眼睛近视的人群可减少眼部遮挡，如框架眼镜与隐形眼镜可切换使用，避免眼球凸出或变形。嘴唇饱满或干瘪的人群则可以通过口红、唇膏等化妆品进行修饰、矫正，以此提升整体气色。

（三）建立个人形象风格

根据个人形象特征，建立个人形象风格。个人形象风格存在意义并非一成不变或自我设限，而是为了使人物本身更加积极、自信。其核心点在于内在心境与外在气氛是否和谐统一。妆容形象的塑造并不是单一、孤立的存在，它与人物本身的气质、服饰搭配、社交环境等方面息息相关。在找寻与建立个人形象风格之前，首先要深入了解自己，如参照与自己外在形象较为相似的明星、博主等进行风格模仿与学习。在实践中向他人汲取经验、填补自己的短板，在不同风格领域中发掘自己独特的一面，从而逐步构建个人形象风格（图3-5）。

图3-5　不同个人形象风格妆容

第二节　妆容形象设计的基础知识

近年来，随着社会经济的飞速发展，形象设计在人际交往和社会生活中受到了越来越多的重视。以妆容形象为基础的形象设计在各个领域都有着充分的发展空间，并在社会生活中占据着重要地位。当妆容形象成为人们日常生活中不可或缺的一部分时，不同妆容形象带给人们的视觉感受也是不尽相同的。本小节主要以头面部骨骼肌肉结构与妆容形象的关系为主要切入点，通过对妆容形象的分类与特征表现进行系统性分析。从色彩识别的角度将妆容形象进行有效分类，深入分析妆容形象与不同脸型、五官之间的关系，从而得出不同妆容形象所带来的心理暗示及视觉印象。

一、头面部骨骼肌肉结构与妆容形象的关系

　　头部的骨骼构架是一个外圆内方的六面体，它是由脑部骨骼和面部骨骼组成的。其中脑部骨骼由1块额骨、1块顶骨、1块枕骨、2块颞骨和2块蝶骨组成，面部骨骼由1块下颌骨、2块上颌骨、2块鼻骨和2块颧骨组成。面部肌肉会影响五官的走向与认知，构成对象头部另一基本特征是头部肌肉结构，肌肉的收缩和扩张体现了人物面部表情特征和精神面貌的变化。了解头部肌肉的走向、位置和体积，对妆容形象的表现起着决定性作用。由于不同人种的头面部骨骼结构有着不同的表现特征，因此所呈现的妆容形象也有着明显的变化。通常来讲，"美人在骨不在皮"，面容包含了骨相与皮相。骨相决定了脸型，并影响着面部微表情、肌肉走向变化等方面。在头面部骨骼结构中，骨相是指头部骨骼结构、颧骨、鼻梁、眉弓、脸型、三停五眼结构。在妆容形象设计中，一般可运用高光、阴影等美妆手法进行局部调整，这样可使人物面部线条更加柔和。妆容形象的塑造一般是对人物的脸部施以矫正和美化的技法，其主要依据包含骨骼结构、轮廓结构、肌肉结构三个方面。

（一）骨骼结构

　　头部骨骼是由头盖骨、颊骨、鼻骨、下颚骨等骨骼构成，大体可分为脑部头盖骨和脸部颜面骨两大类。其中，头盖骨部分由前头骨、头顶骨、后头骨、侧头骨构成。由于人种的不同，头盖骨的构造也有所不同，其特征不会因年龄关系而有所变化。颜面骨一般由颊骨、鼻骨、下颚骨、上颚骨构成。颜面骨通常会随着年龄的不断递增而出现变化。颧骨是面颅骨中的重要组成部分，它位于面中部的前方，眼眶的外下方，并在面颊部形成骨性突起的视觉效果。颧骨共有四个突起部分，分别是额蝶突、颌突、颞突和眶突。颧弓位于颅面骨的两侧，呈向外的弓形，其生理功能主要包含三个方面。一是起到重要的保护作用，这两个结构位于面部两侧最突出的部位，外力从侧面打击面部时，起到对上颌窦、颞肌、颅骨外侧壁的保护作用。二是构成了面中部两侧的外形轮廓，不同大小、形状的颧弓在很大程度上影响着面部的外形轮廓与美观程度。三是对深层的颞肌和浅层的皮肤起到分隔的作用。颧弓的弓度决定了面部的宽度，弓度越大，越向外侧突出，则面部越宽。颧弓的弓度还因种族差异而产生明显不同，通常东方民族颧弓弓度较大，而西方民族颧弓弓度较小。颧骨位于面部的正面中部，而颧弓则位于面部的外侧部位。颧骨的高低一般与脸部侧面线条密切相关；颧弓外扩大小则会影响脸部正面的视觉效果。例如，颧弓若有着明显外扩会导致面中部变宽，面部线条略显生硬、成熟，给人以严肃之感。造成颧弓外扩的原因不尽相同，一是额头偏窄或颅顶较尖，脸型不够圆润，从而造成了宽颧弓的视觉效果；二是太阳穴凹陷或颧骨下方软组织凹陷，这种情况

也会使颧弓凸显得更加明显。

（二）轮廓结构

面部轮廓结构是种族、民族文化最显著的标志，也是构成人体面型（脸型）的主要因素。面部轮廓结构是由深层的骨性结构和浅层的软组织结构共同构成的。脸型主要是由深层的骨性支架决定的，软组织对脸型也起到了填充、修饰作用，使脸型的形态丰满圆润，线条流畅自然。脸部的轮廓会受额头、眉骨、太阳穴、颧骨、下颚等部位的影响，从而形成各种不同的脸型。其中，面部额头的形状是由前头骨形状与头发发际线的外形所决定。同时，额头的宽窄度、凹凸度也会影响人们的外貌美观度。下颚骨是决定全脸均衡度、下半部脸部轮廓的重要因素。例如，下颚消瘦的轮廓结构会给人以纤细、瘦弱的感觉；下颚棱角分明的轮廓结构则给人以意志坚强的印象（图3-6）。从骨相上来看，亚洲女生由于面部折叠度较低，因此五官凹凸感较弱，从视觉表现上容易显得扁平，立体度相对较低。当面部折叠度越高时，脸部轮廓则越显得小巧且立体。通过妆容形象可打造较为理想的面部折叠度，如利用阴影和高光的明暗交替、灯光烘托等手法，使面部更加小巧、线条分明，增添高级感。

图3-6   不同下颚形状的女性

（三）肌肉结构

脸部肌肉一般可分为表情肌与咀嚼肌。表情肌是控制面部动作的肌肉，它的反复运动会产生表情纹。随着人年龄的增长，肌肉纤维也会逐年流失减少，覆盖在肌肉上层的皮肤张力随之减弱，从而出现松弛皱纹；另外，皮肤悬挂结构也会随着年龄的增长而松弛，肌肉失去依托，受地心引力影响而向下滑脱，表现在面部就是轮廓下垂。在打造妆容形象时，要准确掌握人物面部的习惯性表情等。面部松弛下垂是一种自然规律，不能逆转。但可以通过特定的保养或护理来尽量延缓面部衰老的速度，如通过肌肉锻炼来实现年轻态，强化面部肌肉，让面孔更有弹性、更紧致年轻等。例如，当面部呈微笑状态时，口圈肌、笑肌、颊骨肌等部位会被整体牵动并向上收缩。脂肪给人脸部以丰腴感，尤其是在颊骨下方的凹陷处的颊部脂肪，会使脸颊呈现丰腴或是消瘦的不同感觉。面部脂肪量较多时，会呈现出稚气、年轻、天真烂漫、温柔之感。面部脂肪量较少时，则会流露出成熟、冷峻的视觉印象（图3-7）。

图3-7　不同面部肌肉结构的女性

二、妆容形象的分类与特征

从广义的角度来看，妆容形象指人体通过装扮或修饰等所形成的外在表现。从狭义的角度来看，妆容形象即是大众日常社会活动中的妆容形象，主要是指通过对人体的脸部化妆而形成的整体效果。妆容形象的塑造泛指运用一定的专业化妆知识、实践经验和技巧对人体的脸部或其他部位进行描画，从而增强面部立体感。调整面部优势、掩饰面部缺陷、增加视觉美感、彰显个人妆容形象魅力，以艺术的形式表达思想情感或感受。

根据妆容形象的作用与功能进行划分，可将妆容形象分为生活类妆容形象与艺术类妆容形象。生活类妆容形象的目的主要是掩饰缺陷或突出优点，表现个人的独有魅力；而艺术类妆容形象的目的主要是为了表现一种思想或情感，其化妆手法也更为夸张且新颖。

（一）生活类妆容形象的分类与特征

生活类妆容主要包括休闲妆、职场妆、时尚妆、裸妆等。根据妆容形象的形态与色彩，可将生活类妆容形象风格划分为五类风格，分别为可爱少女型、温柔自然型、优雅大气风格型、清新少年型、时尚摩登型。

可爱少女型的女性妆容关键词为甜美、可爱（图3-8）。适合以淡妆的风格呈现，忌烟熏妆、欧美妆等浓烈、夸张的妆容。眉形应以自然、整齐、柔和为主；避免过度刻画、眉峰过高、眉毛线条锋利的造型。眼线应按照眼形描画，忌过于锋利、过粗、过宽、过于上翘的眼线。眼影则适合选择粉嫩色系等清淡系妆容。口红宜选择明亮、粉嫩、强调唇部光泽感的色系或质地。通过妆容整体色系和形态的和谐搭配，突出这类人群甜美可爱的少女感。

温柔自然型的女性妆容关键词为自然、活泼、清新（图3-9）。眉毛应顺着原生眉自然生长的眉形来勾画，眉峰不宜锋利、高挑，且颜色不能过深、过重。眼线应只描画内眼线或自然晕染，不可过于犀利、清晰。眼影应保持自然状态或跳过这一步骤，不可选择过于鲜艳或饱和度过高的色系。口红色调应选择珊瑚色等淡色系风格，略带些许光泽，不宜过分强调唇形。

图3-8　可爱少女型女性妆容　　　　图3-9　温柔自然型女性妆容

大气风格型的女性妆容关键词为东方的、有气度的、有异域风情的（图3-10）。这一类型妆容讲究对称、均匀。眉形应以标准眉形为主，强调清晰干净，眉形不应过于模糊或眉峰过挑。眼线应按照眼型描绘，且有一定宽度，不宜过于上挑或夸张。眼影部分用色应稍加保守，可选择大地色等自然色系，不宜选择过于鲜艳的颜色。口红方面适合选择正红色等优雅色调，不宜过于黯淡、浑浊。

清新少年型的女性妆容关键词为独特、利落（图3-11）。眉毛应体现直线感，边缘清晰，如野生眉、自然眉等。忌眉毛没有弧度，眉峰过于圆润。眼线宜清晰体现，不强调鲜艳度，避免描画过于上挑的眉型。眼影用色适当清淡，强调深邃感即可，避免选用过于鲜艳、饱和度过高的色系。唇部不宜过分强调唇形，用色一般选用纯度适中、自然、清新的色系为佳。

图3-10　优雅大气风格型女性妆容

图3-11　清新少年型女性妆容

摩登风格型的女性妆容关键词为个性、时尚（图3-12）。妆容适合重点突出眼睛或眉毛，使脸部某个部位更为夸张，加强五官对比度。眉形应有棱角、可宽可窄，也可上扬，眉峰不应过弯或过于圆润。眼线应稍加锋利，可加重、上扬或夸张。眼影用色范围较广，可大胆使用对比色、撞色等鲜艳、饱和度高的颜色。口红色系可根据眼妆来搭配一些较为个性的色系，如蓝色、紫色、橙黄色等。

图3-12　摩登风格型女性妆容

（二）艺术类妆容形象的分类与特征

艺术类妆容主要包括影视妆、舞台妆、个性妆等（图3-13）。与生活类妆容有所不同，艺术类妆容形象风格要根据主题、时间、地点、环境、人物特征等因素进行综合设定。当进行戏曲类妆容形象设计时，要深入了解戏曲剧目的历史背景、故事情节等方面的内容。艺术类妆容面部整体感较强，焦点相对集中，通常适合较为浓重的妆容色彩，用色宜深冷。眉色应稍重，形态采用直线或上扬、高挑的眉型，不宜画平直眉或圆润的眉峰。眼线不宜过重或下垂，适合微微上扬。眼影应使用大地色系等冷色调，强调深邃感。口红适合选用深冷色系，不宜使用太过清淡的颜色，且应强调唇线，使用唇线笔勾勒出唇形。

图3-13 艺术类妆容形象

三、妆容形象的色彩识别

不同的色彩能够引起人们对生活的不同联想，从而在心理上形成某种感受。如火焰、太阳使人感受到温暖，主要代表色彩有红色、橙色、黄色、棕色等（图3-14）。而天空、海水、月光一类的颜色，则使人觉得清冷，主要代表色有藏青色、蓝色、绿色、蓝紫色、灰紫色等（图3-15）。作为一种特殊的艺术表现形式，妆容不仅能改变人物面部的形态，还能作为一种符号化的语言，承载和传达某种信息。妆容形象的色彩识别领域极为广泛，如人文、历史、物理光学、生理学、心理学、民族学、材料学、民族传统性别、文化、职业、风俗习惯等方面。与其他色彩视觉表现形态一样，妆容形象也是通过色彩视觉艺术语言来表现的，它将一定的色彩语言要素按照对称与平衡、节奏与韵律的形式美法则进行有机组合，最终呈现出冷色系与暖色系妆容形象的视觉美感。

图3-14 暖色系联想

图3-15 冷色系联想

（一）冷色系妆容形象识别

色彩的冷暖并非绝对且固定的，它们是相互比较而存在的。例如，当玫瑰红、紫红色与朱红、橙红并列比较时，就会偏向于冷色；而与蓝色放在一起时，则会显得较暖（图3-16）。

因此，色彩的冷暖性质都是在比较中产生的。在妆容形象塑造中，较为清冷的色彩应用选择较少。这是由于人类面部肤色一般呈暖色调，若蓝色、绿色、紫色使用过多，则会使面部妆容形象显得不太和谐。近年来，"清冷风"妆容形象逐渐兴起，这一色系妆容形象具有素雅、恬静之感。妆容色彩饱和度较低，更多的是强调面部轮廓的线条感，并与整体气质相呼应，适合下颌线清晰利落、气质清冷的"淡颜系"人群。例如，白皙轻薄且具有光泽感的干净底妆，饱和度较低的冷色系眼影、裸色系亚光口红等，这些都是打造冷色系妆容形象的重点。

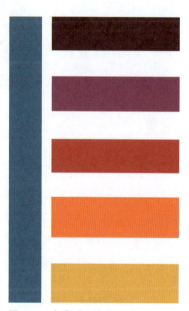

图3-16 色彩对比关系

（二）暖色系妆容形象识别

暖色系妆容形象是最受欢迎且应用最为广泛的一类。其中，最具代表性的暖色系妆容形象有较为日常的日韩妆、较为夸张的欧美妆、泰妆等（图3-17）。例如，黄色、橙色、粉色系妆容形象给人以温暖活泼之感，增加人物亲和力，彰显春天的气息。再如，欧美妆容形象中的底妆非常注重与自身肤色的统一度，眼妆部分一般会选用大地色、金橘色等颜色作为打底，再在眼尾、眼下部位进行适当地加重，制造出深邃感和轮廓感，以此来凸显出欧美妆感。修容时强调脸部轮廓感，眉毛部分一般选用较深的颜色，眉峰上扬，眼线追求较强的魅惑感且偏粗的线迹。唇妆较为厚重明显，强调饱满度，整体妆感较为浓重、张扬。

图3-17　暖色系妆容形象

四、妆容形象设计与脸型

运用不同的妆容塑造方法可以修饰弥补脸型的不足。常见的脸型分类有为长形脸、方形脸、圆脸和鹅蛋脸，这四种脸型有着不同的形象特点，也给人们带来了不同的视觉印象（图3-18）。例如，鹅蛋脸是大多数东方女性标准的脸型，也是典型符合东方人脸美学"三停五眼"比例的脸型，因此不需要过分修饰。

（一）长形脸妆容形象设计

长形脸的人群脸部一般较长，如额部过长、下颌过长等，长度与宽度的比例一般大于四比三。这种脸型大多两颊消瘦、脸颊较窄、较长，整体脸型呈现垂直方向长、水平方向窄的视觉状态。当这一类脸型人群在塑造妆容形象时，应适当凸显青春活力的风格与温柔的女性气质。其修饰方法是在使用接近肤色的粉底后，在额头的上方和下颌处涂抹一些深色粉底，使长形脸在垂直方向上看起来变短。额头的两侧和下颌角部位涂抹些许亮色，这样可以使面部两侧向外扩宽，在视觉上增加长形脸水平方向上的宽度。

（二）方形脸妆容形象设计

方形脸也称为"国字脸"。整体形状呈方形，脸型线条较直，额头与面颊较宽。从脸颊至下颌轮廓的角度转折较为明显，耳朵以上至头部较宽，腮骨明显，下颌较短等。拥有这类脸型的人群在塑造妆容形象时要适当改变轮廓的坚硬感，增添一些亲切、柔和的感觉。例如，可将棱角分明的脸部轮廓稍作修饰，柔化整个面部线条，降低坚硬感。修饰方法是在两腮、额头两边等部位涂抹深色粉底，弱化原本棱角分明的额头和两腮。在额头中间、面中和下颌部位涂亮色底妆，提亮额头和下颌部分，使脸型看起来稍显柔和、修长。

图 3-18　不同脸型形象特征

（三）圆形脸妆容形象设计

圆形脸是较为可爱的一种脸型。其特点是颧骨宽、脸颊丰满、下颌较短。圆脸额骨、颧骨、两颊和下颌的曲线通常较为柔和，下颌及发际线部分都呈现出圆形样貌。圆形脸的长度与宽度比例一般小于四比三，给人以可爱、俏皮的感觉。但是，圆形脸的人群也容易因为脸部过宽而缺少轮廓感和立体感。这类脸型的修饰方法是在两腮和额头两边加深色粉底，在视觉上减少圆脸水平方向的宽度。并有意加长在垂直方向上的长度，即以长线条的方式在脸的中部增加亮色粉底，强调脸型垂直方向上的线条，从而拉长脸型，使脸部更为立体。

五、妆容形象设计与五官

妆容形象设计与五官之间有着密不可分的关系。眉部、眼部、鼻部、唇部是塑造姣好妆容形象的关键部位。其中，每一部位不仅可细分为多种类型，而且与人物面部脸型、肤色修容等方面也息息相关。如不同脸型种类适用于不同类型的眉毛；不同眼型在眼影妆容的塑造上也需要多种技法进行修饰；鼻部的修饰主要集中于山根处与鼻头处，

一般通过修容的方式进行妆容塑造；唇部
妆容塑造则要根据不同唇形进行调整，如
较薄的嘴唇可擦涂啫喱状口红唇膏来增强
圆润立体感等。

（一）眉部妆容形象设计

　　眉妆能够展现一个人的气质和形象，
不同的眉型也能够表达出不同的女性气
质（图3-19）。眉型的选择和脸型密切相
关，不同脸型的人群应选择不同的眉部妆
容形象。圆形脸的女性一般适合上扬型的
眉毛，这种眉型可以增加圆形脸部的立体
感。圆形脸的女性也很适合略短、略粗的

图3-19　不同风格的眉部造型

拱形眉毛，这种眉型可以增添其干净、利落的气质。圆形脸女性在勾勒眉型时，应尽量
注意眉尾要略高于眉头、眉峰不宜在整个眉毛中部，应当在距离眉尾三分之一处为最佳
部位。眉峰棱角形状不宜过分硬朗、分明，眉毛的线条宜平滑柔顺，两个眉毛之间的距
离可以适当近一些，这样与圆形脸的气质才更相衬。同时，圆形脸的女性不适宜塑造笔
直的粗眉和过细的柳叶眉，这样的眉型会使脸型看起来较宽。

　　方形脸的女性脸部轮廓分明，额头、脸颊和下颌的宽度基本统一。这一脸型的女性
适合上升风格的粗眉形，不宜过细过短，两个眉毛之间的距离不宜过窄。眉头可适当略
粗，眉峰在距离眉头二分之一处；眉头和眉峰处应稍加平滑、柔和，不宜有棱有角，可
以利用这种眉型柔化方脸女性整个脸部线条，改善有些刻板的视觉印象。方形脸的女性
不适合笔直且较细的眉形，这样会放大脸部，产生反效果。长形脸的女性适合略微弯曲
的平眉，或者是粗而短的、较为方正的卧蚕眉。眉峰宜在距眉尾三分之二处，且眉峰的
角度略微平缓。也可适当增加两眉之间的距离，放宽脸型，在视觉上增加整体脸型的开
阔感。长形脸女性不适合拱眉，这是由于长形脸人群的特点是横向短、纵向长，而拱眉
恰恰是可以在视觉上提升脸型的纵向长度。纤细的眉毛通常给人以秀气、精致的感觉，
但是和长形脸搭配时，反而会形成一种刻薄、生硬感。因此，在选择眉型时应尽量选择
平缓风格的眉型。

（二）眼部妆容形象设计

　　眼睛是心灵的窗户，不仅能表达人们的喜、怒、哀、乐等不同的情绪，还能反映和
代表人们的精神状态。眼妆的好坏影响着人脸化妆的整体效果，因此在塑造妆容形象时

应特别注意眼妆的选择。眼妆主要由眼影、眼线和睫毛三部分组成。一般可将眼睛分为杏眼，圆眼，细长眼三类，不同的眼型对应不同的妆容（图3-20）。

图3-20　不同眼型风格

　　杏眼是东方女性的标准眼型，其修饰方法繁多，拥有这类眼型的人群能够驾驭不同风格的眼妆。

　　圆眼一般是指眼睛较大，整体给人活泼、青春感觉的人群。当给圆眼人群描画眼线时，只需稍微加强眼部轮廓，过多的修饰反而会失去这种特质。通常自然、简洁的眼线更适合于圆眼人群。对于眼间距过窄的女性而言，大约可从眼睛二分之一处开始描画至眼尾，这样可以产生拉开眼间距的效果。在眼尾的上部涂上深色的眼影，可以使眼睛看起来更修长，解决圆眼长宽比较大的问题，整体更接近于杏眼。

　　细长眼也称为柳叶眼，顾名思义，眼睛呈柳叶般细长状，强调水平方向上的视觉效果，给人以东方古典的温柔气质。在给细长眼人群进行眼部妆容塑造时，可适当做一些修饰，如增加眼睛在垂直方向上的长度，在眼尾处画出上翘的眼线，增加整个眼部的俏皮感。同时，上扬的眼角也给人以活泼、神采奕奕的印象。这一类眼线同样适合于眼尾下垂的眼形，不同的是，眼尾下垂者需要在上眼皮二分之一处至眼尾处加重眼线，弱化原本下垂的眼角。在眼影妆容形象方面，从眼头至眼中这部分可用浅色眼影进行修饰，从眼中至眼尾的部分宜采用深色眼影，如大地色系、粉色系等。

（三）鼻部妆容形象设计

　　鼻部修容是最为经典的修容方式，一般可在鼻梁处进行提亮（图3-21）。小翘鼻的修容方式在于缩小鼻翼，提亮鼻头，视觉上增高鼻头的立体感，鼻梁两侧提亮可以使修容看起来更加干净、自然。鼻头两侧的阴影不可为一条直线，要遵循中间宽、上下窄的原则。欧式风格的鼻部提亮与修容要相互搭配，重点提亮在眼头、山根、鼻头处。鼻头部位可以横向晕染鼻光，增高山根处，增强眼窝的深邃感，成功营造欧式风格的鼻梁修容。

（四）唇部妆容形象设计

唇妆是人脸妆容的重要组成部分，不仅可以提升女性形象气质，而且能够提升女性的精神面貌、改善气色（图3-22）。由此可见，塑造唇部妆容形象的魅力与重要性。唇妆是女性人脸妆容的重中之重，对整体妆容起着画龙点睛的作用。由于个人唇部形状、肤色各不相同。因此，在进行妆容塑造时应根据自己的唇部特征选择合适的唇妆（图3-23）。

图3-21　鼻部修容示意图

图3-22　不同色系风格唇妆形象

标准唇形通常轮廓清晰，唇峰微微凸起，嘴唇边界明显，且下唇略厚于上唇。这种类型的唇形不需要特别修饰来改变唇形，只需在原有唇线的基础上加深颜色，重点突出标准唇形的形状即可。

图 3-23 不同唇形妆容风格

嘴唇过厚者会给人以略显笨拙，不够灵活的感觉，可以通过妆容形象塑造加以修饰，弥补嘴唇过厚带来的不足。厚唇修饰时应选择用遮盖霜涂于上唇和下唇边缘，掩去嘴唇的边缘，用深色唇线笔沿唇角勾画，保持嘴形本身的长度，将其厚度轮廓向内侧勾画出新的嘴唇边缘，这样新的唇线会比原来的唇线要窄。厚唇型人群宜选用偏冷的深色系唇膏，如蓝莓紫、葡萄紫等，在一定程度上可使厚唇得到收敛。

过薄的嘴唇较缺乏亲和感及圆润的柔美感。因此，在修饰时可先使用遮瑕霜弱化原来的唇线，然后在原有的唇线基础上略微向外扩展，并手动画出新唇线。嘴唇较薄的人群在选用唇色时可偏向于暖色系，如樱花粉、樱桃红等，以此来增添女性随和、亲切的气质。

第三节　妆容形象设计的基本方法

"工欲善其事，必先利其器。"在学习妆容形象设计基本方法的前期，首先要具备一定的皮肤养护基础知识，其次是要对妆容工具进行正确选择与使用，并将这些工具进行综合组合运用，最后要熟悉与掌握妆容形象设计的基本步骤。若顺序有误，则会造成最终所呈现的妆容形象无法达到预期效果。本章节将通过对皮肤的分类与护理、妆容工具与化妆品的选择、塑造妆容形象等基本步骤方面的学习，使学生在实践中加深对妆容形象设计基本方法的认知与理解，以达到最佳学习效果。

一、皮肤的分类与护理

皮肤是人体的总保护层，也是人体最大的器官。成年人皮肤所覆盖的面积约为 1.84

平方米，重量约为2.73千克。人体皮肤十分具有弹性，能够对压力、触摸、温度、痛痒四种基本知觉有所反应。不仅在一定程度上可以抵抗细菌的入侵，而且可以自行重生、调节体温、排泄汗液、分泌油脂，具有一定的吸收功能与免疫反应。因此，皮肤不仅是人体的保护器官，也是人体健康美丽的所在。人体皮肤的差异性如同指纹，因而成为形象设计的一个重要环节。皮肤肌理是人们与生俱来的。作为人体的第一道防御线，皮肤是最容易遭受攻击，也是最容易自然磨损的。第一，皮肤肌理的形成是遗传与生理等内在因素的表现；第二，风吹日晒、环境污染等外在因素也是皮肤肌理形成的重要原因；第三，对皮肤肌理的护理要"对症下药"，并进行综合性"治理"。人体皮肤的变化是随着环境而逐渐变化的，不同质地的皮肤会产生不同的生理反应。从皮肤肌理的特征来看，大致可以分为五种类型，分别是干性皮肤、油性皮肤、中性皮肤、混合性皮肤、过敏性皮肤。

（一）干性皮肤

干性皮肤皮脂分泌率较低，皮肤相对较为紧绷，呈透明状。干性皮肤毛孔较小，皮脂分泌量少而均匀，油腻感较弱（图3-24）。角质层中含水量通常较少，一般在百分之十以下。这类皮肤相对不够柔软、光滑，缺乏应有的弹性和光泽。干性皮肤色调洁白或白中透红，肤感细嫩，经不起风吹日晒，也会常因环境变化和情绪波动而发生明显的变化，如冬季容易生裂、起皮屑等。干性皮肤人群平日洗脸时要使用温水，洗脸后需涂抹湿润剂式的面霜，从而吸收空气中的水分、深入表皮，并将水分储藏其中，用以补充皮肤水分所供应的不足。当这类人群在大风、干燥等较为寒冷的环境中工作时，必须使用滋润型面霜来保护皮肤。而在烈日炎炎的酷暑环境中，切不可暴晒于阳光之下，户外活动时必须涂抹防晒霜，以免出现晒伤、过敏等症状。

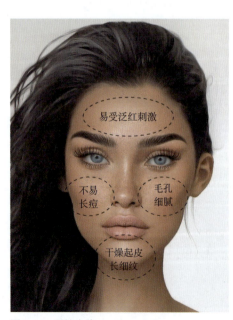

图3-24　干性皮肤

（二）油性皮肤

油性皮肤毛孔粗大且皮脂分泌较多，皮肤表面虽有光泽，但油腻感较重。这类肤质易长粉刺、痘痘等，但不易起皱纹（图3-25）。油性皮肤人群的肤质特点是肤纹粗、毛孔容易张开、易感染。油性皮肤者皮脂腺的分泌功能比较旺盛，不易清洁，有影响美观的油光。同时还易出现面部相应的皮肤疾病，如痤疮、脂溢性皮炎等。因此，有效清洁是至关重要的一个环节。夏季是油性皮肤的多发季节。控制皮脂腺过度分泌、减轻出油症状，是保持皮肤健康的关键。饮食习惯也会影响皮脂腺的分泌，经常吃油腻性食物、辛辣刺激性以及高糖高热量的食物可促使皮脂腺分泌量增加，应当避免这类食物的摄入。

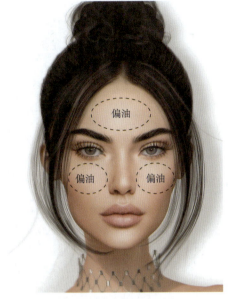

图3-25 油性皮肤

（三）中性皮肤

中性皮肤是标准肤型，也是最为理想的皮肤状态。这类皮肤表皮柔软、稳定、白净，皮肤组织光滑细嫩，没有粗大的毛孔或太过出油的部位，表面偶见斑点，是一种能很快调整变化的皮肤肤质（图3-26）。这类皮肤水分皮脂分泌适中，对外界刺激也不太敏感，其pH值为5.6～7。中性皮肤易受季节变化的影响，平时需注意油分和水分的调理，使其始终处于平衡状态。例如，春夏季节应注重毛孔护理；秋冬季节应加强保湿及眼部护理。同时，适量补充维生素A、维生素C、维生素E、维生素B_2对于中性皮肤的人群来说十分必要。此外，须避免烟、酒及辛辣食物的刺激。

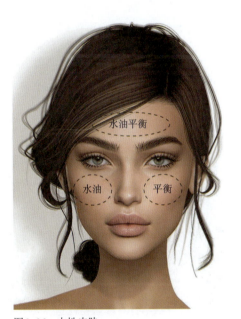

图3-26 中性皮肤

（四）混合性皮肤

混合性皮肤兼有油性皮肤与干性皮肤的共同特性。该肤质多见于25～35岁的青年人，我国大部分人群都属于此类皮肤（图3-27）。混合性皮肤特点是面部的"T"字形部位，包括前额、鼻部、颊部区域呈油性，而其他部位较为干燥，其主要原因是由于新陈代谢不均衡所造成的。这类人群要注重日常皮肤的养护，补充充足的水分，保持水油平衡。在洁面时，应选择使用清洁力度强的洗面奶，重点清洁额部、鼻部、口周及下颌部油性皮肤处。还可采用冷热水交

图 3-27　混合性皮肤图

图 3-28　过敏性皮肤

替洗脸，使用温热水将 T 字部位清洗干净，再用冷水将整个脸部清洁干净。在护肤品选择方面，可根据季节和皮肤特点变换使用护肤品。例如，秋冬季节油脂分泌较少时，选用油脂性较强的护肤品；春夏季节油脂分泌较多时，要使用含水量多、油脂含量少的护肤品。也可采用分区护理方式，根据面部不同部位的情况使用不同的护肤品。混合性皮肤人群在夏季化妆时不宜过浓，睡前必须彻底卸妆以利于皮肤呼吸。

（五）过敏性皮肤

过敏性皮肤主要是指当皮肤受到刺激而出现红肿、发痒、脱皮及过敏性皮炎等异常现象（图 3-28）。导致皮肤过敏的原因有许多，如含有酒精成分的化妆品、化学制剂、花粉、某些食品、污染的空气等。多数过敏性皮肤毛孔粗大，皮脂分泌量较多，其护理要特别小心谨慎。一些过敏性皮肤人群在使用化妆品后，常会引起皮肤过敏、红肿发痒、刺痛等现象。因此，这类肤质人群要细致了解日常所使用的护肤品及用法。避免使用疗效强、过于活性或可能对皮肤产生刺激的产品。此外，过度使用强效清洁用品也会破坏皮肤表层天然的保护组织。敏感性肌肤人群的皮层较薄，对紫外线缺乏一定防御能力，容易老化。平时应多注意使用防晒产品，使用温水清洗皮肤。在春季花粉飞扬的地区，要尽量减少外出，避免引起花粉皮炎等。

二、妆容工具与化妆品选择

随着社会经济的飞速发展和价值观念的不断冲击与变化，人们越来越注意修饰自己的仪容。琳琅满目的妆容工具与化妆品充斥消费市场，妆容塑造也早已成为大众生活中不可或缺的重要组成部分。在形象设计中，妆容工具与化妆品的正确选择与使用是完成妆容形象设计的基础条件，二者相辅相成，缺一不可。

（一）常用的妆容工具

对于初学者来说，成套的化妆工具过于复杂，不适合新手使用。因此在初期阶段只需适当准备一些基础工具来满足日常所需即可。常见的化妆工具大致可分为四类，分别是底妆工具、眉眼妆工具、唇妆工具、修容工具。

1. 底妆工具

在底妆工具中，最具代表性的工具有粉扑、海绵扑、粉底刷、散粉刷等（图3-29）。粉扑一般附于散粉和粉饼盒中，多为棉质和丝绒材料，用于蘸取粉底及修饰妆容。专业化妆粉扑背后有一半圆形夹层或一根宽带，在定妆后的化妆过程中，可以用小手指勾住粉扑背面的带子做衬垫进行描画，以免蹭到已完成的妆容。海绵扑是涂抹粉底的专业用具，一般呈圆形或三角形。可使粉底涂

图3-29 常见底妆工具

抹均匀，并使粉底与皮肤紧密地结合。以质地柔软有弹性、细腻、密度大为佳。最好选择有斜面的海绵块，便于细小部位的涂抹。但是，海绵扑较容易老化。当其侧面出现海绵的硬质颗粒时、正反面出现许多小裂纹且伴有颗粒脱落时，海绵扑则可以用低碱性的洗洁精进行清洗，同时要放置于阴凉处自然晾干。

2. 眉眼妆工具

在眉眼妆工具中，最具代表性的工具有睫毛夹、修眉刀、眉剪、美目贴、假睫毛、化妆刷等（图3-30）。例如，眉刷可以扫掉眉毛上的毛屑，再用眉笔描出眉毛的形状，最后用眉刷沿着眉毛的方向轻轻梳理，使眉色深浅一致，自然协调。在眉刷和眉梳的帮助下，画出的眉毛非常自然且整齐。修眉刀刀刃一般约3厘米长，刀刃上有类似锯齿形状的结构，较为锋利。它可以像剃刀一样将眉毛齐根割断，修整出的眉型较为整齐。眉剪可以将眉毛一根根剪掉，修出整齐的眉型。修剪时，选择弯头的会更为方便操作。睫毛夹是一种可使睫毛弯曲上翘的化妆工具。睫毛夹的形状与眼部的凹凸一致。弧度以能

较好地与眼形吻合为准。将睫毛夹对准睫毛位置，夹住持续片刻即可。美目贴分为成型胶带、透明或半透明的卷状胶带，可使眼部看起来更为深邃、有神。假睫毛是一种用来美化眼部的人工睫毛，一般有整条睫毛和睫毛束两种。整条睫毛呈完整的睫毛形状，常用于整个眼部的装饰，可使睫毛看起来较为浓密。单个睫毛则适合修补或刻画局部，比较自然真实。

图3-30　常见眉眼妆工具

3. 唇妆工具

在唇妆工具中，最具代表性的工具为唇刷、唇线笔等（图3-31）。唇刷是涂唇膏的化妆工具，可使唇线轮廓清晰，唇膏色泽均匀。选择毛质较硬或细密的唇刷有助于勾画唇线和上色。唇刷可以最大程度修复唇部缺陷状况，填补唇纹。使唇色更饱满、不浮色。同时使唇妆更为服帖，还原口红本色。斜形唇刷较适用于唇峰的线条勾勒，而细圆形唇刷则适用于勾勒内唇角线条。在选择唇刷的时候，应从刷毛选起。根据唇刷的材质来划分，一般可分为貂毛唇刷、尼龙唇刷、马毛唇刷、硅胶唇刷等。在使用唇刷涂抹口红时，力度不要太大，尽量避免使刷毛弯曲过甚，出现脱落、折断等情况。

图3-31　常见唇妆工具

4. 修容工具

化妆刷是化妆工具中刷类用具的统称，常常集中放置于特制的皮套里，成为化妆套刷（图3-32）。较为理想的化妆刷原料是黄狼尾，以做工精致、柔和而有弹性、不散开、不掉毛、不刺激皮肤为宜。当刷毛越松软、分散时，其抓粉力越弱，适合用于晕染或需要少量多次的上色情况；当刷毛越密集、硬挺时，其抓粉力则越强，适合用来大面积铺色与遮瑕。

图3-32　常见修容工具

（二）常用的化妆品选择

化妆品是指以涂抹、喷洒或者其他类似方法，散布于人体表面的任何部位，如身体、面部等，以此来达到美容、修饰、改善外观、保持良好状态为目的的化学工业品或精细化工产品。常见的面部化妆品大致可分为四类，分别是底妆类、眉眼妆类、唇妆类、修容类。

1. 底妆类

常见的底妆类化妆品有防晒霜、隔离霜、粉底液、定妆粉、遮瑕膏等（图3-33）。粉底是一种有色、有附着力、有遮盖力的化妆品。底妆是化妆造型的基础，是创造洁净妆面效果的首要条件，具有统一面部色调、调整肤色、调整脸型、表现立体感等作用。定妆粉也称散粉、蜜粉，一般含有精细的滑石粉等。用定妆粉固定妆面是化妆造型中一个极其重要的程序，具有吸收面部多余油脂、减少面部油光的修饰效果。不仅可以防止妆面脱落，还能够保持妆面洁净，凸显肌肤的细腻感。

2. 眉眼妆类

常见的眉眼妆类化妆品有眼影、睫毛膏、眉笔等（图3-34）。眼影是用于眼睑的化妆品，具有修饰眼型、强调眼部立体感的作用，是一种强化眼神、使眼睛显得美丽动人的化妆品。眼影可以丰富眼部及面部的色彩，其色调是随流行色调而不断变化的。眼影的色彩和风格具有一定潮流趋向性，应配合个人的肤色、服装、不同季节和使用场合需要。按照类型可将眼影分为固体状眼影和液态膏状眼影，固体状眼影携带和使用较为方便；液态膏状眼影耐水性较好，持妆时间较长。睫毛膏为涂抹于睫毛之上的化妆品，一般可分为两类，即防水型和耐水型，其主要作用是使睫毛着色，使其看起来更加浓密、纤长、卷翘等，以达到增强眼睛魅力的目的。眉笔是眉墨制品的一种，也是供眉毛整形所使用的产品。常用的眉笔有黑色、灰色、棕色三种。其目的在于用剃刀、镊子等工

图3-33　常见底妆类化妆品

图3-34　常见眉眼妆类化妆品

具将眉毛调整形象后，再用眉笔描画出符合个人审美喜好的形状，从而提升眉毛的浓厚度和明亮感。

3. 唇妆类

唇妆类化妆品是指使用于嘴唇之上并可以提升嘴唇色泽或改变嘴唇颜色的化妆品。其主要功能为使嘴唇着色、强调或改变两唇的轮廓，提升人物面部气色。按照质地可将唇妆类化妆品分为唇膏、唇釉、唇彩、唇笔、染唇液等；按照效果可以分为润泽、亚光、珠光等；按照颜色可以分为暖色调、冷色调、中性色调等（图3-35）。唇线笔，也称为唇笔，是用于唇部描画唇线，突出唇部轮廓的一种化妆品。在色彩选择上，唇线笔要和唇膏保持同一色调或颜色可略深于唇膏。唇膏是指以油、脂、蜡、色素等主要成分复配而成的护唇用品，其主要功能是提升唇部亮度，增加唇部饱满感。唇彩是一种可用唇刷直接涂抹于唇上的化妆品，也可以作为一种光亮剂涂抹在口红的表面，使双唇产生水晶般的透明质感。近年来各种珠光粉和新型原料的使用，使口红的色调更加多样化，使用质感也更加舒适，同时兼顾了保湿、滋养和防晒等功能。

图3-35　唇妆类化妆品

4. 修容类

　　常见的修容类化妆品有腮红、修容粉饼、高光等（图3-36）。腮红是指涂抹于面颊的化妆品。按照质地划分，腮红可以分为粉状、膏状、液体状等。在涂抹腮红时，若想要呈现出自然通透的效果，边缘处一定要晕开，并使之慢慢消融于底妆中。修容粉饼是由多种粉体原料及黏合剂经混合、压制而成的饼状固体美容制品，具有遮盖、附着、修饰等功能。浅色修容粉饼具有突出、前进的作用，可使用刷子均匀涂抹在T字部及高光部位；深色修容粉饼具有收小、后退的作用，可使用刷子均匀涂抹在想要收缩及松弛的部位。紫色定妆粉可用来调节发黄、暗沉的肤色；绿色定妆粉可用来调节发红或发黑的不均匀脸色；粉色定妆粉适合肤色较白、没有血色的人等。

图3-36　常见修容类化妆品

三、塑造妆容形象的基本步骤

塑造妆容形象的基本步骤主要有以下八个步骤。

（一）确定人物妆容形象风格

确定人物妆容形象的核心是要通过面部关键词进行风格定位。例如，代表脸型的关键词即可用直线或曲线轮廓感概括（图3-37）。一般曲线感较强的称为感性轮廓；棱角分明、直线感较为突出的则称为理性轮廓。男性脸型普遍更有棱角，因此在视觉情感上就更具有理性风范。同样，当脸型和五官的立体度越强时，个性也会随之增强；当立体度越弱时，则越柔和。在五官方面，五官距离越远、比例越大时，则越显成熟；而较为聚拢、小巧的五官则显得较为年轻。准确定位人物的性别、年龄、职业、生活环境、五官优缺点等方面，可以为接下来的妆容形象塑造奠定稳固基础，提供有效的参考依据。

图3-37　直线与曲线轮廓脸型

（二）清洁与保湿护理

在上妆之前，最为基础的部分是要做好妆前的全面护理。其中，洁面、补水、保湿是不可跳过的重要环节（图3-38）。如果人物肌肤相对比较干燥时，可在进行底妆之前敷面膜，或者使用化妆水对面部肌肤进行湿敷等，及时给肌肤补充水分，使肌肤处于一个更加水润、细腻的状态，这也是肌肤易于上妆的关键。如果在肌肤特别干燥的情况下就开始上底妆，那么持妆性则必然会较短，也容易出现卡粉、起皮屑等情况。因此在早晨清洁之后，要先使用大量的保湿化妆水轻拍脸颊；在涂抹上乳液、面霜之后，可以从下至上进行轻柔按摩，起到锁住水分和紧致肌肤的作用。

图3-38　面部清洁与保湿护理

（三）干净无瑕的底妆

初学者在化妆时要尽量避免选择过分浓重的妆容，应从比较清透、自然的淡妆入手（图3-39）。如可以选择较为轻薄、细腻的粉底液来调整、匀称肤色，使皮肤变得更细腻、精致，掩盖粗大的毛孔等瑕疵。如果遇到痘印、红血丝等较大面积的瑕疵时，可以选择用遮瑕膏来掩盖修饰。遮瑕时要注意采取点涂的方式进行，不需要大面积晕染开，只有这样才能精准地达到遮瑕效果。这一局部遮瑕阶段会稍显不自然，但在最后定妆环节中可使用散粉修饰，从而使整体妆容看起来更加协调、美观。在使用保湿力度高的粉底液、粉底霜时，可用手指或海绵等工具均匀轻拍于脸上。若是感觉底妆产品不够滋润，可以加一两滴精华与粉底混合，打造水润无瑕的肌肤质感。

（四）眉部梳理与上色

彩妆部分需要先从眉妆开始，眉妆的核心点在于控制眉形和选择适合自己的眉色。在选择眉色时，一般要按照比自己头发稍浅一个色号的原则来选择，这样描画出来的眉妆就会相对比较自然。在描画眉妆时，首先要将眉毛理顺，然后修剪出适合自己的眉形（图3-40）。眉毛的长度按照与鼻翼下方呈45度角的原则来画，这样画出来的眉形不会特别夸张。用眉笔或眉粉描绘出眉毛的自然轮廓，过硬或是过粗的眉毛都容易使人产生距离感，柔和的眉形更能增添温柔，提升好感度。

图3-39　清透自然的底妆

图3-40　眉部梳理与修整

（五）眼部线条及眼影修饰

对于初学者而言，眼影的选择会使五官看起来更加立体。选择眼影的时候不需要搭配夸张的色系，可从基础的大地色系入手。例如，冬季比较清冷、沉闷，这时可以选用暖色系眼影来打造温暖可人的感觉，如橙色、棕色等（图3-41）。由于暖色系眼影易显得较为浮肿，因此可在眼尾处涂抹深色眼影，以增强深邃感。眼线可选择眼线笔或眼线液来勾画线条，一般建议选择棕色系等较为柔和的色调来搭配同色系眼影。如果觉得总体太过单调，不妨大胆尝试一下彩色眼线来映衬暖色系眼影，增添一些亮色。在涂刷睫毛膏时，可以根据个人情况选择纤长或浓密效果的睫毛膏，也可以佩戴适合自己的假睫毛，具体操作是将睫毛夹贴紧睫毛根部，擦上胶水固定在睫毛根部上，由根部往睫毛末梢一节一节往上夹，这样睫毛延伸且侧面弧线效果极佳，眼尾睫毛处可用特制睫毛夹再次夹翘，达到延伸眼型的目的，放大眼型且深邃，使眼部显得更加有神。

（六）唇部造型及色彩修饰

每个人的唇型都有所不同，而对于唇部造型的审美标准也在时常变化着。只要符合自己脸型和气质的唇形就是漂亮的唇型。在进行唇型设计时，通常下唇会略厚于上唇，嘴唇大小与脸型相宜。嘴角微微上翘，唇峰较为清晰，整个嘴唇富有立体感。日常淡妆中的唇妆一般可选用较为清新、温柔的豆沙色、樱粉色（图3-42）等，这些色系都是日常唇妆中最受欢迎的颜色。在进行唇妆之前，需要注意唇部保湿及打底。如果直接涂抹口红，则容易使嘴唇拔干、起皮，也可以在进行底妆上色时，提前涂抹润唇膏进行局部保湿。

图3-41　橙棕色系眼妆

图3-42　樱粉色系唇妆

（七）整体面部修容

修容是通过阴影和高光来塑造脸部明暗的变换，使脸部线条在视觉上呈现立体效果，从而达到瘦脸的效果（图3-43）。其中，包括阴影、高光以及鼻影等。如果想要提升底妆的通透感，可以增加一些银色珠光，扫在颧骨和眉毛下方。此外，腮红的位置宜在自己笑肌稍微偏上一点的地方，轻轻点涂会更加自然美观。如可使用大号粉刷蘸取少量腮红粉从颧骨往太阳穴方向扫去，手法要轻盈自然，避免出

图3-43　面部修容

现"高原红"等尴尬状况。在进行整体面部修容时，有三个方面要尤为注意：一是修容的范围不宜过多，避免出现妆面显脏的问题；二是修容时应当少量多次地晕染，呈现出外深内浅的效果，防止大面积的涂抹堆砌；三是选择贴合肤色的修容色系，不建议使用偏红色系，避免出现不协调之感。一般高光会着重表现在眼球上方、唇中、卧蚕、眼头、眉骨等处。

（八）整体面部定妆

定妆可以使妆容更加持久且不容易晕染，是避免妆容显脏的关键因素。在进行整体面部定妆时可以选择散粉或定妆喷雾，若是油性肤质，一般可选散粉定妆。若是干性肤质，则可选择更为简易的定妆喷雾来定妆。在人物面部易出油位置稍作定妆，可以增强妆容的持久力，同时保持整体水润感。例如，使用散粉刷并蘸取少量散粉或蜜粉轻扫在额头、鼻尖、下颌等容易出油脱妆的位置。皱纹较多或面部表情丰富的人不宜扑过量的定妆粉，以免使脸部的细纹突显，并使肌肤过度苍白，像面具般不自然。

第四节　美妆形象设计案例分析

美妆形象的设计与实施是基于整体形象设计定位、分析、确定下的细节部分。包括对设计对象固有色、脸型、发型、身材比例以及气质等多个角度的考察。妆容起着修饰人体面部，突出人物个性的重要作用，因此，在美妆形象设计过程中，需要对该人物进行个性上的定位，即突出人物特色，强调其独特之处，在符合其年龄、性别、职业、性格等方面基础上进行人物的丰满与升华。美妆设计与整体形象设计同样有着统一之处。

形象设计从主题、创意、材料、职业、所在场合等角度出发，美妆设计同样要考虑。基于主题角度即是对人物形象设计的美妆定位；创意是对该主题的美妆思路的表达；材料是符合整体人物形象气质下的美妆工具；职业是基于人物形象社会角色的美妆风格；所在场合是人物形象应用选择的美妆方向。在这所有的实施步骤中，美妆的应用场合是最重要的，不同的时间、地点、场合甚至是所要处理的事由，都决定了美妆形象的定位与差异，只有确定了场合的需求，对其进行针对性的设计，才能打造出与所处环境相和谐的美妆形象。

本节主要介绍了日常妆容形象设计、职场妆容形象设计、晚宴妆容形象设计、个性化妆容形象设计这四个模块，通过优秀的图例具体阐述不同场合下的美妆设计与表达，以冀为形象美妆学习提供一些案例思考。

一、日常妆容形象设计

日常妆容也称生活妆，常用于人们的日常生活中，妆色要求清新、干净，主要以休闲场合为主，因此没有过多限定，适合不同类型、年龄段的人群。日常妆容以个人的审美为主，在自然的情况下，可以对细节局部进行设计与表达，如眉形、眼睛刻画、唇色等方面，可以根据出行场合的变化而变化，以达到与服装、环境等因素的和谐统一。日常妆容用于一般的日常生活和工作，因此常出现于日光环境下，化妆时也必须在日光光源下进行，妆色宜清淡典雅，自然协调，尽量不露化妆痕迹。生活妆容有四个主要特点：一是匀称和协调肤色，妆容步骤应该有条不紊；二是修饰和改善皮肤瑕疵，可修复脸型和改善肌肤问题；三是突出个性与气质，要能展现个人的气质与魅力；四是自然柔和并提升气色。

（一）案例一

该形象五官较为柔和，眉眼比例和谐具有美感。眉毛较为平直，眼睛较大，鼻梁挺拔，嘴唇略薄，脸部轮廓较为消瘦，脸型为小巧的瓜子脸，是比较典型的淑女风格。该妆容整体妆色淡雅，追求清透质感（图3-44）。

肤色以自然为主，隐藏化妆的痕迹，肤色自然、清透，五官线条柔和不突兀，不过分强调轮廓。粉底颜色选择接近本

图3-44　日常妆容形象案例一

人自然肤色的色系；眼影多采用单色晕染法，晕染面积小，用色与整体肤色相协调，不宜使用较夸张的晕染方法，该妆容眼影颜色非常淡，几乎没有痕迹，重点突出眼部精致细节，例如，眼线曲度、睫毛弯度以及美瞳的使用等；眼部线条流畅自然，虚实结合；睫毛生动、眼线巧妙衔接，强调曲线美，睫毛膏的颜色选用深棕色；眉毛修理自然，虚实结合，眉形清爽干净，色彩与发色相搭配；腮红颜色清淡柔和；唇色选择与妆容整体色调协调统一的颜色，与白皙肤色相得益彰，描画时保持了唇部的自然轮廓；腮红颜色淡，主要扫在眼下与面颊两侧，显得清透红润。整体妆容呈现"裸妆感"，化妆痕迹力求最简，是较为甜美的日常妆容风格。

（二）案例二

该形象五官较为立体，眉眼比例和谐大气，具有超模的气质。眉峰上挑，眼睛深邃而有神，鼻梁曲线较为平滑，嘴唇小巧丰满，脸部轮廓较为具体有型，脸型为较瘦的圆脸，是高级优雅的清冷风格。该妆容是日常妆容中较为特殊的类型，对脸型的要求也较高，该妆容强调五官的精致感，刻画细部，色彩较具体，为稍微浓一点的日常妆容（图3-45）。

面部粉底同样选择与肤色贴近的自然色，自然和谐，注重面部阴影的塑造，在眉弓、眼窝、颧骨、下颌等部位进行暗部的概括与调整，使五官更加精致有型；眼影选择与腮红色系一致的橘色系，

图3-45   日常妆容形象案例二

眼影主要晕染于眼角与卧蚕处，并与腮红色彩相互交融，在卧蚕处使用高光提亮，整体眼妆清透饱满，勾勒眼部外形；眉毛修理利落整齐，眉峰上挑，眉尾锋利干脆，将人物内心果敢坚韧的性格与气质很好地表达出来；腮红颜色选择与眼影色彩一致的橘色系，颜色较为浓郁，具有异域风情；唇色选择了优雅的大红色，在提亮肤色的同时也增加了人物的整体气质。整体妆容呈现"欧美风"，化妆手法要求细致优雅，深度刻画人物五官，较适合出门游玩或拍照摄影需要。

二、职场妆容形象设计

职场妆容与日常妆容有很大的不同。在职场中，所处的环境不再轻松自在，而是严

肃和庄重的，太精致的妆容往往会因过于吸引他人对自己容貌的注意而忽略自己的工作能力，或者给职场领导留下不专心的不良印象。所以在化妆表现自己个人容貌及风度的时候，一定要注意通过妆容巧妙地展示出自己的干练与智慧，掌握职业妆容与生活妆容的不同，并谨记一些相关的化妆礼仪，才能把握住职场化妆的分寸，使整体妆容更加大方得体。在职场中，大方得体的妆容会使个人的整体形象得到提升，不仅会给周围的人带来愉悦的感觉，还会增强个人自信。职场妆容会受到企业、办公室等环境的制约，因此妆容需力求给人留下一种责任感和知识感的印象，以表现自己秀丽、知性、干练、稳重的办公室形象。

（一）案例一

该形象面部柔和圆润，无明显棱角，五官精致小巧。眉毛较短而平直，眼睛大而明亮，鼻梁紧致挺拔，嘴唇丰满有型，脸型是较为标准的瓜子脸，适合很多种妆容。职场妆容整体妆色尽量以自然色系为主，如大地色、肤色等，不要使用过于鲜亮浓烈的色调。例如，该模特使用的就是贴合自己肤色的粉底，整体底妆干净清透；眼睛是心灵之窗，也是面部最传神的部位，所以应该是职场妆容的重点。在化妆时可画出自然的下垂眼角，给人以友好和善的感觉，该模特妆容重点刻画部分即是眼妆部分，眼影使用的是端庄的大地色眼影，主要晕染于眼角及卧蚕处，放大双眼的同

图3-46　职场妆容形象案例一

时也提亮了卧蚕，使眼睛更加立体有神；眼线使用的是黑色，没有过分夸张，只是在眼尾处勾勒出自然感的线条；睫毛较为浓密，没有夸张，追求美观优雅即可；眉梢较短、曲度小的眉形，会给人以可爱、美好的感觉；嘴唇轮廓线条分明，下唇稍厚，大小适中，双唇间缝线较明显，嘴角微微上翘，整体具有立体感，勾勒出清晰的嘴唇轮廓，唇色为大红色系，既能使自己看起来精致优雅，又能营造出轻松的对话氛围（图3-46）。

（二）案例二

该形象面部五官尖锐富有个性，棱角较为明显。眉峰上挑而细长，眼睛锋利有神，鼻梁挺拔，嘴唇较薄，脸型同样也是较瘦的瓜子脸。该案例模特妆容整体偏向于中性化

的事业型女强人形象，较常出现于公司高管或者部门领导等职位。该妆容眉形上挑，修长利落，会带给人雷厉风行的感觉，配合其他具有线条感的妆造，可以塑造出干练的事业型形象，长拱形的眉毛可以拉长脸型，给人一种妩媚、优雅、华丽的感觉；眼妆部分采用了深咖色眼影，主要晕染在眼睛的下半部分，很好地勾勒出略微上扬的眼型，显得眼神比较锋利；唇色很淡，使用的是与自身唇色相近的裸色口红；妆容整体水润白皙，眼尾颧骨处轻扫的淡淡腮红使皮肤更加红润透亮。追求轻、透，又富有中性化的妆容美感，是很严谨、大气的职场形象（图3-47）。

三、晚宴妆容形象设计

晚宴妆容是指参加如宴会、酒会、高档派对等一些重大社交场所的妆容。

图3-47 职场妆容形象案例二

主要强调妆容、发型与服饰的别出心裁与高度和谐，并要着力体现出惊艳、典雅、端庄的风格。与日常妆容不同，晚宴妆容形象人物出席的场合一般是在灯光之下。由于这类场合灯光较暗，且具有柔和、朦胧之感。因此，人物整体妆容形象应要较为明艳动人。晚宴妆容形象设计的核心是表现女性高贵、优雅的端庄感，主要表现为以下三个方面：一是提升视觉形象效果，二是塑造面部五官立体感，三是彰显不同妆容风格形象特色。根据应用目的及场合的不同，可分为社交晚宴妆容和演示性晚宴妆容。这两类晚宴妆容形象浓烈而艳丽，在五官描画时可适当夸张，重点突出深邃明亮的迷人眉眼与饱满性感的红唇。一般适用于气氛较隆重的晚会、宴会等高雅的社交场合。在妆容风格塑造方面可依据服装的不同色系、款式、面料等要素进行设计，彰显女性的高雅、妩媚与个性魅力。

（一）案例一

图3-48中模特所展现的晚宴妆容为社交晚宴妆容，通常是指应用于生活中正式社

交场合的晚宴妆容。正式的社交场合在许多方面沿袭了传统的礼仪，要求出席这种场合的女性形象端庄、高雅，言行举止符合礼仪习惯。一般在室内，灯光华丽朦胧，因此妆面色彩可适当浓艳一点，充分表现女性高雅、华贵、妩媚的特点。该模特面部轮廓清晰，五官小巧精致，干净利落的眉眼具有较强的识别性。其中，模特眉形修剪十分整齐，眉峰上挑，与眼角上挑的眼线相呼应，形成优美的交错感。眼妆部分使用优雅复古风格的砖红暖色系，主要晕染于眼尾处，从视觉上拉长眼睛长度。同时，在眼角及眼睑部分使用了闪亮的金黄色眼影进行局部提亮，使眼睛显得更加富有神韵。唇部妆容选择了较为成熟的紫红色，唇形勾勒有致，是整个妆容形象中的重点部分。腮红方面使用了与眼妆同色调的暖色系，轻扫于苹果肌面颊两侧靠上的位置，并与眼妆相呼应。整体妆容形象流露出宁静、优雅的唯美气质。这类妆容适用于参加各类社交晚会等较为庄重的场合。

图3-48　晚宴妆容形象案例一

（二）案例二

图3-49中模特所展现的晚宴妆容为演示性晚宴妆容，通常是指用于行业内参赛、考试或技术交流等场合中，具有较强的主题创造性，是化妆比赛和考试的重点考核项目。

图3-49　晚宴妆容形象案例二

如今，由于创作范围广、造型手法丰富多样，演示性晚宴妆容已遍及各个行业领域，也是充分体现形象设计师综合业务能力的重要展示途径。该模特脸型为标准鹅蛋脸，轮廓清晰，五官精致，是颇受大众喜爱的一类长相。妆容为非常抢眼的演示性晚宴妆容，也可作为出席重要场合的主题妆容。模特眉形干净利落，属于自然清秀的平直眉；由于其整体妆容较为浓烈，因此眉色也要相匹配。例如，应从眉头开始使用修容进行晕染至鼻梁、鼻尖处，以此来突显五官及鼻形。模特的眼部也是此妆容的亮点，采用橘色系眼影，由深至浅地从眼窝、眼尾、下眼睑处晕染开来，并在下眼睑的位置使用亮色眼影进行提亮，使整体眼睛更加灵动。睫毛部分也较为夸张、浓密，呈现出根根分明的状态，与眼线的曲度衔接较为自然，整体眼妆显得十分优雅精致。唇色部分也相应地使用了复古风格的大红色。唇形勾勒出清晰的弧度，选取与眼影同一色系的橘色腮红轻扫于眼尾、颧骨部分，突出饱满的面部轮廓。该妆容与整体形象的金属、亮片配饰相得益彰，优雅的黑长直发更显得整体妆面精致华丽，气场十足。

四、个性化妆容形象设计

个性化是指在大众化的基础上增加独特、另类、彰显个人特质，打造一种独具一格、与众不同的效果。个性化妆容形象是化妆师根据主题创意、结合模特自身气质特点、面部五官特点，进行妆容、发型、服饰三者融合于一体的妆容风格。个性化妆容没有固定模式，一般可根据自己所要表达的内容进行天马行空的创作。常见于模特走秀、人物形象设计大赛、创意比赛等个性化的艺术创作中。个性化妆容要求化妆师具有深厚的文化底蕴、突出的创新思维、良好的表现和实践操作能力。其妆容形象特点是强调前卫时尚，造型夸张但不脱离整体美感，表现风格自由，形式富于个性，总体结构符合自然规律。个性化妆容整体妆色具有超前的流行性，在具有美感前提的基础上大胆用色，色调多为抢眼的色彩，显示出个性与创意的流行与活力，具有个性化情调。

（一）案例一

图3-50中模特所展现的个性化妆容形象主要聚焦于眉眼部位的设计塑造。这一类型的妆容往往具有较强的视觉冲击力，主要适用于平面摄影、广告宣传、时尚走秀等艺术表演活动中，是妆容形象设计中常见的一种表现手法。图中模特脸型为标准鹅蛋脸，面部轮廓清晰，五官精致，整体气质偏向于清冷感。该模特的个性化妆容形象主题风格关键词为"清冷、冰雪、冬季"等。在妆容塑造中，根据主题妆容所表达的意图，选择冷白调底妆与其相呼应。以模特的眉毛为装饰重点，运用银白色亮片元素来渲染模特的整体形象风格。图片中模特的眉毛形状被亮片覆盖，光彩夺目，具有较强的视觉冲击力。眼妆部分采用了符合整体妆容形象风格的白色和灰蓝色，眼头和眼角的位置晕染

了白色的眼影，其中眼角处也使用了白色亮片加以提亮与装饰。修容方面使用了贴近肤色的色调，以此强调五官的立体感；唇色选取亚光质地的橘红色口红，使整体妆容形象多出了跳跃的色彩。

图3-50　个性化妆容形象案例一

（二）案例二

图3-51中模特所展现的个性化妆容形象主要聚焦于眼影部分的渲染。这一类型的妆容形象在日常生活中较为罕见，主要常见于广告摄影宣传片、时尚艺术展演等大型活动之中，是妆容形象设计中最具鲜明特色的一种表现手法。图中模特脸型为标准鹅蛋脸，面部轮廓清晰，五官精致，脸颊两侧较凹陷，有明显的骨骼轮廓感。该模特的个性化妆容形象主题风格关键词为"元宇宙、未来感、春夏"等。个性化妆容在很大程度上是眼部的创意装饰，因此眼部的描画是创意化妆的关键。在妆容塑造中，根据主题妆容所表达的意图，选择冷调偏粉的底妆与其相呼应。该模特的眼部妆容十分夸张、个性，其眼影色调主要取决于服饰色彩。眼影的晕染要求体现流行性、前瞻性，色彩要与创意的主题相呼应。例如，图中模特的眼影色调即选择了与美甲和服装相呼应的绿色，眼影晕染面积相对较大，色彩也较为显眼。在局部细节中，眼影从眉头处一直延伸到眼睛上方；两只眼睛下面分别使用绿色与紫色表现卧蚕的形状，从而形成不

图3-51　个性化妆容形象案例二

对称色调。模特的唇色为带有些许荧光色调的橘红色，不仅贴合了其主题风格，而且使整体妆容更富有个性化。

本章小结

学习了解妆容在形象设计中的地位与作用：既是表现人物形象优势的重要特殊媒介，也是融入艺术文化修养、美术技法的创作源泉。

通过对妆容形象的分类与特征表现进行系统性分析。从色彩识别的角度将妆容形象进行有效分类，深入分析妆容形象与不同脸型、五官之间的关系，从而得出不同妆容形象所带来的心理暗示及视觉印象。

通过对皮肤的分类与护理、妆容工具与化妆品的选择、塑造妆容形象等基本步骤方面的学习，使学生在实践中加深对妆容形象设计基本方法的认知与理解，以达到最佳学习效果。

美妆的应用场合是最重要的，不同的时间、地点、场合甚至是所要处理的事由，都决定了美妆形象的定位与差异，只有确定了场合的需求，对其进行针对性的设计，才能打造出与所处环境相和谐的美妆形象。

思考题

1. 简述妆容在形象设计中的地位与作用。

2. 塑造妆容形象的基本步骤有哪些？

3. 根据不同案例分析其妆容特征。

第四章
形象设计与美发造型

课题名称：形象设计与美发造型

课题内容：1. 发型在形象设计中的地位与作用

2. 发型形象设计的基础知识

3. 发型形象设计的基本方法

4. 美发形象设计案例分析

课题时间：12课时

教学目的：通过形象设计中美发造型内容的学习，使学生全面了解发型在形象设计中的地位与作用、发型形象设计的基础知识、基本方法以及相关案例分析。

教学方式：1. 教师PPT讲解基础理论知识。根据教材内容及学生的具体情况灵活制订课程内容。

2. 加强基础理论教学，重视课后知识点巩固，并安排必要的练习作业。

教学要求：要求学生进一步了解发型在形象设计的具体表现、掌握基本方法、针对不同案例进行分析与总结。

课前（后）准备：1. 课前及课后大量收集发型形象设计方面相关素材。

2. 课后针对所学发型形象设计知识点进行反复思考与巩固。

人体的头部和面部是人物形象中最能体现人物特征的部位，发型设计也因此成为人物形象设计中的重要内容之一。发型设计并不是针对头发进行的简单修剪，而是在深刻理解人物生理条件和精神特征的基础上，用来表现人物个性气质的一种创意性发式设计。发型设计的对象是人的头发，因此必须以人体的头型、脸型、五官、身材的比例以及头发状况为前提，以扬长避短为原则，以创造美为目的来构思发式。本章节主要介绍美发造型在形象设计中的表达，从头型、脸型等角度分析具体的发型应用，从工具的运用和选择来实施美发造型等，为整体形象设计提供美发造型的思路。

第一节　发型在形象设计中的地位与作用

发型不仅可以展现出一个人的精神状态，还能反映出人们对于时尚风格的追求；不仅可以更好地展现面部妆容，同时也为服饰风格增加亮点。在如今这个彰显自我、标新立异的时代，发型设计要求设计者在具有精湛修剪技术的同时，还必须具有审美意识、艺术观察力以及一定的创新能力。成功的发型设计能充分体现出发型设计师对于人物形象理性的认识程度、发式造型艺术的表现能力等，是设计者理性认识的感性发挥。好的发型作品可使人的头发在自然美的基础上增添艺术美，增加五官的立体感，使脸部线条显得柔美或刚毅，甚至可以略微改变身体比例，让整体更有协调感，从而使发型更加美观生动，形神兼备、个性张扬。

一、发型在形象设计中的地位

发型是一种造型艺术，它以其独特的美影响着人们的文化生活，是人们美化自身、表现自我的生活艺术。发型在形象设计中起到至关重要的作用，选择适合自己的发型比盲目跟随时尚潮流更能提升品位和非凡的气质。身材胖瘦高矮直接影响发型的长短曲直等轮廓形态；自身肤色和瞳孔的深浅也决定了头发的颜色。发型是整体形象设计中的关键步骤，直接影响妆容和服饰的搭配、应用、个性风格的表达等。

（一）日常生活的需要

作为形象设计中最为基础的部分，发型在人们的日常生活中也发挥着不可忽视的作用。从工艺技术的角度来看，发型与其他的工艺产品相比，在其设计构思、体现方式、表现手法及其功能效果等方面有着明显的特殊性。它与人们的生活习俗相宜，准确地体现人物的文化内涵和审美心理要求。成功的发型具有相应的艺术内涵、和谐的轮廓线条、明晰的发纹质地和强烈的感染力，并展现出设计对象的人格魅力。合适的发型对人物形象来说至关重要，可以使人变得更有精神，更具气质。现代生活中的发型已不仅是人类用来满足生活社交以及礼仪场所等方面需求的基本工具，而是人们根据不同的形象需求和个性表达来体现不同的审美标准，用于提升个人的气质和尊严，展现个人的形象和魅力（图4-1）。

（二）职业活动的需要

如今，发型已成为时尚审美的热点。现代发型在其功用方面已被普遍认同，人们设计和选用发型已有了明显的目的。发型在季节、职业、年龄、场合以及创造特殊效应的广告、模特表演、戏剧人物造型等方面，都有丰富的类别式样，发型的功用价值得到了充分的显示和认同。发型的审美价值还体现在社会生活和工作方面。在职场中，优质的发型设计无疑是为自己的形象加分的，同时也展现了自己积极向上的工作态度。例如，工人在特殊环境下工作时需佩戴安全帽，发型会选择短发或是长发扎辫子；教师或机关工作人员通常会选择简洁、大方的发型（图4-2）；学生一般选择轻松而活泼的发型等。

（三）展示自我个性的需要

发型和妆容、服饰一样，都是人们展示外在自我的渠道，也是展示内在个性的需要。不同的发型展现着人们不同的风格和内在个性，也体现

图4-1　展现个人形象和魅力的日常发型

图4-2　简洁、大方的职业发型形象

图4-3 展示自我个性的发型形象

着人们对审美和时尚的理解和追求。例如，外表甜美柔和的女性可以选择长直发，在肩部微微垂下，既显得温柔动人，又可以表达自己的性格特征；喜欢甜酷、潮流风格的人可以选择时尚热门的编发和挑染，既可以呼应自己的个性服饰，又增添了个性色彩（图4-3）。姣好的发型设计不仅可以使人自我感觉良好，而且可以使他人耳目一新，既有实用价值，又有审美情趣。

二、发型在形象设计中的作用

发型的功能特征和其他的工艺技术作品一样，具有实用和审美的两重性。其实用性往往以美化和装饰为出发点。在原始时期，人们为劳作方便而束发结辫时，其功用价值就已经显现出来了，这种适应生存需要的发式表现出一种简单的原始功效，已经具有了实用的功能。在文明发展的进程中，这种功效又有了新的内容，逐渐成为人们美化自己的一种手段，表现出特殊的审美价值。发型显示其功用价值的同时，也表现出一种审美价值。爱美之心是人的一种本性和需要，发型可以让人们有机会参与一种完全取决于自身需要的设计创作，这种创作过程可最大程度地满足自己的审美心理和体现自身美，是人们满足自我审美需要的一种特殊的经历过程。

（一）突出优点

人们在追求美的道路上从未停止步伐，从时装美到体态美、从相貌美到心灵美，一直不断努力地装饰着自己。而在形象设计中，打造合适的发型能够彰显自己的独特美，这种美不仅能增添气质、装饰形象，而且可以使人们精神上表现得更加愉悦。这种由头发的不同造型带来的外在形象，能够给人们带来全新的品位感觉，显现出焕然一新的精神面貌。良好的发型能够很好地展现出人物对象头部、脸部的优点，从而扬长避短、和谐统一。给人一种整洁、庄重、洒脱、文雅、活泼的感觉，增强人物形象的整体美（图4-4）。

图4-4　突出人物优点的发型形象

（二）掩饰缺点

　　发型设计的对象是人的头发，必须依据人体的头型、脸型、五官、身材的比例，以及头发状况为前提，以扬长避短为原则，以创造美为目的来构思发式。由于每个人的头型和面部五官都是独一无二的，因此发型也是在此基础上进行调整的。为了达到脸部与头部的美观，往往会利用遮挡、蓬松等美发手法进行修饰。例如，脸部较圆润的人可以选择两颊处带有刘海的发型，在视觉上消减脸部面积；头顶较塌的人可以利用发顶摩根烫等手法使其蓬松，使头部看起来圆润一些（图4-5）。与塑造妆容形象的意义一致，好的发型对人体头部轮廓具有弥补意义。

（三）建立个人形象风格

　　发型是一个人外在形象的表现，也是一个人内在气质的外露，更是一个人精神面貌的体现。不同的发型能够展现不同的精神面貌。在建立个人外在形象中，合适的发型不但可以增添个人的外在魅力，也能体现出个人的素质素养。一个适合自己的发型不仅可以修饰脸型与头型，还可以起到修饰身材的视觉作用。发型的设计与制作是发型设计师将美发潮流新理念和自己独到的审美意识相结合，运用各种美发和造型艺术技巧、调动实践创作经验是对顾客的文化修养、内在气质、思想境界与外在的长相、身材等方面综合考量进行创作的结果。因此，发型的选择会凸显每个人强烈的个性特征，或高贵端庄、轻灵典雅，或平淡清逸、流丽婉转、洒脱干练等，它是建立个人形象风格很关键的步骤。

图4-5　掩饰人物缺点的发型形象

第二节　发型形象设计的基础知识

发型设计在人物整体形象设计中是局部与整体的关系。它在整个形象设计中占有一定的空间，具有可视性、可触性、美观性等特征。发型设计在形象设计过程中还具有一定的独立性，能够更直观地体现人物的身份、年龄、个性、气质等特征。因此，在发型设计上不仅要考虑本身的特殊性、美感性与实用性。同时，还必须考虑与设计对象的脸型、体型、年龄、职业等方面相关的协调搭配，并与设计对象的整体风格相统一。从这一点来看，在进行发型形象设计时要特别注重顺应时代的变化及人们的需求转变，以此为契机来强化创新精神与创新能力的培养。从专业发型设计的角度来看，发型设计是技术与艺术两者相结合的技能，除了要有娴熟的技术外，本身还要具备较高的审美能力和对时尚的掌控能力。同时，要具备敏锐的洞察力，能够根据自己所学习的理论知识对人物发型进行准确分析与定位。本小节主要以头面部骨骼及毛发结构与发型形象的关系为主要切入点，通过对发型形象的分类与特征表现进行系统性分析。从色彩识别的角度将发型形象进行有效分类，深入分析发型形象与不同头型、脸型、五官之间的关系，从而得出不同发型形象所带来的心理暗示及视觉印象。

一、头面部骨骼及毛发结构与发型形象的关系

在古今发型形象的演进过程中，头发除了具有健康活力的生理意义外，还具有一定的象征意义。其中，发型作为人物形象设计中最容易被观察到的部分，与头面部骨骼结构、毛发结构等方面紧密相关，并逐步形成了健康与审美互相融合的发型设计观念以及一系列的美发准则。在发型形象设计中，一般可通过烫发、染发等专业手法进行美发设计，这样可使人物面部线条、整体形象气质更加符合人物特性，从而全面展现优点。发型形象的塑造一般是对人物的头部施以矫正和美化的技法，其主要依据包含发际线结构、五官比例结构、头发轮廓结构三个方面。

（一）发际线结构

发际线是指头发的边际线，其形态高低影响着五官的协调与变化。按照东方传统审美习惯来看，发际线应以圆润、自然、起伏有度的形状为佳，如"M形"发际线等，这类称为"美人尖"的发际线是传统审美标准中最具有美感的发际线之一（图4-6）。通常来讲，发际线的高度与整个面部之间的关系应符合"三停五眼"的比例，即发际线最高点、眉毛水平线、鼻底与下颌底端这四条水平线将面部纵长划分为三等份，面部正面最宽处恰好有五只眼睛的宽度。当人物的前额或鬓角发际边缘有过多的毛发时，会显得发际线过低且前额过窄，发型相对较为凌

图4-6 "美人尖"发际线

乱，给人一种幼态感。当人物发际线过高时会容易显得老态，发际线两侧太低则会使颧骨看上去较为突出、脸部轮廓下沉。男性发际线常以方形、较高、较宽为审美标准，体现男性刚毅有力的一面；女性发际线则常以圆形为审美标准，体现女性温柔可人的一面。因此，当发际线过高或过低时，都会造成面部上三分之一的比例失调，从而影响容貌的和谐。

就成年女性而言，发际线过高的人群不适宜扎高马尾，应适当在额部辅以刘海进行修饰，如空气刘海、八字刘海等，既可以在一定程度上遮挡发际线，又显得蓬松、发量

较多。就成年男性而言，当男性出现发际线后移的情况时，一般还会伴随额角缺失，这是典型的雄性激素源脱发的表现，较为严重者会蔓延至头顶，形成"M+O"形脱发。较为美观的发际线离不开绒毛的自然过渡，若发际线周围没有绒毛则可以自行修剪一些碎发；不仅可以使发际线看上去更加柔和，不至于太过生硬，还起到了衔接皮肤和发际线的作用。

（二）脸型及五官比例结构

脸型及五官比例结构与发型形象设计的搭配十分重要。若发型与脸型、五官比例结构搭配得适当，可以展现出人物独有的性格、气质，使人更具有形象魅力。不同的脸型轮廓适合不同风格的发型，如圆形脸较为温柔可爱。三停是指面部的上停、中停、下停。从发际线至眉毛上方的长度称为上停，眉毛至鼻尖的长度称为中停，鼻尖至下颚的长度称为下停。上停较长的人群不宜留过短的刘海或将额头完全暴露出来，应适当遮挡部分额头，缩短脸型，同时也能使整个人的气质更加柔和。三停比例关系较为标准的人群则不用过分在意头发长度或刘海造型等问题，可以根据个人风格和喜好而定。在整体发型中最关键的就是协调感和适合，避免过于光溜溜的发型，想要打造完美气质，就需要注重修饰效果，两侧下颌线的修饰也是至关重要的，对于下颌的修饰效果很显著。五官比例的结构与分布是指眼部、鼻部、嘴巴之间的间隔距离。例如，五官间隔较小的人群则脸颊"留白"处较多，容易给人一种脸大的错觉。因此，可利用脸部一侧的头发修饰与遮挡脸部外轮廓，细碎的发丝也能从视觉上柔和下颧骨的硬朗线条（图4-7）。上停过长一般是指额头比较高或是发际线过高显得额头较高。例如，碎薄平刘海空气刘海、八字刘海、短偏分等都能既减龄又显脸小，非常适合高额头或是发际线过高的人群。除了过高的额头，偏宽的额头也是发型形象设计中常遇到的一个现象。对于额头偏宽的人群来说，额头两侧的碎发一定要多，扎发时不能过紧，应留出适量的碎发进行修饰。例如，自然清爽的龙须刘海、偏分短发、八字刘海等不仅可以修饰偏宽额头、太阳穴凹陷、脸型等问题，而且是女性群体中颇受欢迎的发型形象（图4-8）。上停过短的人群即是指额头过短，在头

图4-7　修饰脸部轮廓的发型形象

顶部位找到最高点进行偏分或中分可以从视觉上拉长脸部线条，使五官气质更加突出。搭配轻薄型平刘海、蓬松的颅顶等都可以避免上停过短的问题。

图4-8　龙须刘海、偏分短发、八字刘海发型形象

　　中停过长一般是指鼻部较长的人群。若眉眼比鼻部更富有吸引力，则可以搭配稍浓重一些的眉眼妆容、空气刘海等，使目光聚焦于眉眼之间。若鼻部挺拔有型，也可以选择厚重较强的过眉刘海，使外界视线集中在鼻部（图4-9）。中停过短的人群更适合选择活泼可爱的发型形象，也可以通过改变眉型来搭配不同的发型形象。如通过描画挑眉眉型拉长中停，利用偏分的发型形象使脸型在视觉上变短，从而使鼻部看起来更长。此外，眼间距过宽的人群可以结合妆容加以修饰，同时还要避免中分发型，可以选择平刘海或偏分等发型。若鼻翼过大且较塌，也要尽量避免中分及刘海造型，刘海会使观者的视线下移。

　　下停过长一般是指人中或下颌过长的人群。通常来讲，人中过长的问题可以通过面部修容、彩妆修饰等方法加以弥补。但是，下颌过长则需要搭配发型来辅以调整。由于下颌过长会直接影响脸型的轮廓，显得脸型更加修长，因此要尽量避免长直发、平刘海等发型；中分或偏分的短卷发可以起到横向拉伸的作用，长度在颈部锁骨部位为佳。

图4-9　"厚重感"过眉刘海

（三）头发轮廓结构

头发主要用于保护头部，细软蓬松的头发不仅具有弹性，而且可以抵挡较轻的碰撞，还可以帮助头部汗液的蒸发。从下向上可将头发分为毛乳头、毛囊、毛根和毛干四个部分，其主要成分是角质蛋白。东方人发质一般较粗、黑、硬、重，这是由于含碳、氢粒子较多产生的。西方人发质特性则是轻、柔、细、软，因含碳、氢粒子较少，所以颜色较淡。发型的轮廓线是指发型轮廓内外形状。发型轮廓由三个方面组成：一是正面轮廓，包括发型外部轮廓与脸部内轮廓；二是侧面轮廓，包括发型纵向轮廓；三是底部轮廓，即构成完美的发型应是椭圆型的、圆润饱满的。头发的光泽感强弱、发量多少是衡量头发质量优劣、打造优质发型形象设计的重要标准，也是发型形象设计中不可忽视的一点。美观的发型设计离不开充盈的发量和优良的发质，但对于发量少，发质较软的人群来说，选择发型的时候就会受到很大的限制。例如，发量偏少的发型会缺少蓬松度，发质细软发型的塑形能力就会减弱，保持时间也会缩短。弹性不足的头发一般不易定型，缺少活泼感、生动感。除了先天细、软、塌特质的头发会缺乏弹性外，原本具有弹性的头发如果过度烫染或方法不当，头发的蛋白质纤维则会受到碱的伤害而流失，从而影响发型形象设计的美观度。短发发型是所有发型中款式最多的一类，也是修饰脸型和头型效果最好的发型之一（图4-10）。发质细软塑型能力差，可通过烫发的方式增加塑形效果，利用均等结构的层次，结合纹理烫的方法，让发型产生自然的蓬松效果，使发型造型更持久。

图4-10　不同风格短发轮廓结构

二、发型形象的分类与特征

从广义的角度来看，发型形象指的是发型师通过修剪、烫染或修饰等所形成的外在表现。从狭义的角度来看，发型形象即是大众日常社会活动中的发型形象，主要是指通过对头发修饰而形成的整体效果。发型形象的塑造泛指运用一定的专业发型知识、实践经验和技巧对头发进行造型设计，从而打造人物头面部及整体形象，展现头面部优势、掩饰头面部缺陷、增加视觉美感、彰显个人发型形象魅力，以艺术的形式表达思想情感或感受。

根据发型形象的作用与功能进行划分，可将发型形象分为生活类发型形象与艺术类发型形象。生活类发型形象的目的主要是掩饰缺陷或突出优点，表现个人的独有魅力，主要是指传统的理发、染发、编发等；而艺术类发型形象的目的主要是为了表现一种思想或情感，主要是指个性化发型设计，更加看重的是技巧的应用。其发型设计手法也更为夸张且新颖。一个成功的发型形象不仅可以满足人们的审美需求，而且能够提升个人自信，帮助人们在社会交往中实现个人高层次的需求。

（一）生活类发型形象的分类与特征

生活类发型形象种类及风格繁多，从大众生活的角度来看，一个人的日常发型形象主要由以下四个方面组成，分别为刘海、长度、卷度、蓬松度。其中，按照刘海的样式可分为齐刘海、斜刘海、空气刘海、八字刘海、眉上短刘海等；按照头发长度可分为超短发、短发中长发、长发等；按照卷度可分为直发、水波卷、羊毛卷、气质大卷等；按照蓬松程度一般可分为蓬松型与紧贴型等。从大众审美的角度来定义，可将生活类女性发型形象风格分为四种，分别是端庄干练风格、可爱少女风格、浪漫温柔风格、前卫时尚风格。此外，常见的生活类男性发型形象有"背头"风格、寸头风格、飞机头风格、短碎发风格、三七分或四六分风格、中分风格等。

1. 生活类女性发型形象风格

端庄干练风格发型是成熟的职场女性的首选。许多精英女性认为日常生活中长发不便于打理，而利索又干练的短发非常具有层次感，又能节约时间，易于打理。这类发型主要以短发为核心，其造型适合多种脸型，尤其是椭圆和长脸型。其中，短碎发、露耳的超短发、齐耳BOBO发型、蛋卷发型等也是较为常见的短款发型，属于短中款的发型，长度基本上是嘴角到下颌之间，自然随意，清爽干练，是非常受大众欢迎的发型之一。例如，法式风格短卷发是端庄干练风格经典发型之一（图4-11），一方面它的发型设计比较简单，打理起来较为方便；另一方面

图4-11 法式风格短卷发发型形象

这种短卷发弧度较大，也能从视觉上增多发量，看上去使五官更加立体，脸型精致小巧。相比紧贴于头皮的超短发，这种短卷发的发根处也是蓬松的，打造出头包脸的既视感。韩系空气短发也是颇受欢迎的一款发型，空气短发的卷发弧度是不规则的，而且卷发的弧度一般都比较大，这样就意味着日常打理不需要花费太多时间。只要在洗头之后随意地用吹风机吹一下就能够吹出蓬松感，而且这种韩系空气卷发一般都伴随三七分的刘海或者是八字刘海，不仅更加温婉，还能够修饰发际线。

可爱少女风格发型主要面向16～25岁的人群，这类发型主要以"少女感扎发"为主，既凸显了人物甜美可爱的青春气息，又迎合了时尚潮流风向（图4-12）。例如，双高马尾扎发适合发量较少的女生，可将原本的直发微微烫卷，增添一种清新活力的气质。斜扎麻花辫扎发、双麻花辫扎发通常带有一些知性、文艺的印象，低垂的麻花辫看似低调却不单调，搭配棒球帽、贝雷帽或发饰更能营造少女氛围感。此外，空气刘海搭配公主盘发、双丸子扎发、侧编发等都是可爱少女风格发型中的经典造型。

图4-12　可爱少女风格发型形象

浪漫温柔风格发型是最具女人味的一类发型风格，如大波浪卷发、羊毛卷发、自然微卷发等是当下女性群体最受欢迎的发型风格。这类发型风格通常以卷发为主，根据风格不同设定不同的卷度，不仅能够使发量增多、蓬松，而且可以修饰脸型，提升整体人物形象（图4-13）。例如，冬季选择慵懒随性感的大波浪卷发可凸显女性温柔淑女的气质，同时搭配暖棕系发色，一方面可提升发型风格的时尚度，另一方面可映衬提亮面部肤色。蓬松感极高的羊毛卷是发量较少女性的首选，也是体现复古风情的最佳发型之一。自然微卷发型适合不同长度的发型，也是最具优雅气质的卷发之一。与大波浪卷发或羊毛卷发相比，自然微卷发型更加日常且易于打理，具有优雅气质的风貌。

图4-13　浪漫温柔风格发型形象

　　前卫时尚风格发型较为标新立异，在长度、卷度、发色等方面常常出其不意，是人群当中较为瞩目的焦点。这类风格发型的特征主要体现在三个方面：一是对于发型的长短时常采取不规则设计，营造一种动态变化之感；二是在卷度的选择上更青睐于具有造型感的小卷，更具个性化特征；三是喜爱前卫时尚风格发型的人群对发色的包容度较高，一般跳跃、活泼式的亮色系是他们的首选，如粉色、灰色、红色、蓝色等。例如，近年来十分流行的公主切、水母发型、Y2K发型、挂耳染、漂染等（图4-14）。

图4-14　前卫时尚风格发型形象

2. 生活类男性发型形象风格

"背头"风格发型是男性发型形象风格中常见的发型款式之一。背头，顾名思义，就是将头发向后梳理并定型的发型。背头发型又可以分为油性背头发型和休闲背发型两种。背头发型适合国字脸、发际线适中、五官立体的男性，不同样式风格的背头造型可以塑造出不同的形象风格。如可利用发胶等定型产品塑造发丝纹理感，这一经典且时尚的发型风格受到了众多男士的热捧，尤其是在演艺界，许多男艺人都极其热衷背头发型（图4-15）。

图4-15　"背头"风格发型形象

寸头风格发型简洁清爽、易于打理，是男性发型形象中最为经典的发型。这款发型对人物面部要求较高，如脸型、五官比例等。由于寸头发型风格利落自然，因此可使人物整体形象显得更加自信，充满生气。例如，"飞机"寸头风格发型的特点是前刘海长度较长，两侧较短，并将头顶短发向上梳理，打造出立体感。或是将额前发际线位置的头发向后侧翻定型，更凸显男性魅力（图4-16）。

短碎发风格发型更为阳光、充满朝气，在塑造这类发型风格时可对外层头发进行纹理烫，使富有层次感的发型更具少年感与潮流感。"三七分"或"四六分"风格是指将头发梳理为"三与七"等分或"四与六"等分，从而在发量上形成鲜明的对比。这一发型的头顶部位不可过短，若发质过软或过硬均不好打理。因此，前期建议适当烫发，以便后期进行打理。中分风格发型适合较多的脸型，恰当且美观的长度与弧度处理可以弱化额头的突兀感，整体风格显得更加年轻、富有青春感（图4-17）。

图4-16 寸头风格发型形象与"飞机"寸头发型形象

图4-17 短碎发风格发型形象

（二）艺术类发型形象的分类与特征

艺术类发型主要包括影视戏剧发型、秀场发型、创意发型等。与生活类发型有所不同，艺术类发型形象风格要根据主题、时间、地点、环境、人物特征等因素进行综合设定。当进行影视类发型形象设计时，要深入了解该影视题材的时代、故事情节等方面的内容，如唐代与清代题材影视剧中宫廷女性发型均有所不同等。秀场发型的主要特点是将妆容、服装、场景等综合属性融入秀场，使其具有某种蕴含事件和时空印记的视觉造型，通过现场气氛渲染以及体验式观展模式，能使秀场主题更加鲜明。它不是单一存在的，而是需要多维度考量与确定的。创意发型是最为博人眼球的一类发型风格，一般常用于平面摄影或广告宣传之中，一些特定风格的秀场中也偶有出现，惊艳全场。创意发型呈现重点主要集中在造型感与色彩方面，时常以夸张的发型、发色来吸引大众的视线，给人眼前一亮的视觉感受（图4-18）。

图4-18 艺术风格发型形象

三、发型形象的色彩识别

头发的颜色一般是由基因决定的，毛发同样会因为人种的不同而有所差别，即使是同一人种，发色也会因黑色素的多少而呈现不同的颜色。由于种族和地区的不同，头发有乌黑、金黄、红褐、红棕、淡黄、灰白，甚至还有绿色和红色的发色。白色人种的头发色彩较丰富，有金色、栗色、棕色，也会有黑色等；黄色人种发色多呈现深褐色、黑色；黑色人种的发色也是呈现深棕色与黑色。白色人种的头发一般都比较细软，有自然的卷曲；黄色人种的头发比较直硬；黑色人种的头发就特别一些，是卷曲螺旋形的，这些都是美发造型时需要考虑的重要因素。

当下，染发正成为一种时尚，要想拥有漂亮出众的发色，色彩的正确选择尤为重要（图4-19）。是否适合自己和能够体现时尚、优雅的风度与本民族风格特点是应该首先考虑的因素。肤色偏黄的人群要谨慎选择橙色系、黄色系发色。这类肤色比较适合偏深发色，如蓝黑色、暗褐色、酒红色等。

图4-19　不同色系风格的发色

肤色偏红的人群应避免选择暖色调发色，金色、暗褐色、暗紫色、暗褐红等则是比较好的选择。肤色较深的人群可以选择比原发色稍微亮一点的色泽来调剂肤色，打破沉闷，挑染的效果也是不错的。因此，形象设计师要根据人物的不同肤色来做出相应的发色调节，以达到统一的形象效果。发型形象的色彩识别有着独特的个性，既要考虑到与肤色的关系，又要与发型相协调，另外还有最重要的一点就是发色的设计要符合服装的主题来进行，通常情况下，发色要与服装色彩相协调，既要呼应服装色彩，又要注意不能过分夸张，以至于成为整个视觉中心，抢了服装的风头，主次不分。发色在艺术表现领域可以肆无忌惮地选用在日常生活上不敢使用的颜色，根据色彩带给人不同的心理感觉，通过发色的改变也会让人对于人物带来的整体形象感受到设计师所呈现出的天马行空的灵感与思绪。金色系发型形象一般适合于肤色白皙、象牙肤色、微黑肤色的人群；浅棕色系发型形象一般适合于肤色白皙、象牙肤色、浅枣红色肤色者；深棕色系发型形象一般适宜任何肤色，其中肤色较浅色者尤佳；黑色系发型形象一般适宜任何肤色；红色系发型形象一般适合肤色白皙、象牙肤色，米色系肤色的人群。

四、发型形象设计与脸型

形象设计与脸型的和谐搭配是相辅相成的，二者缺一不可。选择一款合适且美观的发型，可以起到修饰脸形，遮掩缺陷的作用。常见脸型有鹅蛋形脸型、圆形脸型、方形脸型、长方形脸型、三角形脸型、菱形脸型等。但是，由于绝大多数人的脸型不可能具备以上多种脸型的显著特征，所以通常是介于两种脸型之间且偏向于其中一种的。例如，当某个人的脸型介于圆形脸型和鹅蛋形脸型之间时，大众会认为其是鹅蛋形脸型，即标准脸型。因此，形象设计师要学会避免将每个人的脸型进行对号入座。在实际操作过程中，应设计出不同的发型来修饰不同的脸型，这也是发型设计最基础要点，也是最重要的设计理论。

鹅蛋形脸型是中国传统文化审美取向最完美的脸型，这类脸型可以轻松营造出多种发型风格，并且能达到赏心悦目的完美效果。鹅蛋形脸型的发型构思范围较广，无论发式长短、发丝曲直、薄厚等都能打造出令人满意的发型形象。活泼、可爱的视觉形象是圆形脸人群带给人们的视觉感受，这类脸型相较于其他脸型更容易修饰，适合大多数发型风格。但需要强调的是应将人物两侧的头发尽量往鼻骨中靠，使修饰后的脸形接近椭圆形。在吹风造型时尤其要注意人物顶部头发应适当蓬松，侧面的头发要向内收拢，刘海侧向一边，从而提升脸部的线条感（图4-20）。

图4-20　鹅蛋形脸型发型形象

长方形脸型的发际线到下颌的距离较长，横向距离偏小，且额头较宽，发型设计应该避免将脸部全部露出。长方形脸型的发长长度应在下颌二分之一处为佳，尽量使颧骨两侧的头发形成有体量的蓬松感，额头应适度遮挡以修饰长脸的缺陷。这类脸型的人群不适宜留过长的直发，头顶部位不能过高，刘海应略微下垂，侧发蓬松，以增加横向的阔度，缩短纵向视觉效果。方形脸型面部线条较为硬朗，横向距离感较强，缺乏女性的柔美感。因此，在塑造发型形象时应强调轮廓造型的曲线感。方形脸型的人群可选择侧分，使额部若隐若现，头发长度以遮住两腮为最佳，发型内轮廓形成视觉上的倒三角，使脸形看起来呈鹅蛋形。方形脸型人群还要注意头顶部位要呈现出圆形感，两侧发量不要过多，刘海部分应不做烫发处理，斜向一侧为佳，这样才能营造出一种曲线感（图4-21）。

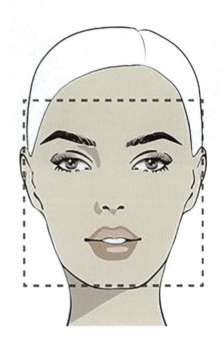

图4-21　长方形脸型发型形象

　　三角形脸型通常可分为正三角形脸型与倒三角形脸型，正三角形脸型上窄下宽，应在视觉上增加人物额头的宽度，最好剪成齐刘海并与眉等宽，头发不宜过长，应使用蓬松的头发遮挡修饰腮部，如齐肩发型等，塑造上部横向丰盈，底部适当收缩的视觉形象。倒三角形脸型顶部头发较为蓬松，刘海斜向一侧并遮盖一角，顶部发量修剪层次，以丰盈衬托底部宽度。菱形脸型一般面中颧骨较宽且与橄榄球相似。在塑造发型形象时，要相对增加额头与下颌的宽度，接近颧骨处的头发应尽量靠近鼻骨处。颧骨以上或以下的头发则尽量体量宽松。额前刘海要饱满，使额头看起来较宽；短发形象要打造出近似心型的外轮廓；不宜留中分等。菱形脸型头顶部位不可过高，耳朵上方的头发应适当蓬松，底部的发量应适度减少（图4-22）。

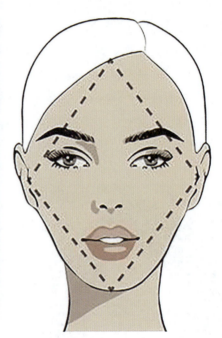

图4-22　菱形脸型发型形象

五、发型形象设计与体型

除了脸型之外，体型也与发型之间有着较为紧密的联系。由于每个人的体型都不相同，一种发型不可能适合所有人群。因此，在选择发型的时候，更应该依照自己的体型选择适合的发型。例如，正三角形体型的人群应避免头重脚轻，这类体型的人群适合较为蓬松的空气感发型。特别是当人物本身发质较为细软时，更加要选择具有蓬松度的短发造型，在发根处营造蓬松感，使整体比例更为协调、平衡。长方形体型的人群一般适合零层次或低层次的发型效果，通过增加头部的重量感使整体形象看起来更加协调。这类人群一般颈部较长，脸形也偏长，这类人群应增加发型的体量，如采用两侧蓬松或披肩长发等发型（图4-23）。身材较为丰满的圆形体型人群一般颈部较短，脸型也偏短，长发与大波浪一般不适合这种脸型，而优雅、帅气的短发式样则会为其增添光彩，从而增加发型的精致度与趣味性。这类体型的人群应找准头型与体型的比例，发型过大会显得臃肿，发型过小又会显比例失调。应根据脸型的特点找准发型的外轮廓与体型的比例，从而达到最佳视觉效果。个子较高、肩膀较宽的女性人群（倒三角形体型）可尝试充满女人味的大波浪卷发，这一富有曲线造型感的发型可以使肩部及身材显得更加柔和且更具女性魅力（图4-24）。

图4-23　正三角形体型发型形象与长方形体型发型形象

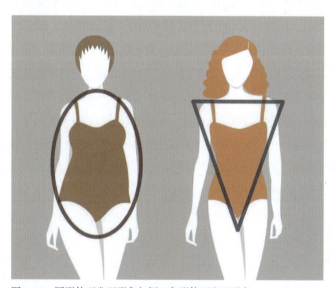

图4-24　圆形体型发型形象与倒三角形体型发型形象

第三节　发型形象设计的基本方法

　　发型设计首先要对头发的基本情况作出判断，在此基础上选择合理的发型塑造手法。根据发型难易程度不同所进行的步骤也有所不同，通常有洗、剪、吹、烫、染等塑造手法，也可根据发型特点和个人喜好进行发型的夹、扎、缠等固定方法。本章将通过对头发的分类护理、美发工具分类与发饰选择、塑造发型形象的基本步骤等方面的学习，使学生加深对发型形象设计基本方法的认知与理解，了解造型艺术的独特魅力。

一、头发的分类护理

头发的护理与皮肤的护理有许多相似之处，如不同的皮肤状态所要使用的护肤品是不一样的。同样，不同的头皮环境和发质所要使用的洗发水和护理液也有所不同。头发只有护理得当，发根才会强韧有弹性，头发才会清爽有光泽，整体形象气质也会得到进一步提升。从发质的特征来看，大致可以分为四种类型，分别是干性发质、油性发质、中性发质和受损发质。

（一）干性发质

干性发质是由于皮脂腺分泌油脂不足，缺乏水分，其特点是缺油干枯、暗淡无光泽、柔韧性差而易于断裂分叉。干性发质通常是因为护发不当、碱化所致。像头垢过多，不适宜的烫发、染发、洗发等都会导致头发干枯。干性发质应尽量避免需要进行热处理的发型，以避免过程中高温、化学药剂对头发的伤害，这样会使头发更加干枯。在洗发时应更多选择含保湿补水成分的洗发液和护发素，并定期做营养、焗油，尽量避免使用吹风机。如果非要使用吹风机吹头发，只要吹到七八成干就可以了。同时要做好后续护理，如护发精油等。饮食方面也可多吃一些对头发有益处的食物，让发根、发梢等各部位更加富有弹性、光泽。改善干性发质的最好方法是早晚按摩头皮，促进新陈代谢及皮脂的分泌，这样干性的发质会有所改善。

（二）油性发质

油性发质是由于头皮皮脂腺分泌旺盛，特点是油脂多，易黏附污物，发丝平直且软弱。一般细而密的头发，由于皮脂分泌过多，而使头发油腻，大多与荷尔蒙分泌紊乱、遗传、精神压力大、过度梳理以及经常进食高脂食物有关。由于油性发质的人头发上容易粘上灰尘等脏物，堵塞头部皮肤的毛孔，因此宜选择短发或中长发并经常进行清洗。油性发质护理的主要方法在于洗发和合理使用洗发剂以及注意饮食，养成良好的生活习惯。洗发时应选用油性发质洗发液（碱性）和护发素，要勤洗发、保持头皮的清洁，另外要注意洗发时水温不宜过高，以免刺激头部皮肤分泌更多的油脂。修剪头发时可以剪成具有层次感、蓬松感的式样，使头发多接触空气，以减少油脂的分泌。

（三）中性发质

中性发质健康柔顺，方便打理与造型，是最理想、标准的发质。油性发质人群头皮油脂多、容易脱发；干性发质人群头皮屑多、头发干枯毛躁；而中性发质人群的发丝粗细适中，软硬适度，既不油腻也不干燥。头发具有自然光泽感，柔顺且易于梳理，可塑性较高，适宜梳理成各种发型。这种发质应注意随时保持头发的清洁与健康，适度地进行烫发、染发等造型处理，主要以补水滋润为主。

（四）受损发质

受损发质是指由于鳞状角质受损所导致的头发内层组织解体而容易脱落，其特点是头发易干枯、分叉、脆断。这种头发应精心护理、保养，不宜经常烫发、染发、吹热风，高温和化学药剂会损伤头发的生理构造，从而加剧受伤发质的恶化。受损发质应经常去除开叉的发梢，并使用护发用品清洗、护理和保养头发，再配以养发食疗，使受损的发质逐渐得到改观。健康发质和受损发质染发的区别在于健康发质结构紧密，头发中的色素稳定性较强，掉色速度缓慢；而受损头发结构松弛，颜色的稳定性较差，掉色速度就会变快。受损发质在洗发时应选用受损发质或干性发质洗发水及护发素。

二、美发工具分类与发饰选择

美发是一门复杂的操作技艺。优秀的美发设计师对于美发工具的挑选也会格外仔细。与美妆相同，选择适合自己的化妆品会为妆容锦上添花。同理，选择合适的美发工具也会让发型设计的过程变得轻松、快捷，起到美化与装饰的作用。

（一）常用的美发工具

美发师除了要具备一定的审美与美发基础知识外，还必须要拥有一套得心应手的美发工具。了解美发工具的种类、特点，掌握其用途及保养知识是保证美发效果的重要因素。不同的美发工具对应着不同的发型设计与实施。常见的美发工具大致可分为四类，分别是剪发工具、染发工具、烫发工具和吹发工具。

1. 剪发工具

当头发需要改变长度、调整发量、制造层次、形成发尾柔美效果时，都需用到剪刀。不同类型的剪刀有着不同的技术用途，也会产生不同的技术效果。美发剪刀的种类非常丰富，大致可分为三类，分别是短刃微型剪刀、长刃剪刀和牙剪。短刃微型剪刀的特点是刀刃短小，弯转灵活，修剪头发时幅度较小，多用于对小发束的修剪。特别是对发型的局部和发尾边沿线的精剪细修效果较为出色，剪出的头发边缘干净、平整。长刀剪刀的特点是刀刃较长，适合进行大幅度地修剪，对改变原发式、制造新的发型外廓有较好的线性剪切效果，剪出的头发有长有短，层次感清晰明了。长刀剪刀是一种用途较广的剪刀，便于对大发束的修剪。牙剪又称"打薄剪"。这种剪刀头有两种规格，一种是一边的刃呈刀锋状，另一边呈齿状；另一种则是双面呈齿状。使用时

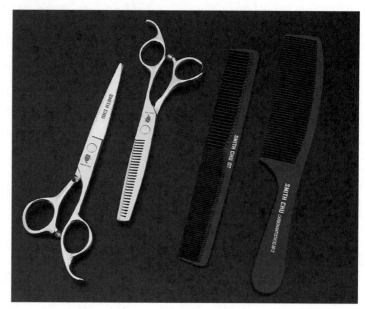

图4-25　常见的剪发工具

头发只是一部分被剪断，剩下的一部分得以有效保留，这是一种用于调整、控制发量最简单有效的工具（图4-25）。

2. 染发工具

染发工具中最为常见的就是染发剂，如果需要较浅的发色则需要用到漂染的工具。按染色的牢固程度及效果来区分，染发剂可分成暂时性、半永久性和永久性三类。暂时性染发剂可溶于水，它不会进入头皮的皮质层内，只是附着在表皮层，它不能改变头发的基本颜色，只能维持到下一次洗发时，暂时性染发剂可以作为临时性的发色修饰品。半永久性染发剂可使头发保持色泽3～4周，不必加任何氧化剂，它也附着在头皮表皮层，不会改变头发的基本结构。永久性染发剂也称为氧化染发剂，因为这类染发剂一定要加氧化剂才能完成染发，染发剂能渗透到头发的皮质层中。永久性染发剂被加入的氧化剂氧化成彩色的色素，以类似于自然色素的方式分布在头发上。除此之外，染发所需的辅助用品还有许多，如用于称重的试剂秤、带有毫升刻度的量杯、量筒、主要用于称量的调色碗、染发刷、发梳、一次性染发手套或胶制医用手套、耳套、深色围布、毛巾、纸巾、工作服、锡纸、计时器、披肩、夹子等。染发是将需要的颜色覆盖在原本的发色上，而漂发则是把头发原本的黑色素洗掉。漂发和染发所使用的染发剂不同，漂发使用的是漂粉和过氧化氢。除此之外，漂发所需的工具和染发工具大致相同（图4-26）。

3. 烫发工具

烫发是一种美发方法，分为物理烫发和化学烫发，目前使用最多的是化学烫发。烫

图4-26　常见染发工具

发的基本过程分为两步，第一步是通过化学反应将头发中的硫化键和氢键打破，第二步是发芯结构重组并使之稳定。随着科技的进步，烫发技术日新月异。为了符合时代潮流，美发师不断改进卷烫技术，研究出各式各样的新型烫发方法，使发型更加新颖别致。烫发主要有卷棒、烫发纸、橡皮筋、烫发水、尖尾梳等不同的辅助工具。烫发方式不同，加热的设备工具也有所不同。烫发分为冷烫和热烫两种途径。热烫在烫发时会对已软化处理好的头发进行热塑性处理，因此热烫又被称为"热塑烫"。对于很多美发师来说，最佳的加热方式就是利用红外线类的加热工具，而冷烫常温下是不需要加热的。另外，由于烫发种类不同，用到的烫发芯也就不同。螺旋烫的烫发芯多用塑料制成，如同一螺丝钉形状，将长到肩部或更长的头发卷在竖起的卷发棍上，以做出螺旋拔塞器似的卷发，头发从发根到发尾会出现相同的卷度，自然下垂，此种烫发芯主要用于长发。万能烫的烫发芯用胶皮制成，柔软而重量轻，使用时可将其扭成各种状态，烫后效果自然而柔软，可增加头发的弹性与光泽，除受损伤的头发外均可采用。离子烫又称为陶瓷平板烫、离子平板烫、超级无重力烫。离子平板烫是指平板夹内部使用陶瓷片，只要一插电导热，分缕夹住头发，反复拉直数遍后就能获得直发的效果。圆圈烫的烫发芯是用硬塑料制成的一种圆形烫发芯，分大、中、小三种型号，烫后使头发具有不同程度的卷曲。电线烫的烫发芯是用胶皮制成的类似于电线的一种新潮烫发芯，分大、中、小三种型号，适用于不同长短的头发。扁烫主要采用扁平的烫发芯，此种烫发主要适用于长发，烫后呈椭圆、Z字效果（图4-27）。

图4-27　常见烫发工具

4. 吹发工具

　　吹发工具主要指的是吹风机。一般吹发工具有金属型电吹风、塑料型电吹风、离心式电吹风、轴流式电吹风、负离子养护功能电吹风和纳米离子电吹风。金属性电吹风不仅坚固耐用，而且对高温承受力强。塑料型电吹风绝缘性能好，重量轻，使用方便，但是容易老化，不耐高温。离心式电吹风主要是靠电动机带动风叶旋转，使进入电吹风的空气获得惯性离心力，不断向外排风。这种离心式的电吹风噪声比较小，但是由于排出的风没有全部流出电动机，因此电动机升温较高。轴流式带动风叶旋转，推动进入电吹风的空气做轴向流动，不断地向外排风。这种方式可以将排出的风全部流出电动机，虽冷却较快，但是噪声较大。负离子养护功能的电吹风配上扩散型风嘴，可使负离子被发丝吸附。同时，在发丝表面形成水分保护层，锁住发丝内的水分，长时间地保持头发的湿润度和光泽度。纳米离子电吹风可从发芯深处滋润头发，收紧毛鳞片，从而减少水分和营养的流失，令头发始终保持清爽滋润（图4-28）。

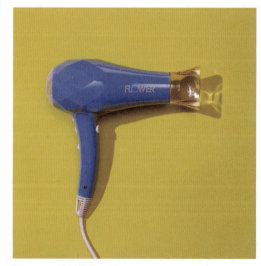

图4-28　常见吹发工具

（二）常用的发饰选择

发饰指的是装饰头发的饰品，除了对头发本身的修剪和烫染外，发饰也是重要且简便的发型工具。根据头发的状态来分类，发饰可分为束发、挽发、编发等，所用到的发饰也不相同。发饰的目的在于更好地塑造头发形态，更好地搭配服饰和出行场合等需求。常见的发饰大致可分为三类，分别是发夹类、发圈类和发箍类（图4-29）。

图4-29　常见女性发饰

1. 发夹类

发夹是当今女性日常生活中不可缺少的饰品，一般可分为顶夹、竖夹、对夹、尖嘴夹、抓夹等。顶夹大小不一，小的顶夹可以夹住一部分头发，大的顶夹可用于夹住全部的头发并可以用来盘发；竖夹为弧形，可以将头发竖起来进行固定；对夹又可以分为单夹和对夹，其中又可分为一字夹、鸭嘴夹、BB夹等；尖嘴夹常用于盘发；抓夹和顶夹相似，大抓夹可以盘发，小抓夹可以固定部分头发。发夹的制作材料可分为金属类和塑料类，金属发夹中铁制的发夹已极为少见，现今多为弹性较好的扁钢丝材质和铜制发夹，这种发夹美观实用，很受人们欢迎。

2. 发圈类

发圈即圈状的发绳。根据材料不同可分为塑料、布艺等，其中常见的塑料发圈为螺旋形状；布艺发圈则是由橡皮筋和不同材质的布料组合而成。根据形状可将发圈分为平圈、立圈两类。平圈是指平贴头皮的螺旋形扁平空心发圈，又称螺旋形扁圈，平圈是使用较为普遍的发圈；立圈形状和平圈相似，但立圈会使发根倾斜站立，发圈紧立在头皮之上，因此又称站立形螺旋圈。通常用于盘卷顶部、额部头发，以形成高耸的波浪。

3. 发箍类

发箍是一种常见的女性发饰，主要用于固定发型或装饰头部。材料多为弹性较好的塑料或金属。发箍外形一般是弧月形，自然状态下开口较小，由于有较好的弹性，使用时可以将开口张大，两边卡在耳朵后面，有提高视觉、凸显个性的作用，佩戴时卡紧可用来固定头发、整理前额碎发。发箍在实际使用中也可以搭配其他的饰品一起佩戴，比如扎上丝带等。简易的发箍上也可以装饰各种装饰物，如布条、珍珠、蕾丝花边或者各式各样的卡通形象等。厚重的发箍款适合颅顶偏低，或是有显高需求的女生，可以拉高整个颅顶的高度；如果想要显瘦效果自然一点，那么发箍的颜色和头发尽量保持一致；脸型偏大的女生更适合小巧的发箍，尽量避开一些款式复杂，可以让整个脸部线条看起来更加流畅和精致。

三、塑造发型形象的基本步骤

发型设计有其特殊性，一是要考虑人体的发质情况，二是要考虑环境、场合、条件等因素，三是受人们审美差异的制约。同时，还要考虑时尚潮流等方面的信息。在发型进行塑造之前，需要有一个尽可能完善的构思设计方案，离开了预先的设计，其后的工艺制作和艺术创造便失去了依据。而后要充分考虑人物形象的形式美法则，在视觉平衡的状态下进行设计与再造。

（一）确定人物美发形象风格

人物美发形象风格的选择有多种参考因素，包括人物的个性因素、年龄因素、环境因素等。首先需要观察此人的头发基础条件及生理特征和其他特征；其次了解其需求，并沟通审美理念；最后商定发型基本式样和发纹形状。发型与人物的妆容、服饰等关联性很强，因此需要与脸形、头形、体态、举止、风度、气质和服饰等条件搭配自然，和谐统一，在可行的基础上尽可能地展现出人物内在气质与形象美感。每个人的个性都不同，喜欢的发型也会不同，例如，温柔淑女风格的女性一般会选择长发或者乖巧的中长发；较为叛逆有个性的女性一般会选择较短的或者有层次的发型。另外发型风格的选择与年龄、职业等都有关系，相对年长的人选择的发型会更加沉稳，职场人员不会选择太过张扬夸张的发型。

（二）清洁与头部护理

正确的洗发与护发能够给受伤的头发营养成分，让头发由内到外恢复生气。在洗发时挑选碱性低的洗发水洗发，用护发素加以维护，以保持头发质地柔软，疏松亮光，增添发丝的结实性。同时要定时养护，每隔一段时间需对头发做一次焗油保养。在焗油保养时将焗油膏均匀抹在头发上，并使头发保持蓬松天然的状况。洗发时必须照顾到头皮、发根，这两个地方关系到头发健康。透过手指对头皮进行按压，能够增加头皮健康、血液循环，发尾必须仔细清洗，使发尾吸收到营养。洗完头发后要先用毛巾用轻压的方式将水分挤干，才可用吹风机吹干。吹发之前最好先将头发梳开，这样才能够避免头发打结。吹风机是伤害发质的原因之一，因此应尽量缩短使用时间，保持吹发距离。洗头的次数也要控制适当，一周两三次较合适，也可根据个人习惯把握。头部的日常护理也很关键，平时烫发、染发最好不要同时进行。由于烫发剂和染发剂都富含较多的化学成分，两层损伤对头发损伤更大。染发、烫发最佳距离为半个月以上，初次烫发与第二次烫发间隔半年以上为佳。

（三）烫染与发型修剪

进行烫染前要先检查头皮状况，即检查头皮是否有伤口，有伤口的部分不能上染膏。接着需要检查头发状况，即检查发质，头发胶质过重或使用过发蜡的头发需用深层洗发水洗头。染发前尽量不要洗发，以避免出现跳色情况。烫发广泛采用的是冷烫法，根据发型的不同，可选择不同的烫发芯进行卷发。染发有四种类型。一是挑染法，先将橡皮帽戴在头发上，再用钩针将头发从橡皮帽的小眼中分别挑出来进行染色，洗后效果自然，有明显的线条感。二是块染法，将染发剂整片涂抹在头发局部，使之呈现块状的特殊造型。三是挑染法，将需要强调线条效果的发丝染色，以增强发型的线条及立体感。四是点染法，这种染法一般不规则，没有一定的染发方向或顺序，发型需突出哪里，就在该部位点上染发剂即可。

完美的发型是圆润饱满的，在修剪前需要找到这些高点以方便操作，它们分别是中心点、前顶点、头顶点、黄金点、后脑点。剪发前应将头发分为几个区域，以此来缩小修剪空间，达到修剪的准确性。在分出的区域内再细分出发片，形成能精确修剪的层次。还要思考其轮廓、纹理、结构，并完成分区、分缝线、提升角度、提拉方向、手指位置、剪刀位置和决定设计线等几项工作。在几何分区中，三角形分区的发量最少，梯形和半弧形的发量适中，而方形区的发量偏多，因此根据顾客发量的多少来综合性决定分区的划分是非常有必要的。前区的修剪重点在于前刘海，它在整个发型中起到画龙点睛的作用，也决定了整个发型的成败，因此在修剪时要仔细到位。

（四）轮廓调整与定型

构成发型的轮廓有四种基本类型，分别为固体型、边沿型、渐增层次型、均等层次型。固体型的结构是外圈发短，内圈发长，头发长度均在同一水平上。固体型发型和多数发型的轮廓有许多相似之处，如接近尾部的形状与头部曲线相似等。固体型发型也可沿水平线、倾斜线或曲线在不同位置上进行修剪。边沿型的发型形状近似三角形，可通过修剪边沿层次加强轮廓宽度。渐增层次型的发型有许多种不同的形状或轮廓，从根本上说，它的形状是被拉伸的。其结构一般而言是内圈较短的头发延伸到外圈较长的头发，这样会显得头发较短的内圈比较丰满，同样也是渐增层次型的特点。渐增层次形的纹理是活动的，其发梢清晰可见，不互相叠加。大多数渐增层次形在修剪时，由于头发是顺着头部曲线扩散出去，会形成一种轻叠的效果。均等层次型的发型特点是头部呈曲线平行的圆形，其结构为均等层次中头发的长度都是相等的，一般在短到中等长度头发上运用居多。均等层次型发型的表面纹理通常具有活动性特征，因此在修剪轮廓时要注意头发的修剪量。

头发的定型是利用吹风机、卷发棒、化学药剂等定型产品使头发的形状固定。发型会因为风力或者头部出油等多种因素改变，若想要使它固定，就要借助一些定型方法，以此来延长定型时间。例如，日常生活中常见的定型流程是在清洗头发之后，利用卷发棒或发夹等工具。先将刘海或发尾卷起，再利用吹风机顺着想要的发型弧度吹干。这样吹干后的头发就已经基本定型，但保持时间较短。另一种定型流程是洗头后将头发吹至半干状态，适当涂抹发蜡、喷上啫喱或摩丝等定发剂，这时发型就会相对更加固定。最后再喷干胶对头发进行整体定型，并使用吹风机进行烘干，防止干胶未干，定型不佳等状况出现。

第四节　美发形象设计案例分析

中国素有"礼仪之邦""衣冠王国"的美称。数千年来，华夏民族创造了丰富的、令人叹为观止的精美发型。从某种意义上说，美发形象标志着一定历史时期内物质、文化、生活发展的水平。同时也是人类展示外貌、仪表的一种方式，一直备受人们的重视。美发形象设计是一门综合的艺术，它是完善整体设计效果中的一个重要的环节。发型设计的首要因素是头型、脸型、五官、身材、年龄等显性因素；其次是职业、肤色、着装、个性嗜好、季节、发质、适用性和时代性等隐性因素。从其种意义上讲，美发形象设计是隐形的语言，不仅可以展示一个人的民族、年龄、阶层和职业，而且可以表达出一个人的个性、穿着与品位。随着经济发展和生活水平的普遍提高，人们已经不再满足于过去纯粹地修剪头发，而是更多地追求时尚与个性。

　　本节主要介绍了日常发型形象设计、职场发型形象设计、晚宴发型形象设计、个性化发型形象设计四个模块。通过优秀图例来具体阐述不同场合下的发型设计与表达，并为美发形象设计者们的学习提供一些案例思考。

一、日常发型形象设计

　　日常发型因为实用性强，在日常场合中出现频率较高，因此常与日常妆容、休闲服饰等进行搭配，给人以自在、舒适的感觉。发型的实用性是指发型实际可使用的频率或相对简便的操作特性。在设计发型时，简单、便捷、易操作就成为发型设计中最先考虑的因素。在日常发型中，可根据头发的长短分为短发型、长发型。短发型通常是指头发长度在下颌角附近的发型，其特性是轻巧、随意。当短发型运用于女性发型之中时，通常能彰显飒爽、洒脱的魅力。长发型通常是指头发长度超过肩膀或长及腰背部，其特点是动感、飘逸，一般较能彰显女性柔美的气质。在日常发型形象设计中，长短、发量、发质、肤色与发色都会影响发型的美观。

（一）案例一

　　短发发型不仅减龄时尚，而且是一种百搭的发型。图4-30中左图的女性形象五官立体，眉眼比例协调。眉毛微微上挑，眼神锐利，鼻梁挺拔，嘴唇丰满，脸部线条感明显，是标准的鹅蛋脸型，整体偏向清冷的形象风格。在妆容上，唇部效果较为明显，纯正的红色搭配清淡眼妆，看起来更加冷峻，让人产生一定的距离感。该发型是比较经典的短发发型，发量比较充足，有种复古元气的美感。该女性发质柔软，发尾的些许弧度使整体硬朗的五官风格柔和起来。此外，肤色偏暖，适合深棕色系发色，前额没有刘海遮挡，显得自然而不拘束，既具有轻柔之感，又可以弥补脸型的不足。右图中的女性形象面部柔和圆润，无明显棱角，五官精致，眉毛平直，眼睛大而明亮，鼻梁挺拔，嘴唇偏薄，脸型是较为标准的瓜子脸。在妆容上，整体妆容色系以自然色系为主，不仅保留了原始五官的特点，而且突出了眉眼的优势。唇色为裸色，唇部没有过多的修饰，是典型元气少女的唇妆风格。该发型为短发发型，发量及发质适中，两侧头发较为服帖，但有一定的弯度，搭配空气刘海增加可爱俏皮感，整体形象具有灵动明朗的通透之感。肤色偏冷色调，较适合黑色等深色系发色。

图4-30   日常发型形象设计案例一

（二）案例二

图4-31左图中的女性五官立体，轮廓线条柔和，鼻梁挺拔，嘴唇饱满，脸型是标准的瓜子脸。在妆容上放大了五官的量感，睫毛浓密且纤长，橘调的口红多了一些暖意。该发型是在长发的基础上进行了一些变化造型设计。通过采用编发的方式使整体发型风格更加轻松、随意。麻花辫发型作为一种常见的、不易过时的发型，给人一种纯真烂漫的感觉。左图中的女性肤色偏暖，适合栗色系发色，该款发型适合发量稍多者，头发长度须达到肩部以下才能够准确塑造。右图中的女性五官精致小巧，脸部线条柔和，整体具有一定幼态感。眉毛自然弯曲，眼睛轮廓清晰，嘴唇上薄下厚，脸型为瓜子脸。整体妆容色系以橘色调为主，淡橘色眼影小面积晕染眼部，与整体风格协调搭配。该女性的暖调肤色与棕色系发色也与这一妆容适配度较高。"丸子头"发型是广受年轻少女喜爱的潮流发型之一，通常适合发质柔软，发量适中的女性人群。丸子发髻搭配俏皮发饰展现了其清纯可爱的活泼之感，发际线处不规则碎发的随意修饰也时刻散发着无限魅力。

图4-31　日常发型形象设计案例二

二、职场发型形象设计

　　人们会根据职业、个人气质来选择不同的发型。职业发型的整体表现是比较简单的，不同的发型能够体现出不同职业的特点。各行各业都有自己独特的工作内容和工作环境，若想要打造一个美观的职业形象，那么发型是不能忽视的重点之一。对于职业女性来说，也许会在"美丽"和"职业化"两个标准之间摇摆挣扎，但只要注意了一些基本的形象原则，"美丽"和"职业化"就可以兼得。

（一）案例一

　　短发发型有着易打理的特点，对于职场女性来说也多了几分干练的美感。图4-32左图中的女性形象面部柔和圆润，脸部轮廓流畅，五官明朗，眉眼比例协调，脸型是标准的鹅蛋脸，整体形象风格温婉大气。在妆容上以大地色系为基调，眉毛比发色浅一度，单色眼影晕染眼部，无过多装饰。唇色偏橘色调，整体妆容呈现出一种自然通透的裸妆感。该发型自然微卷且蓬松，发量充足，发质柔软，线条流畅，中性肤色搭配棕色发色适配度高，辅以微微内扣的发尾，不仅凸显个人气质，更可以修饰脸型，同时还可以兼容很多穿搭风格。右图中的女性形象五官立体富有个性，棱角较为明显，眉眼比例和谐，鼻梁紧致挺拔，嘴唇精致小巧，整体偏向于清冷的形象风格。在妆容上，色系以自然色调为主，棕色眼影小面积晕染眼部。眼部作为妆容的重点，加大睫毛的存在感，睫毛纤长浓密。唇色为橘红色，与眼部妆容相适应。该发型线条清晰，长度比较修饰脸型，适合圆脸、方脸的职场女性。发量适中，发质硬挺，塑造性较强，深棕的发色与整体风格匹配，刘海的存在削弱了清冷的感觉，增添了一丝甜美。

图4-32　职场发型形象设计案例一

（二）案例二

职场女性中的披肩长发可呈现出女性柔美清新的气质，尤其是当蓬松且具有层次感的长发随意散落时，可营造出职场女性知性、洒脱、干练的美感。例如，长卷发给人以浪漫、优雅、热情、妩媚的印象。由于发长足够，发型非常适合用于表现各种类型的卷发。图4-33左图中的女性形象五官立体，轮廓线条柔和，鼻梁挺拔，脸型是标准的瓜子脸。该发型的主要特点是头发的蓬松感和刘海的弧度，慵懒、宽松的卷度打造出了温柔、优雅的高级发型。线条简单，波纹平淡自然，发型优美，大方端庄，彰显了女性的柔美气质。搭配深色系、棕色系、茶色系发色更显质感，自然百搭，不挑肤色。但由于卷发在体积上有视觉膨胀感，因此，不适合头型过大、身材矮小的女性。右图中的女性形象五官棱角较为明显，眉眼比例协调，是标准的鹅蛋脸型。该发型的特点给人干净利落的印象，自然且易于打理，能体现出健康的发质效果。垂直的长发给人以端庄、流畅、清纯、淑女的印象，是最能体现女性发质柔顺感、飘逸感的发型。对于性格比较内向安静的女性而言，这样的发型能够展现其文雅气质。但由于垂直长发在视觉上有纵向拉长的效果，因此不适合头型、脸型过长的女性。

图4-33　职场发型形象设计案例二

三、晚宴发型形象设计

晚宴发型是一种社交场合下的发型，其形态主要是由服饰与环境决定的。晚宴发型的选择通常要与服装、妆容等相匹配，需要根据人物的整体形象特征来设定。如何在不同的环境下选择合适的发型，并根据晚宴特点将发型的魅力表现出来，这是需要形象设计师对设计对象进行综合考量评估后进行的。根据晚宴发型的特点一般可分为卷发型和盘发型两种。

（一）案例一

卷发型的曲线是动感极强的线条，一款浪漫优雅的长卷发经过别致的造型，可展现出极具魅力的风采。图4-34左图中的女性形象五官明艳大方，眉眼比例协调。眉毛微微上挑，眼神锐利，鼻梁挺拔，嘴唇丰满，脸部线条感明显，是标准的鹅蛋脸。在妆容上，整体眼妆体量感十足，并且是整个面部妆容的亮点，眉型清晰，眉峰上挑，并与眼角上挑的眼线相呼应。该发型是波浪形长发，具有一定的规律曲线，这种长距离的曲线可形成发型的韵律感和节奏感，给人以柔和、优美的感觉，并与高挑身材的女性配合效果最佳，体型丰腴者忌用。较适宜表现柔美、轻快、浪漫风格的形象。右图中的女性形象五官精致小巧，轮廓清晰，干净利落的眉眼具有较强的识别性，属于方圆脸型。在妆容上，眉形自然，不过分突出眼部，以大地色系为主，用单色晕染眼睛上部，眼线自然延长，睫毛纤长且浓郁，微微的烟熏妆与波浪长发搭配，复古大气。该发型是中发型波浪卷发，与长发有所不同，由于波浪距离稍短，曲线清晰而有规律，给人以成熟的魅力。采用侧分发线，效果更加清爽、雅致。发质较好，富有光泽，黑色发色与复古红唇相适配，可适用于典雅风格形象设计。

图4-34   晚宴发型形象设计案例一

（二）案例二

晚宴一般都需要较为正式的发型，除卷发发型外，盘发发型同样非常适合晚宴等场合。图4-35左图中的女性形象脸型为鹅蛋脸，五官体量感较强，鼻梁挺拔，嘴唇丰满，颧骨突出，脸部线条感明显。在妆容方面，眼妆是整个妆容的亮点，运用了比较立体的假睫毛造型，搭配浅色美瞳，使整体妆容偏向欧美风格。该发型是晚宴等场合中出镜率较高的"花苞头"发型，整体的头发呈现出高耸的发顶以及盘发效果，无刘海的发型设计配上无瑕的裸妆妆容，使整个人看起来十分干练大气。这款俏丽清爽的气质盘发发型，加上精致的妆容与浅色系礼服更显得时尚且有气质。右图中的女性形象柔和圆润，面部线条流畅，无明显棱角。五官精致小巧，眉眼比例和谐，眉毛细长，是标准的柳叶眉。在妆容方面，整体较为淡雅，眼妆部分采用橘色晕染眼睛下部，延长至眼尾，非常具有特色。同时搭配豆沙色口红，彰显优雅的气质。该发型是适合中长发的晚宴发型，是一款将整体头发周边进行编发、盘发设计的低挽发盘发发型，搭配绿色礼服裙，晚宴造型端庄优雅。略微偏分的刘海等于一个分割点，将其脸型修饰得更为立体分明。中线与鼻子连成一线，可在视觉上拉长脸型。最后在盘发的侧边戴上精致小巧的发饰，凸显高贵端庄的气质。

图4-35　晚宴发型形象设计案例二

四、个性化发型形象设计

发型具有流行与个性两种明显的特性，它与人们的生活节奏、物质水平有着直接的关联。在物资缺乏的年代，人们对发型除了规矩、整齐以外，几乎没有更多的要求。而在经济发展迅速，社会稳定之时，人们对发型的要求则越来越高，除了时尚、美观以外，还要强调个性化。个性是指一个人在思想、性格、品质、意志、情感、态度等方面不同于他人的特质。个性化发型形象设计是快速提升整体形象的重点。是针对个人特色，区别于日常及他人的发型设计。发型是每个人的第二张脸，也是整体形象设计的重点。因此必须要认真打理，才能进一步将个人美展现出来。

（一）案例一

色彩的表现力能为发型增添魅力，使发型展示出更为强烈的视觉效果。同时又能衬托出肤色和服装的亮点，使整体形象在色彩上浑然一体。图4-36左图中的女性形象五官立体，眉眼比例协调，面部线条流畅，是典型的鹅蛋脸。在妆容方面，眼妆以自然通透风格为主，大地色系的眼影加深眼部的轮廓感。唇妆是整个妆容的重点，砖红色口红与发色相呼应。搭配红色千鸟格服装，整体风格统一，个性十足。发色光泽、发量适中，加上红色的挑染，使整个发型更加出挑。右图中的女性形象是典型的瓜子脸，眉毛微挑，眼睛明亮，鼻梁挺拔，嘴唇丰满，脸部线条感明显，偏向清冷的风格。在妆容方面，眼妆部分是整个妆容的重点，运用蓝色、绿色晕染眼睛上部，眼中点缀亮粉。眉毛微挑并与延伸的眼线相呼应。唇色偏橘调，与眼妆、发色进行对比，彰显个性帅气的一面。该发型是狼尾式发型，发型的轮廓为前短后长，尤其是后颈部位的头发，看起来像狼尾一样而得名。发尾漂染为蓝色，即是把"狼尾"部位染浅，并与上部的发色形成色差，增加发型的个性化与动感效果。这种发型属于男女通用的中性化发型，特别适合脖子细长，又喜欢个性化发型的人群。

图4-36　个性发型形象设计案例一

（二）案例二

发型色彩与其他设计色彩有一定的共性，但它又与人的发质、肤色、服装色之间有密切的联系。在运用时需要掌握一定的规律和技巧。图4-37左图中的女性形象是个性化发型形象的代表，在妆容方面淡化眉眼的存在，将眉色掩盖成肤色，突出唇妆的红，与发色进行呼应。该发型是一个"创意潮色公主切"发型，多层次的结构加之蓝、紫、橙色对比以及薄荷绿挑染，从复古风的发型转入一个色彩斑斓的发型色彩世界中。公主切发型是在传统发型的基础上演变而来的，随着时尚流行的不断创新，也被创造着不同的发型造型。断层结构的发型是公主切最大的魅力。从"潮色公主切"发型中已经看不到"姬发式"的样子，只有大胆地创意，不断挑战着视觉感，才能带来完全不一样的体验感和冲击力。右图中的女性形象五官立体，富有个性，棱角较为明显，眉眼比例协调。眼部是妆容的重点，使用黄、橙、红等暖色调晕染眼睛上部，并与发色相呼应。弱化眉毛与唇部的色彩，均呈现为裸色。该发型为"创意潮色刺猬头"，是将头发剪碎，打理成刺猬的风格样式，发型充满了层次感。整个发色偏向暖调，黄色、橙色、红色等进行分层渐变。斜切刘海，打破厚重感。

图4-37　个性发型形象设计案例二

本章小结

　　学习了解发型在形象设计中的地位与作用。发型不仅可以展现出一个人的精神状态，还能反映出人们对于时尚风格的追求；不仅可以更好地展现面部妆容，同时也为服饰风格增加亮点。发型是一种造型艺术，它以其独特的美影响着人们的文化生活，是人们美化自身、表现自我的生活艺术。

通过对发型形象设计基础知识的学习，深入探究发型形象的塑造要点。发型塑造一般是对人物的头部施以矫正和美化的技法，其主要依据包含发际线、脸型及五官比例结构、头部毛发结构三个方面。

通过对头发的分类与护理、美发工具与发饰的选择、塑造美发形象等基本步骤方面的学习，使学生在实践中加深对美发形象设计基本方法的认知与理解，以达到最佳学习效果。

美发形象标志着一定历史时期内物质、文化、生活发展的水平，同时也是人类展示外貌、仪表的一种方式，历来受到人们的重视。决定发型设计的首要因素是头型、脸型、五官、身材、年龄等显性因素，其次是职业、肤色、着装、个性嗜好、季节、发质、适用性和时代性等隐性因素。

思考题

1. 简述发型在形象设计中的地位与作用。
2. 塑造发型形象的基本步骤有哪些？
3. 根据不同案例分析其发型特征。

第五章
形象设计与服饰造型

课题名称：形象设计与服饰造型

课题内容：1. 服饰在形象设计中的地位与作用

2. 服饰形象设计的基础知识

3. 服饰形象设计的基本方法

4. 服饰形象设计案例分析

课题时间：12课时

教学目的：通过形象设计中服饰造型内容的学习，使学生全面了解服饰在形象设计中的地位与作用、服饰形象设计的基础知识、基本方法以及相关案例分析。

教学方式：1. 教师PPT讲解基础理论知识。根据教材内容及学生的具体情况灵活制订课程内容。

2. 加强基础理论教学，重视课后知识点巩固，并安排必要的练习作业。

教学要求：要求学生进一步了解服饰在形象设计的具体表现、掌握基本方法、针对不同案例进行分析与总结。

课前（后）准备：1. 课前及课后大量收集服饰形象设计方面相关素材。

2. 课后针对所学服饰形象设计知识点进行反复思考与巩固。

服饰作为视觉艺术的一门分支，其美学价值给人们留下了深刻印象。它不仅是一门新兴的、综合性的应用学科，而且与美学、形象设计学、哲学、社会学、公共关系学、心理学、伦理学等密切联系，是综合学科交叉发展下的产物。科学的服饰造型会给人以美的感受，并且强调服饰与年龄、体型、肤色、职业、时间、场合以及发型、妆造、个性风格等方面因素的和谐一致。服饰形象可以分为广义的服饰形象和狭义的服饰形象。广义的服饰形象不单是指简单由服装塑造的形象，还包括妆发、饰物等共同塑造装饰的人物形象。这与人们通常说的外观形象内容相同，因此也称为外观形象。人的外观形象主要包含容貌、体态和服饰穿戴，是一个人内在素质的外在表现，是作为身体的、心理的、社会的综合反映。例如，人们会通过服饰外表满足自己的审美需求，同时还会追求服饰所带来的某种社会地位等。通过一定的复杂关系呈现，可将服饰和人体相结合，从而共同形成一个完整的服饰形象。狭义的服饰形象通常指的是人们穿戴服饰后所形成的形象，它不包括外在的人体"装饰"，仅仅是指服饰这一概念。由此可见，狭义的服饰形象是个体通过服饰的选择和穿戴后形成的形象。服饰造型设计师应积极倡导内外相统一的和谐之美，遵循"以人为本"的原则，为个人进行形象策划。依据人物的脸形、体型，将服装款式与色彩、人物形体与仪态、人物气质与个性三者完美结合。并融合心理学等相关理论，对个体人物的色彩偏好、兴趣、风格气质等特质进行准确定位。挖掘人物身上的独特气质，与外界对应的个体特征进行点对点的碰撞，从而引起内外共鸣。

第一节　服饰在形象设计中的地位与作用

服饰是流动的时尚风景，也是一件赏心悦目、不断更新的艺术品。常言道："人靠衣装"，它是指人物形象设计不仅要靠发型设计、化妆设计等来美化，还要靠服装和饰物来美化。服饰造型的设计与搭配无疑是人物形象设计中最为重要的内容，它是人类不可或缺的生活用品。从服装式样、质地、色彩等方面可以判断出一个人的社会地位、民族、职业，甚至个性、喜好等。设计者可以通过服装多个方面的变化给人以不同的美感印象。从古至今，服饰都是被看作美化个体、创造整体形象美感的重要手段。形象设计师们可以通过服装的款式来衬托优美体型，也可以用其来掩盖或矫正形体上的缺憾，或以服装的色彩和韵律来表现外在美感和气质风度的内在美等。

一、服饰在形象设计中的地位

服饰有其强大的实用功能。其一为调节体温，遮风挡雨，具有一定的保暖作用。其二是社会功能，自从人类有了羞耻心，服装就开始用于遮掩人体。人类在保持自尊的情况下才能参与正常的社会生活。随着社会的发展，服饰已经成为人们展现特殊身份地位的重要媒介。其三是职业功能，如工作服、运动服等被看作一种职业的特殊标志，或者在某些特殊职业工种中起到保护作用。服饰在人们日常生活中、职业活动中和展示自我个性需要中发挥着不可忽视的作用。

（一）日常生活的需要

服饰是人们日常生活中的必需品。随着生活节奏的加快，休闲活动成为消除疲劳、紧张的最好途径。由于休闲场合划分范围较广，因此休闲服装也就相应地衍生出多种风格品类。休闲服装更多体现了人们渴望回归大自然的生活理念，并从服装的面料、款式上体现了与人体之间更加亲密、坦诚、自由、从容的特征，它是新时尚、新观念的服饰语言。在日常生活中，服饰穿着目的通常以轻松、舒适为主，适合大幅度的劳动、休息等。这时，服装更多地会选择棉麻等透气面料，颜色清爽柔和，与人物心境形成一致。在外出游玩时，服饰就会偏向于强调功能性，例如，外出旅行时最适宜穿着运动式便装，这样更有利于跋山涉水。款式上要便于穿脱，以适应体温的变化。色彩上要鲜艳明亮，符合舒适地放松心情。配饰可选择遮阳帽、旅游鞋，轻便结实，行走自如（图5-1）。日常生活服饰不必太过张扬，也不一定要盲目追随时髦，应在符合大众审美的同时拥有自己的个性，表达出自己的风格。

图5-1　男士户外服饰

（二）职业活动的需要

职场是服饰呈现标准化、制服化的场所，在着装方面具有一定的目的和要求。既有必要的装饰性与机能性特征，又有必要的材质、色彩、附属品等。如果说日常生活着装追求的是闲适、随意的感觉，那么职业着装所要体现的应是职业感、专业感及获得他人尊重的体验感。炼钢工人的工作服（图5-2），是用白帆布作面料，本白色不仅可以起到反射作用、防止热辐射的过多侵害，而且具有防火功能。款式多采用夹克式样，廓型相对宽松利落；炼钢工人脖间时常围裹白毛巾，既方便擦汗，又能有效防止钢水溅入身体。职业活动的服饰不仅为了装饰，更是为了增加职业信任度。在被细分化的现代社会中，职业装所应用的范围极广，如政府机关、学校、医院、企业等领域。从服饰的精神性来看，职业着装必须有利于树立和加强从业人员的职业道德规范，培养敬业爱岗的精神。穿上职业服饰就要全身心地投入工作，增强自己的工作责任心和集体感。从职业装的艺术性来看，职业装设计师需要统筹考察，研究职业着装的场合、职业性以及心理、生理等方面的需求，并结合色彩、材料、工艺、流行等因素美化个人职业形象。优雅的工作场所、时尚得体的职业装，再加上标准规范的亲切服务，是服务行业完美统一的艺术形象。通过职业装形象美的传递可以提升行业的知名度、增强企业的凝聚力等。

图5-2　炼钢工人（右图为艺术家广廷渤的油画作品《钢水·汗水》）

（三）展示自我个性的需要

服饰是个人形象最直接的反映，也是人们展现自我的途径。生活中掌握一定的服饰搭配技巧，可以形成独特的个人着装风格，也是表达自我个性的有效途径。在服饰形象设计中有一个非常重要的组成部分，即"个性包装"，也就是指个性化形象设计。其目标就是高度重视个性美的显现，注重内在美与外在美的和谐统一。当内在气质个性与外在物质装饰和谐一致时，就会实现独特的审美价值。例如，同一件衣服穿在不同的人身上就会呈现出不同的效果。有的人穿得好看，有的人穿着不合适。每个人都有自己的风格，无论是高矮胖瘦，只要找对适合自己的色彩、风格及款式，就能展现出独特的个人魅力。由于审美具有多样性特征，因此也会使服饰衍生出多种不同的风格。它们的出现可以满足多样化穿着场所、多样化穿着群体、多样化穿着方式，从而展现出不同的个性魅力。如一些夸张、暗黑、怪诞的解构主义风格、欧美街头嬉皮士风格、甜美的洛丽塔风格等（图5-3）。喜爱这些服饰风格的人群性格通常或安静、或狂热、或叛逆、或充满艺术性等，他们通过外在的、无声的服饰语言向社会大众表达着自己的个性审美。

图5-3　不同形象风格的服饰

二、服饰在形象设计中的作用

服饰是装饰美化人物形象的手段，它包含了突出人物优点和遮掩人物缺点的功能。人们在日常生活中经常会听到"竖条纹显瘦、黑色显瘦、高腰裤显腿长、厚发箍显脸小"等说法，其实这些言辞恰恰反映了服饰在形象设计中的作用，即"扬长避短"。这时，服饰搭配无疑就是最为简单、有效的方法。

（一）突出优点

服饰可以展现人们不同性别、不同年龄阶段的魅力。就女性群体而言，不同的年龄与体型、其个性气质也会存在些许差异和变化。饱和度较高的服饰色彩可以衬托年轻女性纯真可爱的个性特征；选择面料较为硬挺的套装则更适合成熟女性展现端庄大方的气质魅力。在服饰搭配中，饰物发挥着越来越重要的作用，尤其是在女性穿着中，饰物更是起到了锦上添花、画龙点睛的作用。一顶漂亮的帽子、一串别致的项链、一枚精巧的别针等饰品都可以使自己从众人中脱颖而出。

对于女性来说，理想且标准的体型是X型，俗称"沙漏型"。这类女性通常身材高挑、曲线优美，能够通过服饰传递出自己优雅动人的一面。因此，无论穿着哪种款式的服饰都能恰到好处地展现出自己的优点，高级时装设计师们常以这类体型作为标准来进行设计创作（图5-4）。这类人群本身也往往具有浪漫、活泼、高雅的风格。可选择的款式也较为广泛。

图5-4　以"沙漏型"体型为标准的服装

（二）掩饰缺点

世界上没有完美的体型，每个人的体型都会存在或多或少的缺憾。学会利用线条、色彩、面积等视错原理修饰体型是掩饰体型缺憾的重要手法。就Ｖ型女性体型而言，肩宽、胸部过于丰满，下半身过于消瘦会使人显得较为矮胖，给人一种沉重感。若想要显得高挑、轻盈一些，则需要在着装方面选用有后退感的冷色调；款式不可过于肥大、宽松，应避免选择泡泡袖等凸显上半身轮廓的款式。下装则适合浅色系多褶裙装或裤装，以达到上下平衡的视觉效果。Ａ型体型的女性一般胸部较平、肩部较窄、腰部较细；部分人群腹部突出，臀部过于丰满，大腿较为粗壮，下半身重量相对集中。因此，在服饰选用原则方面与Ｖ型体型的人群大致相反。应采用较为强烈的服饰色彩，将装饰重点聚焦于上半身，增强肩部轮廓感。下半身可选用线条柔和、质地薄厚均匀、色彩纯度较高且偏深的裙装或裤装。也可搭配一条较窄的皮带进行分隔，上下身服饰色彩反差不宜过小，这样才能造成视觉体形上的匀称效果。Ｈ型体型的人群上下身较为平直，腰身较粗，整体上缺少三围的曲线变化。应通过颈部、臀部和下摆线上的色彩细节来转移对腰线的注意力。在服装款式选择方面，应尽量制造腰线，从而在视觉上产生Ｘ型感官效果，使身体外形线条呈现一定弧度。在Ｈ型肥胖体型的人群中，胸围、腰围、臀围等横向宽度数值较大，因而服饰长度也必须相应地增加。不同的体型有着不同的特征，在进行服饰形象设计时，必须综合考虑这些要素并科学地加以修饰。

（三）建立个人形象风格

每个人都有独立的个性，不同的个性会反映出不同的服饰形象风格。风格特征的体现需要与服饰造型、配色恰当地结合，才能使其特性得到准确展示。每一类服饰风格都有着不同的造型特点及配色规律，它们之间具有不同的表现方式。既是共通的，又是可以相互借鉴的。例如，森系风格通常泛指崇尚自然、气质温柔、喜欢穿着棉麻服饰的女性（图5-5）。"森系女孩"往往身材娇小可爱，脸型圆润乖巧，因此穿着森系风格的服饰时，会更加凸显其清纯的外表和返璞归真的个性。再如，极致简约的职业风格，往往会受到都市白领们的青睐。这类人群往往追求简洁、理性的生活秩序，并且认为人的体型就是最好的廓型。此类风格的服装不需要过多烦琐的装饰，服饰色彩也如同人物心境一样平淡随和，没有跳脱的图案与复杂的剪裁，但这种精心设计的廓型需要通过精致的材料、精确的板型和精湛的工艺来实现。

图 5-5　森系形象风格

第二节　服饰形象设计的基础知识

　　在社会经济快速发展的进程中，外在形象审美与内在精神凝练成为人们生活中的核心诉求。因此，如何使用多样化审美元素或媒介；如何确保在人物形象塑造中切实地发挥效能等问题逐渐成为各个领域关注的焦点。在不同的社会文化情境中，服饰成为社会审美的主要载体，继而呈现出特定的文化现象。服饰主要有三大要素，即造型要素、面料要素和色彩要素。作为社会文明的体现，有关服饰文化价值观多样化发展趋势日渐明显，不同服饰间彼此的包容和融合机制也逐步形成，进而满足了人们对于个人形象审美的诉求。服饰形象设计的基础知识主要包括服饰与人物形象设计的关系、服饰形象的分类与特征、服饰形象与色彩识别、服饰形象设计与肤色、服饰形象设计与发色、服饰形象设计与体型。

一、服饰与人物形象设计的关系

　　正确理解服饰与人物形象设计之间的关系是服装设计师、形象设计师的基本功课之一。只有确保能够以正确的视角去看待这两者之间的关系，才能够更好地在本职工作岗位上发挥自身效能。主动思考服饰的多维度属性与形象塑造之间的关系，营造形象设计的情境和氛围，架构更加理想的形象设计机制，确保自身形象设计的能力和素质可以不断提升，这样才能够进入到更加理想、生动的设计格局之中。

服饰对于人物形象设计的影响主要集中体现在三个方面：其一，服饰可以使得个人魅力得到提升，使个人气质得以呈现。让服饰成为表达自我的语言，使其在形象和气质塑造中发挥效能。依照服饰来界定妆容、发型等方面，这样不仅可以扬长避短，而且可以将自己更好的一面呈现给大众。其二，服饰可以使行为主体的自信心得以塑造。穿着合适的、符合社交诉求需要的服饰，往往可以帮助行为主体迅速地打开交互局面，架构人与人之间的沟通桥梁，增强情感交互。其三，借由服饰塑造内在形象美。日常生活中人们需要对自己的举止行为进行管理，这样才能够很好地呈现内在修养和文化素养。

妆容形象隶属于人物形象设计中的重要分支。依靠妆容形象的塑造，可以更好地展现人们的面部情绪与着装风格。尽管面部妆容塑造有着较强的表现力，但依然要与整体形象设计相关联，这样才能形成和谐、统一的视觉关系，发挥相互衬托的作用。在塑造整体人物形象时，形象设计师还需要综合考虑人物的五官比例及特征，由此更好地将其融合至服饰风格之中。发型设计也是形象设计中的关键点，其同样与整体造型、服装、色彩之间存在密切的关系。在此过程中需要关注的重点主要有两个方面：一是发型具有实用性与审美性的特征。形象设计师可在塑造发型的过程中为人物不断挖掘新形象，以达到更好的视觉效果。此外，还需要考虑年龄、职业等因素，并思考其在日常生活中的实用性原则，发挥发型的实用效能。二是发型与人物条件之间存在着特定的关系。每个人的头型、脸型、体型、比例关系都有所差异，此时就需要依照这些差异点选择合适的发型。因为造型的主体结构是由不同轮廓、不同线条、不同版面构成的，所以要确保与其形成融洽的关系，呈现个性独立的一面，以便达到求异的诉求。

人体结构与服装造型之间存在着密切的联系。一般来讲，A型体格人群进行服饰色彩搭配时可采用"色彩弱化法"，即推崇"深色收敛，浅色膨胀"的原理。H形体格的人群应注意对腰部进行收紧设计，强化肩部与臀部。O型体格的人群应当对腰部进行放松设计，从胸部开始进行放松，弱化腰部线条，突出腿部线条。Y型体格的人群应当尽量避免对肩部进行夸张设计，最好选用插肩袖、蝙蝠袖、蝴蝶袖等服装款式元素，以达到弱化肩部的目的。只有结合自身的体型，选择合适的款式，这样才可以规避不足，展现优势。

人在成长过程中，其生理、心理、容貌、体型都在不断地变化。因此，在进行形象设计时，需要充分地了解人物本身的年龄、性格等多方面要素，从而选择符合他们年龄特点的服饰，只有这样才能够更好地展现出个人形象。服饰与人物性格之间存在着一定的关联，其中色彩就是直观反映其性格倾向的重要指标之一。在社交生活中，不同的服饰色彩代表了不同的社交态度，穿着不同的服饰色彩也会给人以不同的性格印象。例如，黑色代表稳重内敛；白色代表纯洁无瑕；橙色、红色代表热情大方；绿色、黄色代表活泼开朗；紫色代表浪漫优雅等。服饰色彩的选择不仅是个人审美意识的表现，更是个人性格的集中体现。

二、服饰形象的分类与特征

服饰形象不同于一般的形象特性。它是通过妆容、发型、服装、配饰等方面共同塑造出的形象。服饰形象等同于外观形象，它是一个人内在品质的外在表现，也是对身体、心理、社会形象等方面的综合表达。服饰形象是一种个体借由服装的装饰和穿搭所形成的形象。不同服饰形象包含了不同的服饰风格。其中，服饰风格是指服饰整体外观与精神内涵相结合的表现。它带有设计师明显的个性特征，通常以服装造型、色彩、面料、搭配方式等为表现形式。风格是指艺术作品在整体上所呈现出的，且具有代表性的面貌。它不同于一般的艺术特色，有着无限的丰富性。从某种意义上来说，服饰形象是来源于多元化的艺术风格，具有不同的艺术特征。对形象设计师而言，塑造不同的服饰形象是其在创作过程中基于对人物本身的充分理解，而后逐渐形成的一种个性表达。一方面形象且准确地对客观事物进行了艺术描摹；另一方面是在长期创作过程中所形成的个人服饰形象风格。有关服饰风格的种类有很多，一般可分为休闲运动风格、优雅经典风格、新潮前卫风格、民族风格、中性趣味风格等。

（一）休闲运动风格

休闲风格与运动风格较为相似，具有轻松舒适的风格特征，是不同年龄层人群在日常生活中的必备选择。在款式细节方面，休闲风格服装并无太明显的指向性，时常运用点、线、面等设计手法，通常以三者多重交叠的形式展现，如文字图案、动植物图案、缝迹线装饰等，以此来凸显休闲风格服装的层次感。休闲风格服装多以天然纤维面料、全棉、麻织物等为主，通过不同肌理效果的多元化运用来体现休闲风格的多变性。在款式细节方面，连帽款式、个性化的领部、袖部款式都是休闲风格服装中较为经典的设计亮点。此外，拉链、门襟、口袋、纽扣的设计变化也丰富多变，如在帽边、领边、下摆等处运用尼龙搭扣、商标、螺纹、抽绳等款式细节。休闲风格的主要代表品牌较多，如美特斯·邦威（Meters Bonwe）、优衣库（UNIQLO）、汤米·希尔费格（Tommy Hilfiger）、拉夫·劳伦（Ralph Lauren）等（图5-6）。

（二）优雅经典风格

优雅风格在女性服装品类中较为常见，它是一种强调精致细节，凸显高贵气质的服装风格。其外观品质较为雍容华丽，款式廓型通常以S形为主，展现女性身材曲线与内敛优雅的成熟魅力。在服装款式设计构思方面，优雅风格服装通常不受形式限制，如连接式、点缀式等设计样式。一般采用较为规整的造型、分割线或少量装饰线进行设计，其中装饰线的表现形式多为线迹，或是工艺线、花边、珠绣等优雅风格。色彩选择十分广泛，主要以华美的古典色系为主。面料方面大多采用如绸缎、蕾丝、天鹅绒等高档品类。优雅风格服装领部造型多以翻领为主，廓型较为修身，分割线大多采用较为规则的公主线、腰节线等。优雅风格的服装品牌主要有克莉丝汀·迪奥（Christian Dior）、可可·香奈儿（Coco Chanel）等（图5-7）。

（三）新潮前卫风格

前卫服装风格是众多服装风格中最为离经叛道、变化万千的一类，其超前、怪诞的艺术形式常带给人们别具一格的视觉体验，也在一定程度上超出了大众审美的认知。这种对传统审美的颠覆与反叛，一方面丰富了服装风格的品类，另一方面也对经典美学标准做出了新的探索。前卫服装风格多采用夸张、强调的设计法则去表现服装廓型、款式细节、色彩及面料之间的关系。在面料选择方面，多采用一些较为流行、新颖的复合型面料，如人造纤维、涂层面料等。在款式细节方面，前卫风格的服

图5-6　休闲运动服饰风格

装为区别于常规风格的款式设计，设计师常运用不对称结构与装饰细节，例如，在衣领、衣身、门襟等部位采用左右不对称设计；通过在衣袖袖山、袖口、口袋等部位进行多种变化。在装饰手法上大多采用毛边、破洞、补丁等（图5-8）。如英国服装品牌薇薇安·韦斯特伍德（Vivienne Westwood），日本服装品牌川久保玲（Comme des Garcons）等都是前卫服装风格的代表。

图5-7 优雅经典服饰风格

图5-8 新潮前卫服装风格

（四）民族风格

民族风格服装是设计师将传统风格与现风格代进行有机结合而综合呈现的一种设计风格。设计师通常会借鉴某一民族服饰中的款式细节、色彩、面料、工艺、装饰等方面的元素，在汲取民族元素的同时，吸纳新时代精神理念，运用流行元素或新型面料及工艺加以设计，以全新的样貌突显民族风格服饰韵味。在民族风格服装类别中，汉服风、和服风、波希米亚风、吉卜赛风等都是以传统民族服饰为设计样本，通过一定形式的借鉴与变化彰显民族风格服装款式变化。民族风格服装一般会参照不同民族类别的服装特点选用不同的造型元素，如汉服风格服装款式较为宽松，较少运用分割线设计，主要以多层重叠为设计亮点，采用如中式立领、方领等局部设计，可以展现别具一格的民族风格之美，或是以喇叭袖、灯笼袖、中式对襟、斜襟、无门襟套头衫、袖口开衩、暗袋、流苏、刺绣、盘扣、镶嵌绲边等工艺加以装饰（图5-9）。

图5-9 民族服装风格

（五）中性趣味风格

作为年轻消费者最喜爱的服装风格之一，趣味风格的服装总是充满可爱搞怪的青春气息，一直是引领流行的潮流风向标之一。其中，趣味风格服装在廓型设计方面常以个性、夸张的造型出现，如通过夸张整体廓型或局部细节等来彰显可爱特质，或是运用不同类型的造型结构线进行视觉分割，如超高腰、超低腰、后开襟、泡泡袖、灯笼袖、荷叶袖等设计。意大利服装品牌莫斯奇诺（MOSCHINO）是趣味风格服装的典型代表之一（图5-10）。

三、服饰形象与色彩识别

服装色彩是以色彩学的基本原理为基础，在不同材质的面料上进行的颜色设计的一门艺术。从远古时代开始，用色彩来装饰自身就已经是人类最原始、最冲动的本能。服装的主色调给人的第一感觉，会

图5-10　中性趣味风格服装

给人留下非常深刻的印象，不同色彩的服装能体现出穿着者的不同的个性特征和内心情感。一般而言，服装的色彩不仅是指服装从里到外的色彩，还包括服装配饰的色彩。服装色彩搭配是一种语言，也是一门学问，它能反映出一个人的社会地位、文化修养、审美情趣，也能表现出一个人对自己、对他人以至于生活的态度。恰到好处地运用色彩来搭配服装，不但可以修正、掩饰身材的不足，而且能突出穿着者的特点。

若想色彩在着装上得到淋漓尽致的发挥，首先必须充分了解服装色彩的搭配原则。赤、橙、黄、绿、青、蓝、紫，构成了人们丰富的色彩世界。人们对色彩的情感体现是一种最普遍、最大众化的视觉形式，没有色彩的生活将黯然失色。色彩是世界性的，因为它表达的情感是人类能相互领悟的。它又是个性化的，因为它所展现的思想又是个人最独特的内心世界。服装色彩的情感语言就是色彩视觉通过形象思维而产生的心理作用，是服装本身固有的。它的色彩、形象会影响人们的情感，使本无生命的色彩反映出一定的社会属性和强烈的情感因素。其实色彩本身是没有情感的，它的产生只是一种光谱现象，而人们之所以能够感受到服装色彩的情感，是因为人类能在不同的服装色彩刺激下产生一定的色彩心理反应。

另外，人们的审美意识、习惯以及联想等诸多因素也给色彩披上了感情的轻纱。只要把不同的色彩放置在一起时，人们就会情不自禁地产生美妙的联想和情感上的共鸣。无论有彩色还是无彩色，都有自己的情感语言特征，哪怕是同一件款式风格的服装，选其中的一种颜色，当它的明度、纯度发生变化时，或者与不同的颜色搭配组合时，服装色彩的表情语言也就随之变化了。不同的人对不同色彩的感受总是与社会因素、性别年

龄、心理需求、场合差异、用途差异及色彩流行性等方面有关，是有规律可循的。

（一）暖色系服饰形象

暖色系一般包括红色、橙色、黄色等系列色彩。红色象征着生命、健康、热情、活泼和希望，能使人产生热烈和兴奋的感觉。红色在汉民族的生活中还有着特别的意义——吉祥、喜庆。红色有深红、大红、橙红、粉红、浅红、玫瑰红等，深红具有稳重之感，橙红、粉红相比之下就显得十分柔和，较适合于中青年女性。而强烈的红色一般比较难以搭配色系，通常会选用黑色或白色与其相配从而产生很好的艺术视觉效果（图5-11），当与其他颜色相配时要注意色彩纯度和明度的节奏调和。橙色色感鲜明夺目，有刺激、兴奋、欢喜和活力感。橙色比红色明度高，是一种比红色更为活跃的服装色彩。橙色不宜单独用在服装上，如果全身上下都穿着橙色的服装，则会引起单调感和厌倦感。一般橙色适合与黑、白等色相搭配（图5-12）。

黄色是光的象征，因而被作为快活、活泼的色彩，给人以干净、明亮的视觉感受。纯粹的黄色，由于明度较高，比较难与其他颜色相配。因此可以使用色度稍浅一些的嫩黄或柠檬黄，比较适宜运用学龄前儿童的服装配色，显得干净、活泼、可爱。体型优美、皮肤白皙的年轻女性适合较浅的黄色面料，穿着这一色系的服装会显得文雅、端庄（图5-13）。黄色色系是服装配色中最常用的色系之一，它与淡褐色、赭石色、淡蓝色、白色等相搭配，往往能取得较好的视觉效果。

图5-11 红、黑、白色服饰搭配

图 5-12　橙、黑、白色服饰搭配

图 5-13　嫩黄色服饰搭配

（二）冷色系服饰形象

冷色系一般包括蓝色、绿色等系列色彩。蓝色有稳重和沉静之感，适合团体活动时所穿着的颜色。绿色色感温和、宁静、青春且充满活力。近年来"绿色"概念深入人心，可以使人们联想到绿色的自然与环保理念等。绿色也是儿童和青年人常用的服装色彩，其配色相对较容易，特别是花色图案中的绿色更适合与多种色彩的面料相搭配。在搭配绿色的服装时要特别注意利用绿色的系列色，如墨绿、深绿、翠绿、橄榄绿、草绿、中绿等色系的呼应搭配（图5-14），尽量避免大面积地使用纯正的中绿，否则会出现视觉单调的效果。可以尝试加入一些灰色进行中和，达到安静、祥和的氛围，如同暮色中的森林或晨雾中的田野一样朦胧和惬意。蓝色是浩瀚的色彩，广博的大海就是呈蓝色的，无论浅蓝色还是深蓝色，都会让人联想到无垠的宇宙和天空，因此，蓝色也是永恒的象征。蓝色还会使人联想到广阔的天空和无边无际的海洋，它象征着希望。天蓝色用到服装设计中代表的是一种平静、理智与透净。紫色是高贵神秘的颜色，略带忧郁的色彩，让人过目难忘，紫色还代表权威、声望、高雅和魅力。在中国传统色里，紫色是尊贵的颜色，如北京故宫又称为"紫禁城"，亦有"紫气东来"的成语。紫色充满了浪漫和神秘，让人遐想和回味。暗紫色服装加入少许白色配饰，就会成为一种十分典雅、柔和的搭配。而加入更多白色的淡紫色显得含蓄、动人。紫色和蓝色的搭配在彰显

图5-14　绿色系服饰搭配

高贵的同时会给人孤寂感，所以在配饰上加入一点暖色效果会更佳。紫色还是代表着内心矛盾和不安的颜色，例如，高纯度的红色和紫色的组合就会给人带来复杂、矛盾的心理感受（图5-15）。

图5-15　紫色系服饰搭配

（三）无彩色系服饰形象

　　无彩色通常指黑、白、灰色，在心理上、情感语言体现上与有彩色具有同样的价值。黑白灰所具有的抽象表现力以及神秘感，似乎能超越任何色彩的深度（图5-16）。俄国抽象艺术家康丁斯基认为，黑色如同太阳的毁灭，意味着空无，像永恒的沉默，没有未来和希望。而白色的沉默不是死亡，而是有无尽的可能性。黑白两个极端色用在服装上总是让人感触到它们之间那种共性——经典、简洁和大气。灰色靠近鲜艳的暖色，就会显出冷静的品质。若靠近冷色，则变成温和的暖色派了。色彩在服饰搭配中起着先声夺人的作用，它以其无可替代的性质和特性，传达着不同的色彩语言，释放着不同的色彩情感，同时也起着传情达意的交流作用。情感对于色彩是一种艺术创造力，它能带给人不同的创意和联想。白色象征着纯真、高雅、稚嫩，给人以干净、素雅、明亮的感觉。

白色能够反射出明亮的太阳光，而吸收的热量较少，是夏天比较理想的服装色彩。白色是明度较高的色系，具有膨胀之感。黑色是一种明度最低的色调，也是一种具有严肃感和庄重感的色彩，常给人以后退、收缩的感觉。由于黑色吸收太阳光热能的能力较强，会增加穿着者的闷热感，因此不宜在夏天穿着黑色服装。总之，在进行服饰色彩形象设计时要充分利用色彩情感激起人们的视觉情感，从而更加美化人的形象和气质内涵。

图5-16　黑、白、灰色系服饰搭配

四、服饰形象设计与肤色

作为服装与人物形象设计合理搭配的重要关联，服装色彩不是孤立的要素，而是与很多其他因素结合在一起的。它与人物自然条件的合理应用，可以补充和修饰人物形象的先天不足，映衬出人物的形象气质。设计者要根据不同人的不同条件，对色彩进行有效的配置，必须遵循的基本原则就是适合人体。这意味着服装色彩与着装人体要有分寸地相配合，即服装色彩配置必须考虑肤色、发色、体型、年龄等，使色彩的表现力达到最优的效果，达到对人物形象的超越。考虑服装配色不能忽略人物的肤色，这点是服装色彩设计意识中的重要依据。服装色彩对人体肤色能起到美化的作用，不仅能增强人体肤色的色彩感观度，而且合理和谐的色彩组合常常能带来神奇的视觉效果，令人耳目一新。由于不同人的肤色存在着差异，如何能做到扬长避短，掩饰肤色的不足，就需要人们正确认识不同的肤色特性，合理地搭配好服装色彩，才能让服装整体造型更加生动，视觉更加完美。

（一）人体肤色的划分

1. 肤色的含义

人体的肤色是指人类皮肤表层因内部的黑色素、原血红素、叶红素等色素沉着因子影响所反映出的皮肤颜色。在对人的视觉观察中，肤色对人的整体影响主要是指脸部和脖子处显露的皮肤颜色，以此看其与服装色彩总体的搭配。日常所说的一件衣服穿着使肤色显白还是显黑，肤色红润还是暗沉，是肤色与服装色彩共同作用产生的视觉效果。肤色研究发展至今，最为大众所知的是通过有色人种的区别定义划分，大体分为黑色、黄色、白色3种。肤色遗传特点的区分是三色人种的划分指标之一。人类肉眼可以看到的颜色有一万种之多，四季色彩理论把这些常用色按基调的不同进行冷暖划分，进而形成四大组自成和谐关系的色彩群。由于每一组色群的颜色刚好与大自然四季的色彩特征吻合，因此便把这四组色彩群分别进行划分："春"与"秋"为暖色系，"夏"与"冬"为冷色系。人体色除了肤色，还有发色、唇色、瞳孔色、红晕色等，但发色、唇色、瞳孔色都可以通过纹染、画、描等方式来改变，唯有肤色是相对稳定的，并且在人体色中所占比例最大，所以肤色所带来的感观影响绝不能忽视。

根据"四季色彩理论"，人的肤色是可以按色相、明度、冷暖来划分的。

2. 肤色的色相

以亚洲黄种人的肤色为例分析，黄种人皮肤色相主要集中在黄色和红色相的区域，常见肤色大体包括棕色、棕红色、粉色、象牙色、青色等。肤色的明度是指肤色的明暗程度，也就是人们印象中一个人皮肤的黑或白。现实中人们考虑服饰用色时，能否与肤色的搭配是关键。身材肥胖的人认为黑色有收缩感能显得瘦一些。以黄色为例，虽然它在色彩学中是绝对的暖色，但在肤色上是既有冷色调的浅蓝黄、柠檬黄亦有暖色的金黄、橘黄等。绿色也是具有同样的属性，既有冷色调的森林绿、中绿，也有暖色调的亮黄绿、宝石绿。在服饰搭配时，如果使用了与自己的肤色冷暖调相反的色调，人就会显得肤色发青、不健康，黑眼圈、斑点等都会加深、加重。

（二）肤色视觉平衡原理

服装色彩只有与肤色默契配合，形成统一的美感，才能提高服装审美艺术效果。服装色彩搭配利用视觉色彩的同种色、邻近色和错觉规律，使得服装色彩与体态、肤色、自然环境、周围环境、人文文化环境等因素相协调，以达到更好的服装穿着效果。肤色的视觉平衡是指在服装色彩的衬托下，人体肤色呈现健康、自然、光点匀整、瑕疵淡化的最佳状态，从而产生和谐的美感。当把一件暖色基调的衣服穿在身上时，会产生冷色倾向的视觉残像叠加在皮肤之上，如果肤色刚好是暖色基调，那么与冷残像叠加调和，则会倾向于中性肤色。这时肤色就会被中和且有所改善，使人从视觉上产生和谐之感。如果肤色为冷色基调，再与暖色基调的服装的冷残像相叠加，这时只会使皮肤显得发灰或发青，产生非常不和谐的视觉印象。

（三）常见肤色的服饰搭配方法

不同肤色在服装色彩的选用上，应当注意冷暖、色度差、明度差和纯度差上面的搭配混合。服装色彩有几项基本的搭配原则，即同种色、邻近色、主色调、对比法的搭配原则。如果服装色彩与肤色对比强，服装对肤色的变化影响就大；服装色彩与肤色对比弱，肤色变化就小。当服装色彩比肤色明亮时，肤色会显得深一些；当服装色彩比肤色深暗时，肤色就显得浅一些。

1. 浅色型肤色服饰搭配方法

浅色型肤色又分为浅春型和浅夏型。浅春型的肤色特点是有着淡淡的象牙色，透着一缕暖调，有种杏色的感觉。浅夏型的肤色特点是粉白，肤质粉嫩，但是明度不高。浅春型适合的服装色彩是带有淡黄底调的清亮明快颜色，如浅黄色、淡绿色、浅粉色等（图5-17）。如果本身的肤色较浅，则不适合用浓暗和过于鲜明的色彩形成强烈的对比搭配，否则会将肤色衬托得苍白，因此，要将其把握在浅至中等深度、温暖的浅黄底调颜色范围内。浅夏型适合带有浅灰蓝底调的轻柔淡雅颜色，例如，薰衣草紫、灰棕色、鼠灰等（图5-18）。浅色型的肤色比较适合搭配邻近色，只有本身的肤色比较浅，在整体底色调和谐的情况下，才会衬托肤色的清透。

图5-17 浅春型肤色适合的服饰色彩

图5-18 浅夏型肤色适合的服饰色彩

2. 深色型肤色服饰搭配方法

深色型肤色又分为深秋型和深冬型。深秋型的肤色特点是带着黄调的深橘色、暗驼色。深冬型的肤色特点是中等深浅的麦色至青褐色的暗黄。深秋型适合深沉浓重的黄调颜色，例如，铁锈红、金橙色、苔绿色等（图5-19）。深冬型适合较为浓烈、深沉的颜色，如同属于冷色调的青色和蓝色，给人以清凉的感觉。深冬型肤色的人群适合正红色、蓝色、黑棕色等（图5-20）。由于深冬型肤色人群本身的肤色较重，运用强烈的对比搭配方法后，即使服装的彩度高、明度高，但与深沉的肤色相衬托，也会使肤色亮丽，总体效果显得比较和谐。

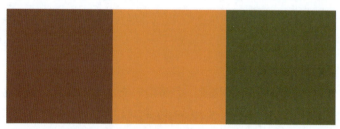

图5-19 深秋型肤色适合的服饰色彩

图5-20 深冬型肤色适合的服饰色彩

3. 冷色型肤色服饰搭配方法

冷色型肤色分为冷夏型和冷冬型。冷夏型的肤色特点是从玫瑰粉、小麦色、蜡黄色的表面肤色中透出一股青色的底调，低纯度。冷冬型的肤色特点是从青白到青褐色的肤色都有，但是整体肤色明度较高。冷色型的肤色以冷色系为底调，适合的服装颜色也是带有以冷调为底的色彩。冷夏型肤色的人适合的颜色有中等到较低纯度的蓝底调颜色，例如，玫瑰红、玫瑰粉、薄荷绿等代替（图5-21）。冷冬型适合的颜色为艳丽、纯正的冷色调颜色，不掺杂任何的暖色调，例如，深玫瑰色、杨梅紫、炭灰等（图5-22）。

4. 暖色型肤色服饰搭配方法

暖色型肤色可分为暖春型和暖秋型。暖春型的肤色特点是从浅白到中等深度，肤质相对较薄、通透。暖春型的肤色特点是金黄色的底调，皮肤呈黄色，但是明度较高。暖春型适合明快、鲜亮、清浅的黄底调色系，像春日里阳光下的果园，如嫩绿色、蛋黄色、浅水蓝等（图5-23）。暖秋型肤色的人适合的颜色为肉粉色、军绿色、咖啡色等（图5-24）。暖色型的肤色与黄色底调的服装色彩搭配形成了色调的统一，更能突出肤色白皙、清透的感觉。

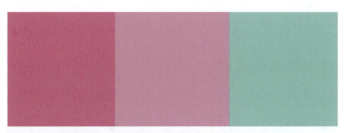

图5-21 冷夏型肤色适合的服饰色彩

图5-22 冷冬型肤色适合的服饰色彩

图5-23 暖春型肤色适合的服饰色彩

图5-24 暖秋型肤色适合的服饰色彩

5. 净色型肤色服饰搭配方法

净色型肤色可分为净春型和净冬型。净春型的肤色特点是略微偏向暖色调，多以浅象牙肤色居多；净冬型的肤色特点是带着青底调的、青白、浅青黄肤色。净春型适合不太强调色彩冷暖的颜色，只要明亮、鲜艳、耀眼，即纯度高的颜色，如翠绿、皇家蓝、紫水晶色等（图5-25）。净冬型肤色的人适合的颜色为冷色调，其色彩饱和度较高。例如，正红色、松绿色、正蓝色等（图5-26）。

图5-25　净春型肤色适合的服饰色彩

图5-26　净冬型肤色适合的服饰色彩

6. 柔色型肤色服饰搭配方法

柔色型可分为柔夏型和柔秋型。柔夏型的肤色特点是肤色中等偏浅，面部呈玫瑰粉色，带有一点灰调；柔秋型的肤色特点是面部呈淡黄色，也是带有一丝灰色底调。柔夏型肤色的人适合的颜色为带有灰蓝底调的中等纯度颜色，其冷静柔和、雅致平实，如香槟黄色、蓝绿色、蓝灰（图5-27）。柔秋型适合中等明度的偏暖调，要回避冷暗的颜色，由于其本身脸部的色彩偏灰，比较苍白，没有生气，所以需要用亮度较高的黄底调去提亮肤色，例如，珊瑚红、驼色、葡萄紫色等（图5-28）。

图5-27　柔夏型肤色适合的服饰色彩

图5-28　柔秋型肤色适合的服饰色彩

五、服饰形象设计与发色

　　头发的颜色与人的服装、头型、脸型、体型、整体形象等都有着紧密联系，是人物整体形象设计中的重要组成部分。它能衬托人的面部肤色，与服装色彩相互呼应，塑造出更精美动人的形象。随着个性化需求的增长，人们更加关注服装色彩与发色的关系及变化，无论是风光无限的舞台风尚，还是丰富多彩的日常生活，或是别具匠心的职业风格，发色无疑成为服装色彩画龙点睛的重要元素。但如果发色和服装色彩不协调，也会让人产生不和谐的印象。因此，掌握不同发色搭配适合的服装色彩非常重要。服装的色彩丰富多变，每个人体色特征不同，头发的颜色和发质也都有所差别。服装色彩与头发的色彩的搭配主要涉及这两者的冷暖色调、明度、纯度等方面的因素，这两者色彩的和谐运用就能展示出人物形象的最大魅力。

　　黑色是比较传统、自然的发色。一头优质的黑发更能体现女性的恬静、柔顺感。搭配如深灰色系、蓝色系、酒红色等休闲风格的服饰可体现清爽形象之余增添优雅气质（图5-29）。比较适合温柔、文雅的典雅风格的女性形象。拥有黑发的男士在搭配服装时，同样应该选择偏冷色系的颜色，如藏蓝色、墨绿色等都是黑发男士休闲时最佳的服装搭配色（图5-30）。棕色系发色是与高挑身材且皮肤白皙的女性搭配的最佳组合，较适宜表现柔美的、轻快的、罗曼蒂克风格的形象。应选择以温暖鲜亮为主的服装色彩，轻浅明快的色系最能展现这类发色人群充满时尚、朝气的感觉（图5-31）。

　　"金发女郎"给人的感觉永远是前卫和活力的。优雅的粉色、大方的米色系等都是金色头发的人适合搭配的颜色（图5-32）。金发女性在服装配色时一定要遵循对比的原则，选择大胆、强烈、纯正、饱和的暖基调色彩群来展现自己与众不同的感觉，可以考虑用浅色系与浓重色彩进行合理搭配，款式以时尚个性风格为主。红色头发是所有颜色中最具视觉冲击力和刺激性的发色。适用于个性、摩登的形象，表现效果年轻，富于活力。经典的黑色与白色的组合对于红发女士来说是绝佳的选择。红色头发适合搭配暖色系的有跳跃感的服装色彩，强对比的无彩色系也是该发色的人非常适合的服装颜色（图5-33）。暖灰色、深棕色、黑色、白色可以选择作为外套或大衣的颜色。金色、黄色、咖啡色适合选择作为配饰的点缀色。

图 5-29　黑发女性服饰色彩搭配

图 5-30　黑发男性服饰色彩搭配

图5-31　棕发女性服饰色彩搭配

图5-32　金发女性服饰色彩搭配

图 5-33   红发女性服饰色彩搭配

六、服饰形象设计与体型

　　服装与人物形象设计的最终应用都是以人为本的。从生理上而言，服装、人物形象设计又与其他艺术迥然不同，它要受人体自然条件这个定型对象的束缚，是为满足人的审美而诞生并创造的。在这种审美感的构建过程中，对人的整体考虑，是服装与人物形象设计的首要命题。从色彩的视觉理论上来说，诸如浅色和鲜艳的色彩有扩张感和前进感，深色和暗淡的色彩有收缩感和后退感等众多理论和案例。因此，如何巧妙地运用服饰色彩改观人的视觉效果，合理衬托出人体的自然美，是服装形象设计中的一大任务。人的服饰、穿着与各人的体型、脸型有着密切的关系。世上不存在无懈可击的完美身材，一个人的身材更不可能适合于所有的款式，因此人们在选择服饰款式的时候，应该依照自己的体型选择合适的款式。

　　Y型体型也称倒三角形体型，主要表现为肩宽臀窄，胸大臀扁，躯干部从肩开始向腰部渐渐收小，这种体型比较适合线条分明、结构简约的服装。因为穿着者本身的肩部具有平直及宽阔的特点，因此不适宜再搭配过于重厚的垫肩；如果女性的胸部较为丰满，也应减少胸部的装饰，转而选择面料简单、质地感较好的上装及衬衫（图5-34）。

　　A型体型即外观具有一个较为标准的正梯形特征，臀宽，肩窄，腰部曲线不突出。拥有此种体型特征的人，应该着重加强肩部造型，例如，使用蓬松的褶袖、肩章、披肩、围巾等（图5-35）。在选择面料方面，更适宜选用质地密实的面料。

图5-34　Y型女性体型适合的服装款式

图5-35　A型女性体型适合的服装款式

X型体型的外形轮廓就如字母本身的特征，无论从正面还是侧面观察，女性都呈现出较为优美舒适的曲线，胸部坚挺呈弧线形，肩部线条略柔和，腰部细小，臀部圆润。X体型的穿着服饰给人以柔和、宽舒的感觉，适合使用打褶、连肩、宽松的袖子或荷叶边等样式的服装。

O型的体型实际是由X型发展而来的，原X体型的人随着体重的逐渐增加，慢慢变为圆润型的身材。鉴于此种体型的人腰部线条较粗，服装搭配上应避免突出其腰围的款式，做到扬长避短，不应选择如哈伦裤、宽腰带、百褶裙等，而应该选择较长的上衣、低腰裙、宽长款的连衣裤等（图5-36）。

图5-36　O型女性体型适合的服装款式

H型体型的主要特征是从正面观察其肩部、臀部具有基本一致的宽度，臀部较扁平，胸围、腰围、臀围三部分的尺寸差异较小。此种体型的人，通常会给人以修长或者丰满的印象，适合选择上装收腰、肩部有装饰、下装宽松的款式，如伞裙、泡泡袖等款式（图5-37）。

图5-37　H型女性体型适合的服装款式

第三节　服饰形象设计的基本方法

　　服饰形象设计首先要对人物服饰形象风格进行探索，穿着行为与人的需要、动机和态度有着密切的关系。其次，服饰形象设计要认识男装、女装的品类，了解基本的款式结构，认识饰物在服装中的应用手法。最后展开有层次、有逻辑的服饰形象塑造。服饰风格反映了一个人对穿着打扮的态度，即对服饰的偏好和关心程度。同时对于服装色彩、款式和面料的选择，并不是简单对于色彩的偏好选择、面料的舒适度的选择和款式的适合与否的选择，还需要考虑搭配的问题，包括服饰整体色彩的搭配、服饰色彩与个人肤色的搭配、体型与服装款式的搭配问题等。在满足自身审美的情况下尽可能地选择适合自己的服饰品，由于文化素养、个人爱好、生活环境等主客观因素的影响，不同的人对待服饰的态度千差万别，服饰的选择也各不相同，通过服饰塑造出来的形象也形态各异。

一、服装与饰品的分类

　　服装种类丰富，由于服装的基本形态、品种、用途、制作方法、原材料的不同，各类服装也表现出不同的风格与特色，变化万千。饰物的选择也是服饰形象设计的重要内容之一。根据时间、场合、目的等因素，人们应选择适当的饰品，并要与所穿的服装搭配，尽可能让饰品成为整体的亮点，但也要避免出现饰品堆积的现象。随着人们物质生活水平的提高，人们不仅追求饰物的审美效果，而且在不断地追求饰物本身的价值和工艺，选择更能体现自己社会地位和经济地位的饰物。

（一）服装分类

按照性别可分为男装和女装；根据服饰的基本形态分类可分为上装和下装；根据服饰的穿着组合分类可分为单品、套装、连体服等；根据服饰的用途可分为内衣和外衣两大类；根据服装面料与制作工艺可分为纯棉、羊毛、皮类等。这里对服装的分类进行一个简要的说明，即分为女装和男装，女装可分为上装、下装及裙装，男装分为上装和下装。

1. 女式上装类

女上装有T恤、衬衫、风衣等单品（图5-38）。T恤的结构较为简单，一般由后领圈、前领圈、袖窿、侧缝、下摆、前衣身、后衣身、袖口、袖子、肩斜线等部位构成。常见女式T恤款式有短款T恤、长款T恤、常规款T恤、紧身型T恤、适身型T恤、宽松型T恤等，具有舒适、自然、休闲的特点，深受广大女性消费群体的喜爱。衬衫的结构由领子、领座、肩斜线、衣身、育克、省道、门襟、下摆、纽扣、袖窿、袖克夫等部位构成。常见女式衬衫款式有标准领衬衫、立领衬衫、驳领衬衫等。紧身款衬衫胸围放松量一般为4~6cm，通常采用胸省和腰省的处理方式以达到修身效果。适身款衬衫胸围放松量一般为8~12cm，适宜女性人群较广，青年、中青年、老年等女性群体均可穿着。宽松款衬衫的胸围放松量较大，主要以外套为主。西装的结构主要由领面、领座、驳头、衣身、门襟、口袋、下摆、纽扣、大袖、小袖、袖口、省道线、翻领线等构成。其中，女式西装款式外观挺括、线条流畅、穿着舒适。领型主要有平驳领、戗驳领、青果领三类；纽扣排列方式有双排扣、单排扣、一粒扣等。20世纪初，由外套和裙子组成的套装成为西方女性日间的一般服饰，适合上班和日常穿着。女式西装面料一般比男性西装面料更轻柔，裁剪也较为贴身，以凸显女性体型充满曲线感的姿态（图5-39）。风衣是女性人群在春季、秋季、冬季中经常穿着的一款单品，按衣身长度可分为短款风衣、中长款风衣、长款风衣等。风衣的结构一般由领面、领座、驳头、衣身、门襟、口袋、下摆、纽扣、省道线、翻领线等构成。常见的领型分类主要有翻领、驳领、连帽领等，造型灵活多变、美观实用。针织衫是利用织针把各种原料和品种的纱线构成线圈，再经串套连接成针织物的工艺产物，即利用织针编织成的衣物（图5-40），其质地松软，有良好的抗皱性与透气性，并有较大的延伸性与弹性，穿着舒适。随着时代和科技的发展，针织衫产品运用现代理念和后整理工艺，大大提高了针织物挺括、免烫和耐磨等特性，再加上拉绒、磨绒、剪毛、轧花和褶裥等技术的综合运用，极大地丰富了针织品的品种，使针织衫花色样式越加多样。此外，工装外套、女式背心、无袖衫等都是日常生活中较多会出现的女上装。

图5-38　常见女式上装

图5-39　女式西装

图5-40　女式针织衫

2. 女式裤装类

长裤一般由裤腰、裤裆、裤身缝制而成。由于造型及面料材质的不同，女式长裤主要可以分为直筒裤、阔腿裤、灯笼裤、喇叭裤等（图5-41）。如女式阔腿裤造型简洁大方，宽松的轮廓可以使双腿看起来更加修长。小脚裤也称锥裤，有较好的瘦身与修身效果。贴腿型长裤是紧身裤的一种，其面料弹性较大，适合腿型修长的女性穿着。女式短裤按照长度一般可分为超短裤和常规款短裤。其中超短裤也称热裤，是夏季女性经常穿着的一种款式，通常由牛仔布、全棉等面料制作而成。此外，百慕大短裤、运动短裤、西装短裤等都是经典的款式。连体裤也是裤装的一种，由于连体而被称为连体裤。连体裤上下一体的独特设计有着较强的美观性，使女性整体看起来更加修长、挺拔。连体裤的款式、色彩、图案、面料等通常是上下保持一致，有着强烈的整体性与秩序性，如夏季休闲度假风印花连体短裤、有多个口袋装饰的工装风连体长裤、简洁大方的学院风背带裤、西装驳领款式的职业风连体裤等（图5-42）。

3. 女式裙装类

半身裙是一种围于下身的服装，和裤装同属于最基本的下装形式，一般由裙腰和裙体构成。腰部与臀部的款式造型是裙装设计的关键，省道的变化、裙长、育克都是影响裙装款式造型是否优美合体的重要因素。半身裙根据长短可分为迷你裙、短裙、中长裙、长裙等；按照廓型可分为直筒裙、包臀裙、铅笔裙、A字裙、鱼尾裙、波浪裙等。半身裙款式变化多样，可以满足不同年龄层女性的着装需求，充分展现女性魅力（图5-43）。

图5-41　常见女式裤装

图5-42　女式连体裤与女式短裤

连衣裙是指上装与裙装连成一体的裙装，深受女性喜爱。常见的连衣裙款式有直身裙、A字裙、吊带裙、礼服裙、公主裙等（图5-44）。直筒连衣裙的胸围与腰围基本一致，衣片结构为上下相连，腰间不作剪短处理；贴身型连衣裙比直筒裙更为紧身、合体，有公主线、省道及分割线等设计，强调收腰和人体曲线美。A字形连衣裙一般由侧缝向胸围处展开至裙底摆，外形宛如英文大写字母A，具有活泼、可爱、青春的风格特点。

图5-43　常见女式半身裙

图5-44　常见女式连衣裙

4. 男式上装类

男式上装主要有T恤、衬衫、西装、夹克等（图5-45）。按照袖子长短可将男式T恤分为长袖T恤、短袖T恤、无袖T恤；按照领口样式可分为圆领、翻领、无领、V领、立领、连帽款等；按照廓型可分为直筒型、宽松型、收腰型、插肩袖型等。男式衬衫中的衣领与袖口是重点设计对象。通常可将男式衬衫分为商务衬衫、礼服衬衫、休闲衬衫、时尚衬衫、度假衬衫等。其中，商务衬衫主要包括内穿式衬衫与外穿式衬衫。礼服衬衫也称为燕尾服衬衫，通常为双翼型立领设计，着装时可搭配领结，袖子则为双折袖。男式休闲衬衫长度一般可长至胯骨间，衣身宽松，活动自如。男式西装一般可分为商务款西装、休闲款西装、礼服款西装三种。商务款西装风格较为低调、保守，不会有过多烦琐的装饰细节，通常只是在口袋形状、领型、外部廓型等方面进行细微变化设计。休闲款西装主要强调穿着的舒适度，板型较为宽松，适合在日常生活中穿着，是大多数男性经常选择的品类。礼服款西装是参加晚宴、婚礼等重要场合中所穿着的款式，为了突出高贵、华丽感，板型会较为修身，面料也较为精致，如绸缎、天鹅绒等。男式西装大多采取单排两粒扣、三粒扣的平驳领款式，双排四粒、六粒扣的戗驳领款式等，袖开衩部位的装饰扣1～4粒均可，后开衩多为中开衩、两侧开衩或无开衩等。与男式西装相比，男式夹克所适合穿着的场景更为广泛，是男性工作、生活、旅行的必备单品之一。许多男式夹克有着较强的功能性，如双面可穿、防风防雨、可拆卸内胆等，方便洗涤与保养，如最为经典的男式飞行员夹克，它是众多夹克款式的前身，也是年轻人爱穿的夹克款式，具有多种衍生款式，袖口和下摆通常采用收紧罗纹缝制。卫衣一般较为宽松，风格休闲，具有时尚性与功能性的特征，主要款式分为套头卫衣、开胸式卫衣、连帽式卫衣、长款、短款等（图5-46），可搭配牛仔裤、工装裤、运动裤等，是男性日常生活中常穿着的单品之一。男式大衣款式一般为长款，领部造型以小翻领、大翻

图5-45　常见男式上装

图5-46 常见男式卫衣

领、立领、驳领等为主（图5-47）。扣子多为单排扣或双排扣装饰。男式大衣具有挺括、绅士、庄重等风格特点，如带有牛角扣装饰的英伦学院风大衣、切斯特菲尔德正装大衣、波鲁大衣等。男式针织衫分为圆领针织衫、V领针织衫、针织开衫、宽松不规则下摆针织衫等。撞色款、条纹款、图案款针织衫是男式休闲场合中较为常见的品类；商务通勤中则以纯色针织衫为主。羽绒服是指内充羽绒填料的上装，外形庞大圆润，多为寒冷地区的人们穿着，也为极地考察人员所常用。男式羽绒服款式设计一般比较简约，常以纯色为主。按照薄厚程度可分为轻薄型与厚重型两大类（图5-48）。

图5-47 常见男式大衣

5. 男式下装类

男性下装和女性下装种类相似，款式众多。按款式可分为卫裤、西裤、运动裤、休闲裤、牛仔裤、针织裤、工装裤、马裤、五分裤、九分裤等（图5-49）；按形状可分为筒裤、喇叭裤、锥子裤、宽松裤等；按布料可分为纯棉、呢绒、化纤等。由于男体的腰节较低，女体的腰节较高，这决定了男女同样的身高，女裤的裤长及其立裆需大于男裤。由于男女存在生理上的差异，所以决定了男裤前裆的凹势大于女性，门襟必须设计在前中心位置，而女裤前后门襟位置可随意设置。

图5-48　常见男式针织衫与羽绒服

图5-49　常见男式裤装

（二）饰品分类

饰品种类众多，从通俗角度讲，饰品可以理解为装扮服装的"零件"。在整体形象设计中，它不仅可以成为增添服装的亮点，也是展示个性的重要因素，饰物与服装一样，可以体现一个人的着装风格。根据种类来划分，饰品包括帽饰、首饰、包饰、鞋履和其他配饰。

1. 帽饰

从古至今，无论男女，帽子一直是人们日常出行、礼仪交往等活动中所着力推崇的装饰品之一。帽子的种类繁多，按用途分有雨帽、遮阳帽、安全帽、防尘帽、睡帽、运动帽、旅游帽、休闲帽、礼帽等（图5-50）；按制作材料分有皮帽、毡帽、呢帽、绒帽、草帽、竹笠等；按款式特点分有贝雷帽、鸭舌帽、钟形帽、宽边帽、窄边帽、无檐帽、花边帽、卷边帽、前进帽、瓜皮帽、虎头帽等；按职业属性划分有律师帽、护士帽、军帽、警帽、博士帽等。现如今帽子也成为日常人们出行的常用物，主要起着遮阳、修饰、遮挡的作用，现代帽子在色彩上也有很多突破，并且更讲究与服装色调的搭配效果。

2. 首饰

首饰包括耳饰、颈饰、手饰等。耳饰分为耳环、耳钉、耳坠等（图5-51），其形状大小不一样，根据外形可分为贴耳式、吊坠式、环状式、耳夹式。贴耳式小巧可爱，可以是各种形状，贴在耳垂上，既轻便好看，也端庄典雅；吊坠式一般设计成长条形，轻巧别致，长短各异；环状式有小、中、大环，小环状的耳环显得庄重娴静，大环状显得浪漫时尚。还有些耳环是多环相扣的，或环环相间，多种多样；耳夹是为没有耳洞的女性设计的，款式和其他耳饰可一样选择。

图5-50　不同形象风格帽饰

图5-51　不同形象风格首饰

颈饰主要有项链、项圈、吊坠、串珠等。项链主要由链身和搭扣两个部分组成。链身既可以是单一节的花纹链环重复连成，又可以由各种宝石镶嵌而成，前者称为无宝链，后者称为花式链，多是贵金属铸造而成，长度、粗细、含金量不一；项圈的外形跟项链很像，但它不像项链一样每节都可以活动，除了簧扣的搭边之外，没有或只有一至两个可以活动的关节，因此项圈又称硬项链；吊坠是一种由贵金属镶宝石或不镶宝石制成的饰品，吊坠本身不单独成为一件首饰，而是作为带坠项链或项圈的配套产品而存在；串珠是用珍珠、陶瓷、水晶、孔雀石、玉或者变色玻璃等制成的，尤以珍珠、水晶项链最为常见。

手饰主要指手镯、手链、戒指、美甲等。手镯可以由金、银、玉等制成，也可以镶嵌宝石，尺寸根据个人手腕粗细选择。戒指是最常见的手指装饰品，传统戒指由黄金等贵金属及各种宝石制成，现代戒指造型独特，构思新颖，可以由多种材料制。美甲是现代女性装饰自己指甲的一种饰物，可以在修整指甲之后涂上形态、色彩各异的指甲油，再装饰上心仪的美甲片。

3. 包饰

包是人们日常出行、职场上班、旅游社交等场合所必需的饰物。不仅拥有强大的功能性，随着时代的发展，时尚潮流的进步，其装饰性也在日益增强。不同的包可以塑造不同风格类型的形象，例如，活泼青春的大学生会选择时尚轻松的双肩包或者斜挎包，优雅精致的都市职业女性会选择高端华美的单肩包，出席时尚场所或晚宴聚会时人们会选择搭配晚礼服的包。包饰种类丰富，按性别可分为男士包、女士包；按用途可分为钱包、钥匙包、拎包、背包、书包、挎包、公文包等；按样式可分为单肩包、双肩包、斜挎包和手拎包等；按风格可分为时尚包、休闲包、商务包、卡通包等；按材质有PVC，革、真皮、人造革、PU皮、配皮、漆皮、毛绒面料等（图5-52）。

图5-52　不同形象风格包饰

4. 鞋履

鞋子也是很重要的装饰品。除了其本身的实用功能之外，还可以轻松地展现穿着者的穿着品位和社会地位。鞋有多种分类方法：按季节分有单鞋、棉鞋、凉鞋等；按材料分有皮鞋、布鞋、胶鞋、塑料鞋等；按款式分有方头、方圆头、圆头、尖圆头、尖头等。跟型有平跟、半高跟、高跟、坡跟等。鞋帮有低帮、中帮、高帮等。鞋型不同，风格搭配也就不同。例如，方头鞋给人的感觉是利落、简洁的，因此较适合职场穿着；圆头鞋给人的感受是舒适、可爱的，因此较适合休闲度假穿着；而尖头鞋给人的感受是摩登的、前卫的，因此较适合都市风格形象；按用途分有日常生活鞋、劳动保护鞋、运动鞋、旅游鞋等（图5-53）。

5. 其他

除上述饰品种类外，还有很多日常生活中随处可见的饰品。例如，胸针，用别针式插针佩戴于西装驳领上，或用于羊毛衫、衬衫胸前，常由女性佩戴；腰带，对勾勒女性体型之美、服装形态之美有很好的修饰效果。脚链环，主要见于少数民族，气候潮湿地区的人常赤脚，因此更盛行脚饰。袜，不同场合下，袜子可选择的面料材质、款式花样等各不相同，如职业女性会穿着肤色或半透明连裤袜，出席重要的社交场合或晚宴时可以选择黑色、咖色的装饰性透明紧身长丝袜等。手套作为一种装饰品，起源于西方，其品种、款式和颜色基本上都是依据季节的需要而设计的。围巾和头巾在过去是在秋冬季节为了保暖而佩戴的，如今它与服装协调搭配，可以塑造出各式各样的形象（图5-54）。

二、塑造服饰形象的基本步骤

塑造服饰形象与人的审美需要、目的动机和着装态度有着密切的关系。服饰的选择反映了一个人对穿着打扮的态

图5-53　不同休闲风格鞋履

图5-54　其他常见配饰

度，即对自身风格偏好和对时尚的关注度。在这一过程中，需要把握着装者对于服装款式与面料、色彩与图案和饰品的整体选择，并不是简单对于色彩的偏好选择、面料的舒适度的选择和款式的适合与否的选择。同时还要考虑搭配的问题，包括服饰整体色彩的搭配、服饰色彩与自我肤色的搭配、体型与服装款式的搭配问题等。塑造服饰形象的基本步骤分为以下四个步骤，分别为确定人物服饰形象风格、确定人物服装款式与面料、确定人物服装色彩与图案、饰品选择与整体搭配。

（一）确定人物服饰形象风格

"时尚易逝，而风格永存。"每个人都有自己的穿衣习惯，有人随意，有人刻意，而"合适"就是最高的判断水准，即在合适的时间、地点、场合，穿着合适的服装并穿出个人风格。人体是一种型，人体的型是通过服饰、肌理及服饰的材质来表现的。只有当外部的衣着、配饰与个人的型的特征有一致特征时，给人的审美感受才会和谐。因此，在确定自己的个人形象风格时，要理性去分析自己的外形特点。结合自己的体型、五官来判断自己的优点和不足之处，找到符合自己的搭配方式，进行服饰穿搭风格的构思与再现。例如，瘦高体型，脸型也偏锋利，性格较为果敢的人，可以尝试黑暗系的国潮风，不仅可以凸显自己的优势，也可以展现自己对时尚的态度；娇小体型，脸型也较为圆润，性格乖巧安静的人，可以尝试淑女优雅的萝莉风，不仅掩盖了自己身高不足的缺点，反而让它成为该风格中受欢迎的优点。风格是每个人与生俱来的特质，不必去模仿别人也不必盲目地追随流行，只是大多数人还没有发现自己的风格，这需要培养良好的审美和创造美的能力。想要找到个人的独特风格，一方面是要有挑选服饰的眼光和品位；另一方面则是要了解搭配的技巧和智慧，最重要的是要懂得保持自己一贯的风格和气质。

（二）确定人物服装款式与面料

人的形体各有不同，现实中往往难以寻觅拥有"黄金比例"的人，一个人体型上或多或少的缺憾，完全可以通过服装款式与面料的选择来扬其所长、避其所短。一般来说，直线条会使人产生纵向延伸感，显得更加高挑，横线条有横向延伸感，显瘦；紧身衣服会突显形体曲线，宽松的衣服使形体的某些部位后收；皱褶的装束可使部分看起来丰满，平面的装束可以错开人们的视线。面料的可塑性、垂悬性、舒适性、功能性等，决定了各种成衣的款式，也决定了穿着者对服装的选择。例如，胸、臀部丰满圆滑、腰部纤细、曲线玲珑的人适合穿低领、紧腰身的窄裙等，面料质地以柔软贴身为佳；臀部和大腿边有许多赘肉的人不适宜穿紧身裤，应选择样式比较简单的褶裙或长裤，尽量选择较深的颜色，面料悬垂性应俱佳，可以起到拉长腿部、显瘦的作用；胸部偏小的人可多利用上衣的皱褶、蝴蝶结、花边等复杂的装饰使胸部变得丰满，面料选择具有特殊纹理的质感，可以在视觉上起到蓬松的作用；腰粗的人尽量不穿带皱褶的裙、裤，减少腰部的装饰物，不适宜过于粗糙、过厚的面料等。

（三）确定人物服装色彩与图案

色彩是服装搭配中的重要部分，穿对颜色不仅可以增强款式对自己的修饰，还可以突出人物气质，反映出精神层次的追求。在确定人物服装色彩与图案时，应利用色彩视错觉来配合具体的人体体态，从体态上准确表达服装色彩语言。适当的服装色彩可以和着装后的人物精神气质构成一种整体美感，并且可以修饰体型，如深色有收缩、后退功能，浅色有膨胀、前进功能等。单一颜色上下装会使身材显高，对比色衣裤会使高度降低等。确定人物服装色彩有三点要有所注意。首先，在色彩选择时要考虑体型因素，体型较胖的人宜采用深色、沉着、素雅的冷色调，这样可以使体形产生收缩的感觉；矮胖的人不要选择对比强烈的、鲜艳的、明度高的色彩；高大的人适合暗色调的色彩；瘦小的人，宜穿着明亮色调，其扩张感强会使比例得到相对协调。其次，肤色也是服装色彩中不可忽视的条件色，正确的色彩运用还能起到调节肤色的作用。考虑肤色与服装色彩的协调美时，需注意拉开色彩之间的对比度。最后，要考虑到服装色彩在年龄、性格中的表达，如年轻人往往会尝试更为跳跃的、明快活泼的色彩，而中年人则追求柔和含蓄的色彩美。图案除了装饰款式、面料之外，还有统一整体色彩、增加局部亮点的作用。对于图案的运用同样要考虑到体型与肤色的关系，例如，矮胖的人不适合大花纹的图案，皮肤黑的人要避免使用明亮型碎花图案等。

（四）饰品选择与整体搭配

在进行整体搭配时，人们应根据时间、场合、目的等因素，选择适当的饰品。服装饰品可以理解为装饰服装的"零件"，它不仅可以增添服装的亮点，也是展示个性的重要因素。通过首饰、包类、鞋、丝巾等的搭配相互协调，才会使服装与个人形象气质融合在一起，使其成为真正意义上的服装整体搭配。第一，选择饰品无论是在选材或配色上，风格都要与主体服装的款式、色彩、面料构成协调统一的风格。例如，一些昂贵的珠宝首饰，适用在隆重的社交场合佩戴。如果在工作、休闲时佩戴，就会显得过于张扬；第二，选择饰品时，一定要根据自身条件的优劣和强调重点来选择，比如身材高大的人适宜较大一点的饰品，而身材矮小的人则适合小巧精致一些的饰品更好；第三，佩戴饰品不是多多益善，要避免出现装饰物堆砌的浮华现象，饰品过多，周身琳琅满目，反而给人以烦琐、凌乱和俗气的感觉。

随着时尚产业的不断发展，人们的变装意识也在不断增强。从大众服装到个性化服装、从单一穿着到整体搭配，搭配已成为人们生活中的日常用语。服装搭配指对两种或两种以上的服装进行组合。服装搭配的要领在于既要简单又要追求变化，让服装依据人的个性展现出不同的美感。

第四节　服饰形象设计案例分析

服饰形象设计是以人为本的一个整体的系统工程，它是一种集发型、化妆、服饰等为一体的综合艺术。在社会交往中人们对交往对象第一印象的评价，总是借助于他人个性中最为突出、直观、最富表象特征的服装服饰来完成的。服饰形象不仅是穿着者艺术品位与审美情趣的表现，同时也反映出穿着者的心理情绪与性格特点。不论是因人而异的形象设计，还是因时而异的形象设计，都离不开服装服饰与发型、妆型的相互衬托。形象设计中谈的服饰设计是指穿着与搭配的动态服饰效果，是对服饰的再设计，是形象设计师对所选择服饰的理解与感受。加上设计对象的气质、个性、文化修养和艺术，品位等方面的渗入，这时的服饰被赋予了新的涵义。不仅具有生命力和人性意识，而且具有更强的表现力和目的性。

服饰形象设计是形象设计中表现效果最显著的重要组成部分。服饰形象设计是否成功，取决于服饰在人身上的穿着效果。服饰的轮廓、造型、色彩及风格形成了形象设计的主题。服装塑造了形象的整体感觉，其他设计局部需要与服装协调、衬托、呼应，以达到完美的设计效果。服饰是一种综合性的视觉艺术。自古以来，在人们眼中，美的形象总是由人体与服饰共同构成。服饰是一种无声的物体语言，又是人体的软雕塑，服饰只有穿在人身上，才能充分显示它的魅力。随着社会经济和生活水平的提高，人们开始越来越注重自身的穿着，塑造适合自身的装扮。人们也将上述这种审美准则运用到服饰美学当中。人们越来越明白为了自身的风格形象，以便给人留下美好的着装印象，就要正确地了解自身的人体"型"特征。结合自身综合条件，塑造出有个性特点的服饰风格形象。

一、日常服饰形象设计

日常风格是以穿着与视觉上的轻松、随意、舒适为主，年龄层跨度较大，适应多个阶层日常穿着的服装风格。追求的不仅是时尚，重要的是亲身体验舒适和轻松的感觉。所谓休闲场合，就是人们在公务、工作外，置身于闲暇地点进行休闲活动的时间与空间，如居家、健身、娱乐、逛街、旅游等都属于休闲活动。由于现代人生活节奏的加快和工作压力的增大，使人们在业余时间追求一种放松、悠闲的心境。反映在服饰观念上，便是越来越漠视习俗，不愿受潮流的约束，而寻求一种舒适、自然的新型外包装。日常休闲形象是指那些喜欢满足于服装的舒适性、随意性，表现出一种自在怡人的形象。在生活中有更多人会选择休闲随意的服装穿着，这类形象的人群不喜欢被拘束，不自在的感觉。日常休闲形象的设计主要是表达出他们的随和性，使之能更好地和环境融合在一起。面料大多选择纯棉、雪纺纱，以方格、条纹、具象花纹等样式为主，颜色上偏爱无彩色系和有彩色系的搭配。

（一）案例一

日常的自然环境中服饰形象设计偏向自然型风格，这类风格的女性在装扮上以直线为主，做到自然、洒脱的服装款式，不必追求新颖、个性、另类的装束。图5-55中的女性形象五官立体，眉眼比例协调，整体轮廓清晰，是标准的方圆脸。在妆容上，突出五官的优势，眼妆部分没有过多的色彩修饰，用棕红色系的口红，整体贴近自然感。在发型上，线条弧度流畅，中长度头发发质较好，冷性肤色搭配棕红色发色进行中和，同时与唇妆进行呼应。在服饰上，灰色针织长袖上衣搭配绿色提花面料的抹胸，下装为灰白色竖条纹长裤，与上衣纹路相协调，配饰为白色网纱花瓣型耳饰，在冷峻气质中增添一些柔和感。

图5-55　日常服饰形象案例一

（二）案例二

在休闲场合，着装形象应当重点突出"舒适自然"的原则，设计要点为舒适、方便、自然、个性而最忌讳穿着与周边环境不融洽的套装、套裙或制服出现在休闲场合。图5-56左图该形象是日常场合中咖啡馆场景的服饰形象设计，整体风格融合了当前流行的时尚元素形象，保留了内在的青春气息，也表现出成熟的外在形象。在妆容上，清新自然，选择大地色系的眼影颜色，日常形象妆容设计中避免用鲜艳眼影颜色，否则看起来不自然、不协调。在发型上，半扎的马尾多了俏皮感，发质柔软，发量适中，肤色偏暖，搭配深棕色发色，与妆容适配度更高。在服饰上，采用上轻下重的搭配原则，上装为米白色西装外套和白色上衣，增加整体的层次感，下装为牛仔微弹喇叭长裤，舒适悠闲，搭配黑色皮质大包，加上银色链条项链，是日常出街的经典形象。

图5-56　日常服饰形象案例二

二、职场服饰形象设计

在心理学上经常会谈到晕轮效应，它是指在人际交往过程中，习惯性地通过对一个人的第一印象决定了对他的主观判断，而看不准对方的真实品质。这所谓的第一印象往往包括最基本的服饰的搭配、受教育水平、言行举止、性格等。虽然这是一种以偏概全的认知一个人的方式，有可能会对一个人产生误解，这也恰恰说明了职场第一印象，在现实生活中，有着极其重要的显性作用。作为不同职业的人群，许多职业有他独有的特征，而不是依靠个人的审美情趣来塑造一个不适合大环境、只适合个体的形象，否则这种形象定位就是脱离主题的。不同的职业需要有不同的职业形象。但是优秀的职场形象并不是简单地通过服装、化妆、发型等外观因素所能塑造出来的，而是一种对职业的奉献精神，高度的职业意识以及建立理性的职业规划等综合素质的体现。

（一）案例一

作为职场服饰形象设计，所面向的范围是一些大众人群，这就要求在相互的交流过程中，所体现出来的职场形象是符合大众审美情趣的。它遵循一定的审美规律，不是纯粹的个性表达，符合职业需要，与工作环境相融洽。图5-57左

图5-57　职场服饰形象案例一

图中的形象五官明朗，眉眼比例协调，面部轮廓柔和，是整体偏向清冷的风格。在妆容上，以淡妆为主，侧重简洁大方，通过淡雅的色彩来营造出典雅而不高傲的，时尚而不张扬的美感。眼妆部分以大地色系为主，小面积晕染，唇色自然。在发型上，是简易打理的短发造型、发色以沉稳的、含蓄的黑色为主，发质硬挺，塑造性较强。在服饰上，整体搭配合体，上装为白色短款短袖加同色西装外套，适当的露肤面积让整体服饰没有沉闷感，下装为浅咖色西装裤，搭配驼色方型邮差包，加上金属色耳饰和项链，是经典的职场服饰形象设计。右图中的形象五官立体富有个性，眉眼比例和谐，鼻梁紧致挺拔，嘴唇精致小巧，脸型是标准的鹅蛋脸。在妆容上，底妆服帖，眉眼无过多修饰，唇色为裸色，整体妆容呈现自然通透的裸妆感。在发型上，线条清晰，长度比较修饰脸型，发量充足，发质柔软，深棕的发色与整体风格匹配。在服饰上，浅粉色Ⅴ领连衣裙搭配长链型耳饰，色彩以沉稳、明朗的色调为主，搭配部分细节点缀。通过这些经典的元素，结合一些时尚的潮流因素，呈现出优雅的职场女性形象。

（二）案例二

细节是彰显职业女性时尚品位的一个重要的侧重点，作为职业女性每天要穿着正装，善于利用精美、时尚的服装细节来打破传统的套装风格。图5-58左图中的形象五官精致，鼻梁挺拔，嘴唇丰满，脸部线条感明显，是标准的鹅蛋脸。在妆容上，妆色淡雅含蓄，妆面精致清透。粉底精致自然，以体现职业女性干练与精神的气质，眼影的色彩以咖啡色系为主色调，晕染的面积适中，凸显威严感又有愉悦感的形象。

在发型上，以层次丰富感、整洁大方的中短发为主，自然微卷且蓬松，辅以微微内扣的发尾，发量充足，发质柔软，咖啡色与整体风格相融洽。在服饰上，整体为天蓝色套装裙，做工精致，搭配银色系饰品和腕表，大方稳重，给人以干练、冷静、职业的印象。右图中的形象五官比例协调，轮廓

图5-58 职场服饰形象案例二

线条柔和，鼻梁挺拔，脸型是标准的瓜子脸。在妆容上，眼影的色彩以淡雅柔和色系为主色调，局部小范围晕染，睫毛纤长浓密，唇妆为妆容的重点，正红色唇色体现干练的一面，又有现代美感。在发型上，垂直的长发给人以大方端庄的感觉，彰显女性柔美气质，黑色发色与中性肤色适配度高。在服饰上，服装款式质地优良，白色西装连衣裙，袖子部分替换成薄纱面料，透出肤色更有呼吸感，配饰为流苏耳饰，精致简洁。

三、晚宴服饰形象设计

现代晚宴服饰形象设计在正式的社交场合中许多方面沿袭了传统的礼仪，要求出席这种场合的女性形象端庄、高雅。通常来说，装饰感比较强，劳伦说"当人们在聚会时服饰具有明显的相关性，可以使大家顿感亲密无间"。在不同的场合就要穿合适的服装，就会让人在各种情况之下都会有得体的表现。所以说在出席宴会的时候也要选择一件合适的礼服，这样才能更好地彰显自己的身份和地位。根据风格晚宴服饰分为中式和西式两种。中式风格服饰，又可分为袍装类或组合式晚装，尤其曲线优美，适合东方女性身材特质，颇受一般女性的喜爱。尤其，正式国宴或婚宴场合，都是一种代表隆重的礼仪表现。而西式晚宴服，应选择能修饰自己身材，陪衬个人气质的款型。除了修长及踝的长礼服外，款式俏丽，素材精致的小礼服，也是年轻女性宴会时的另一种选择。在商业界社交场合，或时尚业所举办的社交活动，都可将个人独特的创意巧思加入服装造型里，让别具一格的时尚魅力，吸引众人的目光。

（一）案例一

晚宴礼服也称为晚装或社交服装，属于正式礼服，可在参加晚间举行的正式社交活动时穿着。经典晚宴服饰形象设计的风格，服装的造型多以X形和Y型为主，结构平稳，裁剪合体。图5-59案例一中的女性形象五官明艳大方，眉眼比例协调，鼻梁挺拔，嘴唇丰满，脸部线条流畅，脸型为瓜子脸。由于正式的晚宴活动多在灯光下进行，且灯光多柔和、朦胧，处在这样特定的环境中，它给化妆创造了一种愉悦心境的氛围条件，能使人产生梦幻般的感觉。在妆容上，眉型清晰眉峰上挑，与眼角上挑的眼线相呼应，唇妆部分量感十足，是整个妆容的亮点，红色唇色复古迷人。在发型上，波浪卷发曲线清晰而有规律，加上无刘海造型，给人以成熟的魅力。在服饰上，抹胸橙色修身礼服裙，属于飘逸、女性化的风格，将橙色演绎出极致气质感，搭配重工珍珠耳饰，起到点睛之笔。图5-60案例二中的女性形象脸型为鹅蛋脸，眉眼比例协调，鼻梁挺拔，嘴唇丰满，颧骨突出，脸部线条感明显。在妆容上重视立体感，橘色系眼影大面积晕染，用色丰富，眉形清晰锋利，以充分展现个性魅力，棕红调唇色更显得光彩迷人。在发型上，采用盘发的形式，干净利落又不失细节，适合长发、发量多、头发易毛糙的人。给人以简单、干净的高贵感。在服饰上，深红色蝴蝶刺绣礼服长裙搭配白色羊绒褶皱外套，玲珑圆润的曲线，给人的感觉是安静、内敛的印象。配饰为花鸟图案团扇，突显古典优雅气质。

图5-59 晚宴服饰形象案例一

图5-60 晚宴服饰形象案例二

图5-61　晚宴服饰形象案例三

图5-62　晚宴服饰形象案例四

（二）案例二

现代社会中，晚宴服装的形式正在逐渐简化。但是，保持一定的庄重感，展示最佳的穿着效果，仍然是晚宴服装的最基本因素，它受流行趋势变化的影响比较小，具有自己的一定规律。图5-61案例三中的女性形象柔和圆润，面部线条流畅，无明显棱角，是典型的瓜子脸。在妆容上，突出五官的量感，重点刻画眼妆部分，用大地色系晕染眼部，睫毛浓密，唇色为浅橙色，元气少女。在发型上，低扎马尾，简单大方，侧分发缝修饰脸型。在服饰上，上衣为针织提花呢子面料，是优雅的代表，搭配蕾丝吊带薄纱长裙，干练中又不失柔美，珍珠耳饰的加持更加凸显温柔气质。图5-62案例四中的女性形象五官精致小巧，轮廓线条清晰，干净利落的眉眼具有较强的识别性，是方圆脸型。在妆容上，属于古典风格，柳叶眉搭配低饱和眼妆，底妆服帖自然，唇妆部位为豆沙色。在发型上，高低错落的盘发极具层次感，搭配羽毛和金属发饰，灵动又不失细节。在服饰上，蓝色薄纱刺绣礼服长裙，胸口钉珠部分精致细腻，凸显温文尔雅、小家碧玉，薄纱面料飘逸和柔和，同时又充满女人味。

四、个性化服饰形象设计

服饰被看作是认识穿着者个性的捷径。如前所述，服饰反映个性几乎成了一格言。人们可以用服饰装点出一个理想的形象，并给人以满意的视觉印象。因此，有一种服饰社会心理学理论，把服饰反映个性这一现象区分为表现公开的自我和流露隐蔽的自我两个不同的侧面。一个人的个性有不同的侧面和丰富的内涵，服饰形象有多种不同的表现形式，服饰的消费者可以进行思考和选择。人们常说"文如其人""字如其人"或"诗如其人"，意谓文章、书法和诗词等艺术作品能反映出作者的个性。相似地，服饰也能反映穿着者的个性。服饰所反映的个性是天性与角色这两个方面的结合。天性热情奔放，服饰则浓艳大胆，迷你裙、牛仔裤、宽松衫都不妨一试；天性拘谨矜持，则款式保守，色调深沉，中山装纽扣粒粒紧扣，正襟危坐，不苟言笑；淡泊含蓄者喜雅洁，素衣一袭，悠然自得。不同个性展现出不同衣着与不同的仪表风貌。

（一）案例一

新中式风的穿搭，融入了时尚元素与古典造型。在不同的风格碰撞之间，彰显着无尽的风采。有着古韵的优雅，也有着时尚的清新。新中式风是一种更加日常接地气的风格，给人一种高级雅致又有女人味的体验。图5-63案例五中的女性形象五官立体，眉眼比例协调，面部线条流畅，是典型的鹅蛋脸。在妆容上，用棕色晕染眼睛下部，放大眼妆量感，在山根装饰两点，显得灵动俏皮，棕红色口红与眼妆相呼应。在发型上，公主切发型搭配编发，后面辅以木簪装饰，凸显中国风气质。在服饰上，新中式风的穿搭，是雅致大方的，也是清新舒爽的。适当宽松的剪裁，有一定膨胀程度的裙摆。夏天穿起来格外的舒爽自在，包容性也特别强。流畅的A字形剪裁，让黑色连衣裙更加垂坠，马蹄莲的图案，更多了浪漫感。图5-64案例六中的女性是个性化形象设计的代表，在妆容上，眉毛贴合自身眉形，细长飘逸，加重

图5-63　个性化服饰形象案例五

图5-64　个性化服饰形象案例六

眼尾细节，用绿色进行点缀；眼妆部分用大面积腮红进行修饰，修容立体，凸显五官优势；唇妆部分，将唇形勾勒清晰，正红色表现典雅气质。在发型上，整体盘发，用编发形式装饰发髻，侧分发缝修饰脸型。在服饰上，新中式风格的穿搭，不仅可以在服装面料上下功夫，还可以在服装细节设计上下功夫。最具有古典特色的元素，就是典雅的束腰系带设计了。上衣为绿色V领长袖，边缘装饰同色系缎面，典雅大气，系带设计展现腰身，整体呈现X造型。搭配白绿相间长裙，莲蓬荷叶的图案，形成一种更好的装饰。

（二）案例二

个性风格的人拒绝平庸，喜欢颠覆传统，穿衣打扮强调的是自己独一无二的个性，体现个人气质。图5-65案例七中的女性形象面部柔和，线条流畅，五官立体，眉眼比例协调，是典型的瓜子脸。在妆容上，眼妆部分是整个妆容的重点，运用橙色晕染眼睛下部，眼下点缀珍珠装饰。眉毛较为平缓，眉尾向下，眉色与发色相呼应。修容立体，增加对比度，唇妆部分用橙色釉面进行修饰，元气活泼。在发型上，以飘逸柔顺为主，头发微卷，装饰白色树冠，更显风情万种。在服饰上，白色钉珠吊带薄纱长裙，搭配可拆卸袖套装饰，手臂处自然的镂空，个性又吸睛。配饰为透明亚克力和珍珠组合的花瓣型耳饰，加上雪花状戒指，与整体飘逸温柔的风格相匹配。

图5-65 个性化服饰形象七

本章小结

学习了解服饰在形象设计中的地位与作用。服饰作为视觉艺术的一门分支,其美学价值一直给人们留下深刻印象。服饰美学作为一门新兴的、综合性的应用学科,与美学、形象设计学、哲学、社会学、公共关系学、心理学、伦理学密切联系,是综合学科交叉发展的产物。

通过对服饰与人物形象设计的关系、服饰形象风格的分类与特征、服饰形象色彩识别、服饰形象设计与肤色、服饰形象设计与体型等方面的学习,使学生在实践中加深对服饰形象设计基本方法的认知与理解,以达到最佳学习效果。

服饰形象不仅是穿着者艺术品位与审美情趣的表现,同时也反映出穿着者的心理情绪与性格特点。服装塑造了形象的整体感觉,其他设计局部需要与服装协调、衬托、呼应,以达到完美的设计效果。

思考题

1. 简述服饰在形象设计中的地位与作用。
2. 塑造服饰形象的基本步骤有哪些?
3. 根据不同案例分析其服饰形象特征。

第六章
形象设计与仪态美学

课题名称：形象设计与仪态美学

课题内容：1. 仪态美学概念与特征

2. 仪态美学分类

3. 仪态塑造的场景

课题时间：12课时

教学目的：通过形象设计中仪态美学内容的学习，使学生全面了解仪态在形象设计中的概念与特征、仪态美学的分类以及仪态塑造的场景。

教学方式：1. 教师PPT讲解基础理论知识。根据教材内容及学生的具体情况灵活制订课程内容。

2. 加强基础理论教学，重视课后知识点巩固，并安排必要的练习作业。

教学要求：要求学生进一步了解仪态美学在形象设计的具体表现、掌握基本方法、针对不同案例进行分析与总结。

课前（后）准备：1. 课前及课后大量收集仪态美学方面相关素材。

2. 课后针对所学仪态美学相关知识点进行反复思考与巩固。

　　仪态美学作为形象设计中的一项重要内容，对人物的综合形象的培养至关重要。对于社会大众而言，无论从事什么工作，具备一定礼仪修养是一项非常重要的品质。由于非语言符号是礼仪培养的核心部分，因此将形象设计与仪态美学结合融为一体有着实质性理论与实践意义。仪态美学不但是形象设计的基本内容之一，而且它是体现人的内在美和外在美、静态美和动态美的有效途径。美国阿尔伯特·梅拉比安博士（Dr.Albert Mehrabia）发现，人在信息传递的全部效果中，只有38%的信息来自声音，7%的信息来自语言，而55%的信息来自动作和体态语言。可见，身体的状态和动作在人类文明和日常生活的交流中承担着信息的传递与重要的语言交流职能。本章节主要从仪态美学的概念与特征、仪态美学的分类、仪态塑造的场景三个方面来概述。其中分别对仪态相关概念、美学特征、面部仪态、肢体仪态、气质仪态、职业仪态、社交仪态、生活仪态等进行深入阐释。

第一节　仪态美学概念与特征

　　人的仪态美取决于人的外在美和内在美，外在美又包括仪姿美和仪表美，而内在美则体现人的文化与修养。仪态是指人的外表，态是指人的状态。我国古代诗人张衡在《同声歌》中用"素女为我师，仪态盈万方"来赞美女子的美丽多姿。这里的仪态指的是人的容貌、姿态和风度等。因此用"仪态"一词来形容一个人的外表与姿态形象更为贴切。仪态美既建立在一个人的内在美，即心灵美的基础上，又准确地将其表现出来。没有心灵美，便难有真正的仪态美；而离开了仪态美，心灵美同样也难以得到展现。没有心灵美的仪态美，与离开了仪态美的心灵美，都是不可实现的。

一、仪态相关概念

　　仪态美（广义）是一个人在社会活动与交往中所表现出来的、被人们所认可的、具有积极意义的整体印象。是人的内在要素与外在要素在不同环境下综合体现出美的姿势、优雅的气质和风度，是内在气质的外化。它是人类把自身作为审美对象进行自我观察的结果，是人类按照美的规律实现自身外在改造的结果。

　　人的仪表美包括容貌美、形体美和在前二者基础上通过装束打扮而获得的修饰美。容貌美是人的面容、肤色和五官长相的美。它是仪表美中最显露的部分，因而占有重要地位。形体美是人的整体形态的美，是仪表美的基础。修饰美对于强化容貌、形体美具有不容忽视的作用，因而是构成仪表美的重要组成部分。容貌美和修饰美的塑造必须通过美学相关的实践教学才可以实现，而依据体育健身理论对大学生实施形体美的塑造具有终身教育的意义。

人的仪姿美包括姿态美、体态美和举止美。仪姿美是指人的身体各部分在空间活动变化而呈现出的外部形态的美。如果说人的仪表美是人体静态美的话，那么仪姿美则是人体的动态美。美的最高理想要在内容与形式尽量完美的结合与平衡里才能找到。一个人即使有出众的容貌和身材，如果他没有良好的姿态，举止不端、体态不雅，就不可能有完善的仪姿美。依据体态语言和"力效"理论，通过学校体育的教育手段是可以后天习得的。

人的修养美包括道德品质、性格气质、文化素质和礼仪素养等。如果说仪表美和仪姿美是人的外在美的话，修养美则是人的内在美。校园文化的熏陶、家庭氛围、社会环境对于提高学生的个人修养起着至关重要的作用。学校体育作为大学教育的一个部分，对大学生的培养应当面向未来，这也是学校体育隐性教育的内容之一。人的仪态美是外在美和内在美的综合表现。追求仪态美，一是要注意按照塑造美的规律进行锻炼和修饰；二是要注意自身的内在修养，因为人的外在仪态美在很大程度上是人的内在心灵美的自然流露。所以，比较而言，后者比前者更为重要。

二、仪态美学特征

第一，动态式仪态美学特征。包括面部动态的表情和站、坐、走手势语等肢体的动作形象。如"笑容语"和"目光语"这类的表情所表达的情感和肢体动作语言传达的信息。因为人物的仪态每时每刻都在传递信息，表达着人们的思想和情感，而且它所包含的信息量是十分可观的。无声语言所显示的意义比有声语言显示多得多，每一个动作表情都在塑造着个人形象。印度诗人泰戈尔曾说过："一旦学会了眼睛的语言，表情的变化将是无穷的。"这就需要人们在社交场合中需要时刻把握与对方注视的时间、角度和部位。当对方在向自己详细咨询一个问题的时候，注视的时间应该是在全部时间的三分之一到三分之二，这样对方会感觉到你对他的友好乃至重视。如果注视的时间不到三分之一，对方则会感觉你轻视他。

第二，静态式仪态美学特征。人物的仪容仪表，包括其服装、妆容、发型等这些直接可观的事物均属于首因效应。首因效应对人的认识的影响是强烈具有先入性，它决定着别人对自己的第一印象。不同行业的人群对静态仪容仪表有着不同的要求。例如，服务性岗位必须"化妆上岗，淡妆上岗"。化妆的目的在于自然地表现出员工眉清目秀、明眸皓齿的精神面貌。在发型方面首选盘发或短发，忌讳披肩长发等。总之，合适的静态形象可以成功塑造出极具个人魅力的外在形象，也是构建优质形象设计的第一步。

第三，语言式仪态美学特征。除了外在形象会在社交场合中给人留下先入为主的印象外，待人接物、致意问好等语言式沟通都会向对方传递一系列信息。在社会交往过程中，人们的每一个细节的行为形象都是不容忽视的，这是塑造个人形象社交价值的再次判断。谈吐是内在学识修养的外化，优雅的谈吐能使灰暗变得亮丽，使平淡增添韵味。唯有涉猎广博知识，开阔视野，拓展思路，增加学识智慧的厚度，才能言谈逐步高雅机智，表现出不凡的气质风度。例如，观察对方的身份、使用正确的称呼、在交谈的时候注意所交谈的内容。多选择正面且积极向上的话题、不能涉及对方的隐私及对方的短处、公共场合中要保持0.5~1.5米的社交距离等。

第二节 仪态美学分类

　　形体作为身体形态上的表现，其包含了仪态、仪容、体型等多个部分。虽然形体是先天遗传的，而后天的培养也占据着主要因素。仪态美学是指建立在人体科学的理论之上，通过仪态等相关训练的方式改善自身的外在形象。在仪态美学塑造的过程中，需要运用专业的手段和方式，以此促进仪态朝向更好的方向发展。具体可将仪态美学分为面部仪态美学、肢体仪态美学、气质仪态美学三个方面。面部、肢体及气质仪态训练指的是通过对训练者身上所存在的不良部位进行改善塑造，其特点是对不同部位的训练方式更具有针对性。

一、面部仪态美学

　　面部仪态主要指的是在面部器官的恰当使用之下以此呈现出各类情态。表情包含高兴、伤心、害羞、愤怒等多种情态（图6-1），在礼仪培养过程中主要针对的是微笑语言和目光运用。在微笑语言的训练上，首先，需要做到呈现出来的微笑表情需要发自内心，这样才能够表现得体而更为真诚；其次，微笑表情还需要与声情充分结合。具体的训练方式可以采用情绪记忆法，指的是将生活中一些能够让自己发自内心笑出的事情牢记于心，当在一定场合中需要发出微笑时可以回想这件高兴的事。在目光运用的训练上，需要做到敢于正视对方，这也是对别人的一种尊重，但也不能长时间盯着对方看。一般情况下，交谈过程中一半时间凝视对方即可，其余时间可以望向对方5~10厘米处。面部仪态美学还有一个非常重要的部分为眼神训练，一双明亮的眼睛能够很好地展示充足的精神状态。在眼睛的训练内容上主要包含两个部分，第一是眼睛的灵敏程度，第二是让眼睛看起来更加有神。在眼睛灵敏度的训练上可以通过转动眼球的方式进行，例如，制定好几组动作，训练的时候进行眼球上下或左右移动，也可以顺时针或逆时针转动眼球来进行训练。训练一双炯炯有神的眼睛的方式可以采用定位注目法，具体的做法是将一个物体放置调节好的距离上，然后盯着这个物体进行20~30秒的训练。

图6-1　不同面部仪态

二、肢体仪态美学

　　肢体仪态主要指的是与人交际中通过触摸产生的一系列行为，其中包含拥抱、握手等（图6-2），良好的触觉形象容易加深给别人的第一印象，以此推进亲密关系的建立。对肢体仪态的形象训练时可以充分结合情境法，即通过不同场合进行训练。肢体动作在不同的场合中体现有所差别，训练的过程中可以将朋友、领导、长辈等作为接触对象，如面对不同的对象应该在表情及握手力度上区分开来。例如，点头礼主要适用于会议、会谈以及在进行过程中难以进行单独交谈的时机。点头时要将头部向下轻轻一点，同时点头时还要面带笑容，点头过程中不要反复点头不止，同时还要注意点头的幅度，幅度不应当过大。佩戴帽子的人在进入正式办公场所时首先要将帽子摘下。特别是在升国旗等正式场合时必须将帽子摘下，脱帽礼可以和上述几种礼节结合起来使用，在脱帽时可以同时向对方进行问候。握手礼在使用过程中尤其要注意使用的规则，有长辈和上级时要由尊者先伸手，但是在主客之间，为了充分表达出主体对于客体的尊重和热情，应当由主人先伸手。握手过程中要使用右手，力度要适中，持续的时间要控制三秒左右。与此同时，握手过程中要注视对方的双眼，同时配合使用寒暄用语，这样就能表达出对对方的尊重，而不是随随便便握手，缺乏稳重以及尊重之感。

图6-2　不同肢体仪态

三、气质仪态美学

气质美实属个性美，是一种形神兼备的美，它是通过对待生活的态度、情感、行为等直观地展现出来。它以人的学识能力、文化修养、道德品质为根基，"由表及里"透过被审视的神情、目光、谈吐、举止，来判定他的气质。气质好的人，的确能给人以美的享受。气质是指人相对稳定的个性特征、风格以及气度。性格开朗、潇洒大方的人，往往表现出一种聪慧的气质；性格开朗、温文尔雅，多显露出高洁的气质；性格爽直、风格豪放的人，气质多表现为粗犷；性格温和、风度秀丽端庄，气质则表现为恬静。在气质仪态形象的训练中包含五官、皮肤、四肢等部分，在后天训练中经常进行一些有氧运动能够良好地促进人体的血液循环，使身体各个部分都能够得到充足的营养，给人一种富有精神气的面貌。长期进行有氧运动后能够使人体头发、皮肤等在颜色上更为健康，并使气质仪态看起来更具备活力（图6-3）。气质美首先表现在丰富的内心世界。气质美看似无形，实为有形。它是通过一个人对待生活的态度、个性特征、言行举止等表现出来的。提升气质仪态美的关键途径即是提升审美能力，善于在生活、自然、艺术中发现美、创造美。

图6-3　有氧运动后的气质仪态

第三节　仪态塑造的场景

仪态是人们生活中一个非常重要的话题，个人仪态可以透视其人的心理活动和个人气质。人体局部性或整体性的姿势动态所表达的外在反映，是各种各样的心理活动来支撑的，反映了人物内心的基本倾向，这种外在形式的抽象性，常被用来表现朦胧的、复杂的、妙不可言的仪态美感，成为每个人与众不同的气质特色。仪态的塑造究其根本是一个精神的、正面的人物形象反映，代表着个人的气质、礼仪、修养等。礼仪是人类社会为维护正常生活秩序而共同遵循的最简单、最起码的道德规范，它是人们在长期共同生活和相互交往中逐渐形成的。作为个人的气质形象塑造，仪态发挥着重要的意义。作为社会礼仪，仪态是道德文明的重要组成部分。仪态对个人来说是思想水平、文化修养、交际能力的外在表现作为社会性角色。人们在职场奋斗、社交活动、居家生活中展现的仪态是不同的，从言谈到举止、着装、仪容等，每个角色都对应着相应的仪态规范。

一、职业仪态

职业仪态与其他情形的仪态不同，职业仪态是具有职业规范的。因为职业个人代表的是整个企业甚至是行业的形象，所以职业仪态的培训和实践是具有一定模式化、标准化的。不同的职业所要求的职场人展现的仪态是不同的。但总体来说，职业仪态具有积极性、乐观性、整体性的特点。职场中领导会更加乐于聘用精力充沛、积极主动的人，就业者展示出来的阳光、自信与活力会潜移默化地影响消费者的心情。同时热心地为他人服务，具有积极乐观的工作态度同样也会在同事、客户之中建立起一种友好和谐的关系。企业与消费者之间是通过友善体贴的服务拉近距离的。优秀的企业家会格外强调自己的员工拥有这种服务精神，树立服务意识，坚守自己的岗位。职业仪态代表着职业形象，既是个人形象，更代表着企业整体形象，在一定程度上还代表着国家的形象。职业形象是员工思想、价值观、品位、经济能力的缩影。同时折射出企业风貌、企业文化、品牌形象。消费者从员工身上看到的不仅是服务本身，还是该企业的人员选拔标准、服务水平乃至经营管理水平。

（一）专业类

专业类的职业指的是具有专业指向性的人员，如律师、检察官、法官等具有法律专业相关知识的人员；教师、教育行业等具有各方面专业理论知识的人员；医师、护士等具有医学相关理论知识的医护人员。还有从事实践类的专业人员，如消防员、警察、邮递员等，需要具备该行业的专业技术能力，在进行消防事故处理、歹徒劫匪袭击、邮件分类挑拣等场合中，都需要做出专业性的判断与处理。专业类的职业人群需要具备强大的专业知识，同时也需要具备与此相对应的专业仪态。专业类办事人员在服饰穿着上，应该拥有统一的制服，体现着行业的规范性和统一性，更能够给人以专业、严谨、细致的感觉；在面部妆容、发饰上应尽量做到清爽、日常，避免夸张的色彩，以免给人以轻浮之感；在行为举止方面，专业人士在进行各自领域的工作时应端庄、优雅，作为拥有技术和知识的人员，更要体现举手投足之中的礼貌和从容，不要大惊小怪、举止怪异。不同专业的从业人员也是有不同的仪态规范的。例如，法官和检察官这类人员的仪态要格外注意，法律是具有威严的，在此工作环境内要避免打闹嬉笑、言语无端，服饰方面要统一严谨着装，不要有过多装饰，举止方面要稳重、肃穆，行正坐直，不要有轻浮的举动。而在消防员、警察等专业行业，仪态规范又是不同的。警察作为保护人民生命和财产安全的人员，同样需要统一制服着装，佩戴相应的警徽，在办案时需做到严肃公正，举止要谨慎仔细。在日常进行民众活动时又需要亲切耐心，始终要在符合警员身份的仪态下进行。

（二）服务类

服务类人员顾名思义就是为人服务的行业人员，例如，商业、餐饮、旅游娱乐、运输、医疗辅助及社会和居民生活等服务工作的人员（图6-4）。人们生活在"服务经济"

图6-4　服务类职业仪态

的时代，服务行业遍布各处。只要有购物、咨询、出行等需要的，就会有服务业人员的出现。该行业有着特定的仪态规范，首先需要培养自己精神上的服务意识。培养服务意识要注意以下四个方面：一是要做到对顾客的尊重备至。尊重是服务的核心要素之一，缺少尊重必定会破坏和谐的关系。在顾客合情合理的要求下，服务人员要做到关怀备至。即使无法全部实现顾客的心愿，但也绝不能有为难、贬低或怠慢顾客的行为；二是亲切温和，作为服务他人的职业，面对顾客时应该表现得自信而不骄矜，顾客并不总是对的，但永远是第一位的，无论出现什么情况，都应该放平心态；三是彬彬有礼，礼貌是最基本的素养，包括言行文明、举止大方、细致周全，礼貌能够给人留下美好又永久的印象；四是真诚待人，服务行业需要考虑顾客的心理，是否购买和决定权取决于顾客，对人友善、真诚是发自内心的，诚信既然是商业活动中最重要的品质，那么它当然也是人际关系之本，更是人们所谈的服务之本。服务行业并不像法律、教师等需从属一定的行业规范，服务行业大到运输货物，小到居民生活服务，行业种类繁多，但都离不开"以人为本，服务为民"的思想。仪态是在与人交往中表现的，因此需要善于展现自己的肢体语言，使其更加具有感染力。着装可依据自身行业的服务规范，着统一制服或便装。

（三）生产操作类

　　生产操作类行业人员包括农、林、水利业生产人员和生产、运输设备操作人员，从事作物的管理、种植、收获、贮运和矿产勘探、开采、金属冶炼等。此类行业要求技术性、经验性和效率性，因此对于仪态有着不同的规范。例如，农民从事农田作物、园艺作物、热带作物、中药材等种植，往往是身姿多变的，没有固定的仪态。该行业是一个较为宽松自主的环境，只要保持着活力、乐观的心态就可以圆满完成工作。但同样从事农业的管理人员则有所不同，他们可能隶属于某农业机构，需要按照统一的操作规范从事职业。因此在言行举止上要多注意分寸，对待农产品的数据记录、实验等，需要持有严谨、一丝不苟的态度。在仪态上要注意言语用词、肢体操作的规范性。运输人员需要具备良好的职业素养与身体机能，仪态方面要注意站姿与坐姿不要过于松垮，要以活力充沛的精神面貌进行运输工作。矿产勘探人员需要格外注意仪态，从事精密数据的计算与核对时需注意保持合理的站姿和坐姿，符合正确使用仪器的要求，言语需准确、谨慎（图6-5）。

图6-5　生产操作类职业仪态

（四）军人类

军人是比较特殊的行业。他们是指保卫国家安全，保卫及守护国家边境，维护政府政权稳定，社会安定，有时也参与非战斗性的包括救灾的人员及有关人员。军人是具有高纪律的人员，其一举一动、一言一行都关乎着军人的威严和国家的形象，因此在军纪中仪态是非常重要的部分。首先是军队里的称呼，军人之间通常称职务、姓氏加职务或者职务加同志，首长和上级对部属和下级以及同级间的称呼，可以称姓名或者姓名加同志。下级对上级，可以称首长或者首长加同志。军人听到首长和上级呼唤自己时，应当立即答道。回答首长问话时，应当自行立正，领受首长口述命令指示后，应当回答"是"。在公共场所和不知道对方职务时，可以称军衔加同志或单独称呼同志。在衣着方面，军人要有整齐干净的仪容仪表。头发应当整洁，男性不留长发、大鬓角和胡须。女性发辫不过肩，不烫发，不染与原发色相差的发色，不得文身。军人必须按规定着装，保持军容严整、容光焕发。着装时要整齐统一，不佩戴饰物。穿着军服时，应按照规定佩带国家和军队统一颁发的勋章、奖章、证章、纪念章等。在待人方面，军人见面时有规定性的敬礼动作，体现军队内部的团结友爱和互相尊重。军人敬礼分为举手礼、注目礼和举枪礼。在行为举止方面，军姿是军人心态和风貌的体现。良好的军人姿态，显示了军人的训练素养。军人必须举止端正，谈吐文明标准，精神积极充沛，在军队中严遵纪律，站如松、坐如钟。站姿是军人的基本姿势，要做到两脚跟靠拢并齐，两脚尖向外分开约60°。两腿挺直，小腹微收，自然挺胸。上体正直，微向前倾。两肩要平，稍向后张。两臂自然下垂，手指并拢自然微屈，拇指尖贴于食指的第二节，中指贴于裤缝。头要正，颈要直，口要闭，两眼向前平视。立正姿势，一般用于列队、敬礼、宣誓、宣布命令、进见首长等一些比较严肃的场合。军人坐姿一般为两种：一是席地而坐，要做到左小腿在右小腿后交叉，两手抚在膝盖上迅速坐下，上体保持正直，两手手心向下自然放在两膝上。二是坐于座具上，如背包、椅凳等，要做到坐下后腰和腿、大腿和小腿呈直角。两腿分开，与肩同宽。两手自然放于膝上，上体保持正直。军人外出必须遵守公共秩序和交通规则，遵守社会公德，举止文明自觉维护军队的声誉。

（五）娱乐类

娱乐类常见的职业有明星、博主、演艺人员等。这类职业相比其他职业较为自由，具有很强的时尚感和节奏性。作为公众人物，明星可能是人民群众最喜闻乐见的人物。作为青少年最为追捧的对象，在言辞举止、仪容仪表方面更需要起到榜样和模范作用。因此，娱乐圈中对于明星、演艺人员的仪态训练是很重要的。演员首先是凭借良好的面容和身段气质吸引大众的，因此对于气质美的要求要格外严格。气质可以从体态展现出来，正确而优雅的举止可以使人显得有风度、有修养，给人以美好的印象。反之，则显得不雅，甚至失礼。娱乐类从业人员在社会交往活动中，需要注意优雅的行为举止等内在涵养的表现。同时其修养和文化素养也可以通过其情绪等外在方面展示出来。气质的表现就反映在个人情绪爆发强弱、意志强弱、行为反应强弱、思维灵活程度、情绪兴趣起伏等方面，这些特征稳定地表现着个人的心理和行为。明星艺人等在公众场合中应做到优雅的站姿与坐姿，举止文明礼貌，待人亲切友善。对于一些舞蹈演员而言，身段和站姿可以成为个人的优秀名片，因此也要尽量完美地呈现出来（图6-6）。明星艺人在言谈方面也是需要注意的，作为公众人物，甚至一句话就可能引发舆论的走向，因此在合适的场合发表合适的言论至关重要。对于一些未成年人来说，正能量、积极阳光的榜样形象是具有重要学习价值的。明星艺人的穿搭装扮往往是当下最时尚潮流的走向，也是大众乐于追捧的对象。因此对于明星艺人们来说，穿着具有时尚价值和大众审美意义的服饰同样是促进大众社会积极发展的举动，不要过分奇装异服，造成不良的影响。

图6-6 舞蹈演员身姿仪态

二、社交仪态

社交仪态与职业仪态有所差别。社交仪态是指人们在人际交往活动中，用于表示尊重、言辞规范和肢体行为。人际关系是人与人之间的交往和联系表现的。在交往过程中，每个人所展现出来的精神面貌和文明程度各不相同。因此，社交仪态也是考验一个人内在涵养的外在标准，是一种约定俗成的行为规范。它是人们衡量他人或自己是否自律的尺度，约束着人们在各种交际场合的言谈举止，使人们的行为合乎成规。同时社交仪态也集中反映了一定范围内人们共同的文化心理和生活习惯，因而能得到人们的共同认可和普遍遵守。社交仪态是以一定的社会文化为基础的，不同文化背景孕育出的社交礼仪在内容和形式上均具有一定的差异，需要根据不同的社交对象、场合和时间，运用相应的礼仪规范。不同场合的仪态要求是有差别的，有些场合需要严肃、端庄；有的场合欢迎活泼、热情的饱满情绪流露。这需要根据整体氛围进行调整，社交场合可以简单划分为商务场合、晚宴场合、派对场合三大类。

（一）商务类

商务仪态是指在商务活动中，各方企业为了体现相互尊重应该遵守的一些行为准则。体现商业合作之中的相互尊重，需要通过一些行为准则去约束人们在商务活动中的方方面面，其中包括仪表礼仪，言谈举止，书信来往，电话沟通等技巧。商务仪态的优雅大方不仅可以体现员工的个人素质，更能够反映企业的整体形象和文化精神。商务类社交场合可分为商务会谈、办公文化、客户社交等。商务会谈中见面和交谈是一门学问，见面时的仪态决定了一个人给别人留下的第一印象，也就是所谓的"首轮效应"。问候时要注意问候顺序，一般来说是下级首先问候上级、主人先问候客人、男士先问候女士，和对方交谈时可称呼其行政职务、技术职称或者行业称呼，不了解其职务时可尊称为先生、小姐、女士等。进行自我介绍时尽量先递名片再介绍，表达要简单明了，内容规范。进行业务介绍时首先要注意把握时机，察言观色，尽量以对方舒适和感兴趣的节奏进行；其次是要掌握分寸，在对方想进行补充或发言时要及时听取对方想法和意见，有利于促进会谈的和谐氛围，最后在会谈结束需要行礼告别时，要记得握手言谢，同时要讲究伸手的前后顺序，通常是"尊者居前"。在进行办公日常时需注意自己的仪容仪表，作为职员，工作是首要任务，穿着打扮都不宜夸张花哨。在一些商务和经济类的公司中，需要着正装、统一制服。在一些时尚类公司中可以稍微日常或个性一些，但是妆容发饰都需要保持清爽干净。言辞要注意文明礼貌，行为姿态要保持自然、精神。在与客户进行社交时，也需时刻注意个人的言行举止。自己的一举一动都代表着企业的形象，也会影响客户对品牌的信任度。服饰方面要注意选择与企业文化相符合的服饰风格，可以加深客户的印象。塑造良好的交际形象，讲究礼貌礼节，做到彬彬有礼，落落大方，遵守进退礼节，避免各种不礼貌、不文明的习惯。始终以客户为中心原则，耐心倾听客户的想法、仔细纪录细小事宜，观点明确，思路清晰，这些都会为自己的仪态加分（图6-7）。

图6-7　商务类场合及仪态

（二）晚宴类

　　晚宴是因习俗或社交礼仪的需要而举行的宴饮聚会，是社交与饮食相结合的一种形式。晚宴是重要的社交场所。人们通过宴会，不仅可以获得饮食艺术的享受，还可以增进人际间的交往。晚宴场合可分为商务晚宴、婚礼晚宴和日常晚宴等（图6-8）。商务宴请一般有两种形式，第一种是自助餐酒会，主客分宾主入席，直接开始用餐。通常自助餐不涉及座次的安排，大家可以在这个区域中来回地走动。和他人交谈的时候，应该注意尽量停止咀嚼食物，也不要在谈商务的时候吃一些很费力的食物。另外注意尽量避免浪费。第二种是正式宴请，宴席开始前，发起人需与餐厅提前沟通，落实酒店的宴会厅和菜单，为正式宴请做准备。注意发送请帖，提前确定、核对到场人数，了解宾客们的饮食习惯并及时与酒店沟通。入座时，应注意先后顺序和座位的尊卑，有尊者在场时，一定要礼让尊者先坐上位。落座后，要注意表情自然、亲切，腰背挺直，肩放松，背部不要靠在椅背上，两脚平落地面。需要交谈时，要根据交谈对象的方位

图6-8　晚宴类场合及仪态

自然调整腿脚位置，选择优雅规范的坐姿，保持上半身侧向对方，以示尊重。有事离座需要先说明，向周围人致意，宴会结束散场时需让尊者先行。婚礼晚宴一般是款待、回赠亲朋好友婚礼祝福的宴会场合。在此场合下仪态肢体动作可轻松自然，不必拘束，只需注意言行举止文明礼貌，不要大声喧哗等。在婚礼晚宴上需要注意仪态的部分是婚宴新人敬酒的时刻，若干礼节应该加以遵循。在敬酒时，新人应注意敬酒的顺序，首先要敬女方父母和男方父母，再敬其他长辈，最后是同事朋友等。敬酒时新人要亲手为客人将酒杯倒满，双手为客人端起。等客人放下酒杯后，新郎、新娘要说感谢的话语，并再次为客人将酒杯添满，方可再向下一位客人敬酒。日常晚宴一般是家庭、朋友之间的聚会宴席，在这个场合下只需注意下餐桌文化，保持文明自然的仪态即可。例如，入座时先请主客入座上席，再请长者入座客人旁依次入座，入座时要从椅子左边进入。进餐时，要先请客中长者动筷，进餐时尽量避免打嗝或者出现其他声音。如果要给客人或长辈布菜，最好用公筷，也可以把离客人或长辈远的菜肴送到他们跟前。最后离席时，必须向主人表示感谢，回邀主人以后到自己家做客，以示回敬。

（三）派对类

派对是人们聚在一起用于庆祝和休闲的社交方式，同样是促进人们增进感情或给商业者进行利益交流的聚会模式。派对举办的场地可以是家中，也可以是一些特殊的场合，如沙滩、别墅、草坪等场地，也是人们用来放松身心、广交朋友的重要渠道。因此掌握派对仪态更能增加他人对自己的认可度和好感度，使自己的社交更加顺利。派对有很多类型，如生日派对、新年派对、庆功派对等。生日派对通常是家人、朋友为某成员庆祝生日的派对，生日派对上人们可以自由畅谈、放松身段。虽是家人朋友，但也要注意礼貌用词，举止要文明、大方，需要对过生日的主人进行友好祝福并准备相应贺礼。进行游戏或者用餐时要注意照顾主人情绪，不要因自己过分尽兴而忽视主人的存在。与朋友交谈时要礼貌、风趣，选择合适的话题，避免尴尬空场，学会做氛围的调节者，举手投足要展现个人风采。在穿衣打扮上要符合个人气质，同时要注意分寸，做到不"喧宾夺主"的同时落落大方。新年派对是中国人最重视，也是最有仪式感的派对。在合家团聚、喜气洋洋的节日氛围中，出席新年派对也要讲究中国人的礼仪和规矩。虽主要是庆祝和欢聚，但是也要注意尊敬长辈，礼让晚辈，说话用词要注意带有祝福和吉祥的话语，包括向长者叩头施礼、祝贺新年如意、问候生活安好等内容。切勿言行无状，对待长辈的祝福要礼貌回应（图6-9）。

图6-9　派对类场合及仪态

三、生活仪态

生活仪态是指人们在日常生活中展现的个人文化素养与行为习惯。仪态塑造的意义是外塑形象，内强素质，和个人仪表、社会礼仪紧密相关。生活仪态没有过多的限定，是人们在日常出行场所中自发作出的行为。人的姿态、动作和语言是介于人的外在美和内在美之间的美。它是了解人内在精神的中介物，是人的心灵的窗户和镜子，是构成人体美的重要内容。生活环境是一种较为放松、安心的氛围，因而对仪态的规范性并不强，充满着人文色彩和亲切感。但置身于美的环境中，总会让人感到赏心悦目。一个人的仪态身姿优美往往会给人留下深刻的好印象。生活中的仪态通常可分为居家类、校园类、休闲类三种。

（一）居家类

家庭环境是人们最为放松的生活环境，也是每个人仪态养成和学习的最佳场所。家庭礼仪在现代社会生活中发挥着重要的作用，它是维持家庭生存和实现幸福的基础，也是家庭成员之间达成和谐的关系的重要条件。家庭成员互相尊重、和睦相处是前提，晚辈对长辈、长辈对小辈以及平辈之间要互相关心，经常问候，这是一个和谐家庭应有的仪态。问候要按时间、场合以问候对象的身份有所不同而有所区分。例如，子女问候父母应道"您"，自称就说"我"。长辈生辰寿诞，家人亲友生儿添孙时，应上门祝贺道喜，家人生病要及时探望问候。用餐也需要注意自己的仪态，就座后坐姿应端正，上身轻靠椅背。不要随意摆弄餐具和餐巾，要避免一些不合礼仪的举止体态。就餐时要文雅，吃饭应闭嘴细嚼慢咽，不要发出咀嚼和舔舐咂嘴的声音，更不宜吃得响声大作。居家日常活动时，要注意不打扰左邻右舍。早出晚归进出居室要保持安静，不要大声喧哗和说笑。使用音响设备外放时要掌握适宜的音量，不要制造噪声，尊重邻居的生活习惯等（图6-10）。

图6-10　居家类生活仪态

（二）校园类

　　校园是学生生活和学习的地方，也是反映青少年个人仪态培养和精神面貌的场所。校园里拥有良好的仪态，体现的不仅是学生的良好形象，更反映了学校的精神风貌，突出学校良好教育，对学校的形象和自身发展具有重要意义。在校园中，学生的言行举止都会被记录下来，学习不仅是掌握知识技能，更是一个人文化素养、内在修养的积累与升华，为将来面对职场和社交打下良好的基础。同学关系是学校中最基本、最广泛的关系，同学也是展现自我优秀仪态最直接的面对人。对待同学需要有良好的仪态表现。学生是具有青春活力的年轻人群，在文明道德的前提下要时刻牢记自己的行为规范，做好自己和他人的表率。教师和教育者们也要时刻检查自己的言行举止，是否做到表率，待人接物是否谦逊有礼，对待学生是否宽容慈爱，自己的穿着打扮是否符合教育者的规范，言语是否能够让人舒适肯听等（图6-11）。

图6-11　校园类生活仪态

（三）休闲类

休闲场所是人们最能够放松心情，享受生活的场所，包括外出旅行、逛街散步、与朋友聚会等。休闲场合人们往往会松懈自己的行为束缚，找寻最轻松、最舒适的自由时光。但是，即使在无人管束的情况下，保持自己的优雅仪态还是非常重要的。在社会上不仅需要遵守基本的社会公德，还需要做到礼貌文明，这样才能共同维系社会的治安和和谐，促进人与人之间的友善交往。例如，外出旅行是人们喜闻乐见的娱乐活动，在游玩过程中人们会进行拍摄留念等，这时要观察时机是否合适，自己的行为是否打扰到别人的出行。在旅游景点进行参观时要注意不要大声喧哗，询问路线和问题时要礼貌大方，注意自己的面部表情要微笑。每参观完一处景点就要顺手将产生的垃圾带走，不要随意涂鸦刻画。更要遵守场景内的规定，对待安保人员和善有礼。在日常休闲散步、逛街时要注意站姿、坐姿等仪态要落落大方，时刻展现自信阳光的形象（图6-12）。

图6-12　休闲类生活仪态

本章小结

学习了解仪态美学在形象设计中的地位与作用。人的仪态美取决于人的外在美和内在美，外在美又包括仪姿美和仪表美，而内在美则体现人的文化与修养。

通过对仪态美学的分类、仪态塑造的场景等方面的学习，使学生在实践中加深对形象设计与仪态美学的认知与理解，以达到最佳学习效果。

仪态美学是指建立在人体科学的理论之上，通过仪态等相关训练的方式改善自身的外在形象。人们在职场奋斗、社交活动、居家生活中展现的仪态是不同的，从言谈到举止、着装、仪容等，每个角色都对应着相应的仪态规范。

思考题

1. 简述仪态美的概念与特征。

2. 仪态美学主要有哪些方面？

3. 根据不同场景分析其仪态形象特征。

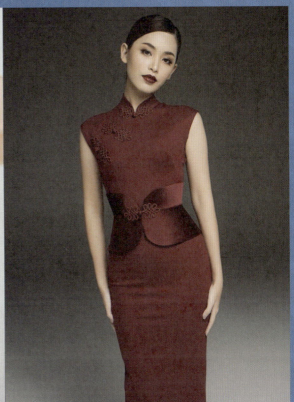

第七章
形象设计与创意构思

课题名称：形象设计与创意构思

课题内容：1. 形象设计中的创意思维

2. 形象设计中的灵感来源

3. 形象设计中的创意表现

课题时间：12课时

教学目的：通过形象设计中创意构思内容的学习，使学生全面了解功能性创意思维、艺术性创意思维、形象设计中的灵感来源、形象设计中的创意表现等。

教学方式：1. 教师PPT讲解基础理论知识。根据教材内容及学生的具体情况灵活制订课程内容。

2. 加强基础理论教学，重视课后知识点巩固，并安排必要的练习作业。

教学要求：要求学生进一步了解创意构思在形象设计的具体表现、掌握基本方法、针对不同案例进行分析与总结。

课前（后）准备：1. 课前及课后大量收集形象设计创意构思方面相关素材。

2. 课后针对所学形象设计创意构思相关知识点进行反复思考与巩固。

　　形象设计是一项创造性的工作，它与创意思维密不可分。创意思维中的"创"有首次、前所未有之意，引申下来具有"突破旧的、传统的，确立新的概念、秩序或关系"的意思。所谓创意，即确立新的、独特的概念，在这个阶段的设计只是一个抽象的概念和大致的趋向。所谓构思，则是将创意思维物化、具体化、结构化、实施化的过程，以具体的、有形的、物化的东西来体现创意这个抽象的概念。创意构思需要从人的本质需求出发，寻求人类真正的功能与精神上的需求。这就需要设计师开创新的设计概念、探索新的设计规律、研究新的设计理论、寻求新的设计形式。创意构思是形象设计的灵魂，最能够展示设计者对人物与艺术的解读与交融。设计的创意应该是科学技术与艺术的融合，是逻辑思维与形象思维统一的方式，它需要艺术的感性形象思维，同时需要科学技术支撑的逻辑思维。创意千变万化，层出不穷，绝无固定模式，当创意构思与形式美学、设计原理、造型技巧等有效而巧妙地结合在一起时，设计出来的人物形象才会充满生机与活力。人物形象设计是表达形象设计师思想活动与创造能力的综合载体。创意构思是设计过程中的重要组成部分，每一个人都具有自身的、与众不同的艺术审美与灵感再现，只不过需要用适当的方法将其开发出来，创造力的发挥程度会直接影响形象设计的最终成果。对于设计师而言，创意构思是个人审美、智慧、艺术修养以及个性风格的综合展示。同时也是一种自我实现，即在设计作品中实现艺术追求与自我愉悦，这是区别于他人和其他作品的重要标志之一。

　　在根据形象风格定位与实际限制之下，探索性地进行创意与构思，这一程序为整个形象设计的核心部分。培养创造力的前提就是培养创意思维，前提是需要打破一般常规式的思维方式，另辟蹊径，尽量从不同角度、不同方面进行思考。同时要注意保持思维的广阔性，从多方面观察事物，在一般人看来没有任何关联的资料信息中发现不同角度的关联，并获取创意资源与条件。当一个设计师具有迅速而敏锐地捕捉到有关事物的各种细节和特征的能力，并经常能觉察到那些别人不曾注意到的或是稍纵即逝的事物时，他的设计作品也就会具备别人所没有的优势。优秀的形象设计师会捕捉到被设计者内在的、不易被人察觉的气质、个性、喜好等。将这些因素融入设计构思中。作品和被设计者就会高度地融为一体，作品会更富有真实性、整体性和情感性。最后设计师应做到善于联想，将本无联系的一些事物用艺术性的手段组合起来，重新诠释意义。设计师的想象力越丰富，设计道路就越宽广；想象力越强烈，设计思路就越清晰；想象力越新颖，设计就越富有生命力。

第一节　形象设计中的创意思维

　　创新思维是产生新思想的思维活动，它能突破常规传统，不拘于既有的结论，以新颖、独特的方式看待新问题。形象设计具有复杂性与多样性特征，创作过程中不免会遇到很多的问题。设计师在创作过程中要结合一些基本的创意法则，将理论作为基础，有意识地进行规范化的完善和改进，使整体形象设计具有合理性和可实现性，最终达到创意效果。在创意思维中需要掌握一些基本法则，包括对设计对象的认识度、对实用性的把握度和对艺术性的理解度等。创意也是创新，"独特"因其"新"而具有了吸引力，因而能从众多的人物形象中脱颖而出。一切的创意思维是建立在基本的艺术规律及审美原则上的。创意思维使整个创作过程打破常规、逆向思维，深刻而又巧妙、独特却表意精准，使作品具有更强大的艺术性。创造性思维是逻辑思维、联想思维、发散思维、逆向思维、横向思维、灵感思维等多种思维形式的综合运用，其创造力和创新性即体现在这种综合运用的过程中。

一、功能性创意思维

　　任何设计都具有一定的功能，它总是围绕人的需要而展开的，设计的功能指设计之物所发挥的有利于人的作用和效能。因此，功能性与实用价值是形象设计中最重要的部分，功能性创意思维指的就是以解决人物形象中实际存在的问题为目的，将人物外在形象表达出最个性、最为美观的创意想法。不同种类的设计其功能属性的侧重点各有不同。总体看来，形象设计的功能主要包括实用性功能、矫正性功能两种，在这两种功能的基础上进行创意理解与分析表达。

（一）实用性创意思维表达

　　形象设计的实用功能指的是设计造型与人之间的物质和能量交换，使形象造型能直接满足人的物质生活需要的功能。精准地认识对象是开启创意思维的钥匙。形象设计绝非凭空想象，只有精准地了解被设计对象，才能更有效地实施方案。针对人物自身的特点进行完善和再设计，更有效地展开设计实施。实用是价值的永恒定律，它在生活中设计无处不在。一切设计与创造活动的根本目的都是提高生活的质量。因此一个有价值的设计作品，应当可以具有针对性地发挥其设计作用的功能。在形象设计中，不仅要考虑人物穿着的美观度，而且要考虑舒适性、穿着场合、穿着时间等。创意思维带来的效果要符合对象的直观接受力、审美认同、社会心理，并且要考虑一些特定的环境性和地域审美的差异性和禁忌等多方面因素。创意思维不仅面对的是当下，更是一个包含时间、空间的立体维度。只有如此，设计的功能性才能最大限度地发挥。例如，可以运用想象思维、发散思维等创意思维来进行设计。想象思维在形象设计中的运用是将对象深化认识，并以此为起点将其升华的重要思维方式。想象思维是人脑对记忆中储存的表象进行加工、改造，创造新形象的思维模式。想象是思维和创造的基础，是思维飞跃的内在动力，它能带领人们超越以往的视野。例如，中餐厅服务员的形象设计（图7-1），在符合餐厅风格氛围的前提下，可以根据服务员的内在气质进行服装色彩与款式的改变。武

图7-1   不同休闲风格的中餐厅服务员

图7-2   "店小二"服务员形象风格

侠风主题的餐厅，服务员的形象可以设计成古代客栈的店小二，相应地，发髻等同样按照朝代特色进行改编，妆容可选择较为英气的风格，强调面部轮廓与眉峰等细节。佩戴酒壶、毛巾等装饰物增加人物历史感（图7-2）。人物的语言表达也要贴近历史称谓等，才能构造一个整体的形象活动模式。发散思维是指在解决问题的过程中以一个目标为出发点，不受任何规则的影响。沿着不同的思维路径、不同的思维角度，

从不同的层面和不同的关系出发来思考问题。发散思维在形象设计中运用非常广泛，在服饰的色彩搭配、配件的运用上，想象往往会使得人物风格更加丰富。例如，设计暗黑系风格的人物形象搭配金属装饰、涂鸦等元素符号，身着解构主义风格的服装，整体采用黑色系的搭配，引起人们联想其个性、爱好等不同角度的特征，使整个人物形象更加生动、丰满（图7-3）。

图7-3 暗黑系人物形象风格

（二）矫正性创意思维表达

形象设计首先要做到美化人体外形。因此在形象设计开始之前就要深入地分析人体的缺陷与不足，从而制订详细的改造计划。在进行人体形象视觉矫正时可以利用形象思维进行思考。形象思维是人类通过感知形象，即以视觉、听觉、触觉对外界进行认知。对色彩、线条、形状、结构等表象进行分析、提取，再进行联想、想象和结构性的重构，表现出全新艺术形态的方式。可以把人体看作是一个艺术品，从色彩理论进行分析其点、线、面的色块组合方式和视觉呈现，从而实现整体的形象改良。在生活中，大多数人常常抱怨自己身材不够苗条、皮肤不够白皙、形体不够丰满等，这些看来都是不尽如人意的缺憾。人体有很多情况看来是不够美丽的，例如，肥胖、臃肿、瘦弱、干瘪、肩窄、腰粗、含胸、肤色较深、肤色偏黄等。通常来说，从体型到肤色可以通过矫正性色彩设计在视觉上制造错觉效果，使不尽如人意的形象逐渐接近心中所期待的理想形象。例如，暖色、浅色在视觉上有膨胀感；冷色、深色在视觉上有收缩感；竖条纹视觉上可以拉长身形等，都通过色彩和视觉进行理想化的矫正。冷色、深色的服饰可以在视觉上产生"身体不那么肥胖"或"某些部分不那么臃肿"的效果。对于局部外形不是很满意的人群，可以同时在局部运用色彩的膨胀收缩理论，加之图形视错原理的应用来改善形象。例如，肩窄特征人群可以使用对比较强的横向暖色线条，腰粗特征人群可以使用对比较弱的竖向深冷色

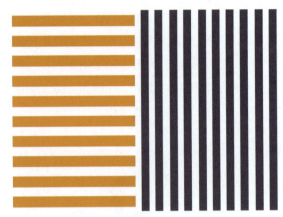

图7-4 不同色彩视错线条

线条（图7-4）。对于肤色较深的人群，其色彩设计的原则是尽量与无彩色系搭配。在色相方面，宜与低明度色相的色彩搭配。肤色偏黄的人群，其色彩设计的原则是尽量与无彩色系中的黑色、黑灰色、深灰色进行搭配。在对比的作用下，偏黄肤色的视觉效果会略显白皙。在色相方面尽量与低明度色相的色彩进行搭配等。

在色彩搭配方面也需要发挥逆向思维，也称求异思维或多向思维。它是指从思维活动的指向上进行多角度、反方向的思维过程。从与传统的思想、观念理论相异或相反的方向进行思维，其实质是要跳出思维定式，利用与众不同的解决方法，最终得出非同寻常的解决方案。反传统的色彩设计思维正在逐渐成为一种时尚，肤色较深的人群也可以大胆尝试与高纯度色相的色彩搭配，例如，橘红、玫瑰红、湖蓝、孔雀绿等（图7-5）。尽管在实操过程中，这样往往是"弄巧成拙"的搭配方案。但是在创意搭配理念下，就非常容易营造出清新亮丽、活泼大方的时尚大片形象。肤色偏黄的人群也可直接与黄色搭配，利用逆向思维来看，肤色偏黄的人群搭配一个更纯、更浓烈的黄色调，在对比的作用下偏黄肤色的视觉效果会降低原有的色彩倾向程度，看上去反而会更具艺术效果。

二、艺术性创意思维

艺术性创意思维在形象设计中具有开创新型艺术形式的作用。它是在已有知识和技能的基础上诞生的奇思妙想，具有消解陈规旧识、敢于超常或反常、大胆发散或变通的特征。艺术性创意思维要求摒弃凝滞僵化、重新提炼与概括。形象设计需要艺术性思维进行源源不断的活力供给，创意思维的拓展和深化是推动形象设计造型艺术进步的强大动力。艺术性创意思维并不是在创造离奇古怪和神秘莫测的新表象和新形象，它创造的应是科学性、社会性、历史性、文化性、目的性、需要性、审美性和观赏性的综合体，是具备大众可观赏性和理解性的形象设计。

图7-5　创意色彩形象设计

（一）色彩艺术创意思维表达

　　色彩是形象设计中最具有视觉影响力的部分，不同的色彩组合造就不同的形象风格和表现力。不同的色彩具有不同的特征，这些特征会使人产生不同的审美感受。色彩本身不是固有的，而是人类在观看色彩时的一种审美联想。这种联想没有统一的尺度，不同种族、不同文化背景赋予人的生活经验和审美经验也是不一样的。对于色彩的想象和审美不同，不同年龄、年代的人们对于色彩的联想性是有差异的。同一种色调，在年轻人看来是活力和鲜艳；在年长者看来可能就是肃穆、沉静。因此，对于色彩的认知是一件具有很强主观性的判断。一个好的形象设计创意加上巧妙的色彩运用，其成功的可能性就很大。在进行前期的色彩倾向选择时，要尝试运用多种创意思维进行组合。例如，对色调的联想与想象，对色彩的反响操作等。一个颜色可以有明暗的变化、色调冷暖的变化，也会在运用的过程中产生对比后的变化。色彩的每一次变化都会在视觉上形成不同的感受。一件艺术品的魅力正是从互相对比、互相烘托、互相辉映中表现出来的。在形象设计的过程中，自如地掌握色彩的弹性，自觉地运用对比的原则，就可以创造出千变万化的艺术效果。可以利用色彩的互补色、同类色、对比色进行整体组合。例如，在进行红色主题的形象设计中，可以全部运用红色调进行服饰搭配、发型的点缀等（图7-6），在同类色的基础上进行对比色的细节穿插，突出人物形象的跳跃感。也可以利用人们对于色彩联想的特点，进行色彩故事感的营造，配合同色系的装饰物进行主题

图7-6　红色主题形象设计

的烘托等。

（二）材质艺术创意思维表达

　　在形象设计中，材质和内容形式决定了形象设计的多样化。传统的形象设计使用的是一些传统材料，如纺织品、假发等作为服装与化妆的主要造型材料。材料决定性质，某些材料的可塑性很小，因而很难达到设计者所要表达的理想效果。对于材质的创意性表达不仅可以为形象设计找出新的探索途径，同时也可以表达出更精彩的视觉效果。在创意形象设计中，可以考虑在传统材料的基础上大胆地使用一些非常规的材料。随着科技的发展，纺织类材料在质地和色彩上有了很快的发展，并且出现了很多新的品种。当时尚产业不断发展与新型时尚理念的不断提出，服装材质也有了更多的空间表现。服装和化妆造型的材料如今不仅可以是纺织品，还可以是生活中的其他材料，如塑料、橡胶、金属、纸制品以及所有可以使用的物品，甚至是餐具、家具用品、工业材料等。对于材质艺术表达，不仅是靠材料本身的组合，还包括设计师对于各种材料特性的整合和搭配能力，将一些看起来普通的材质进行分割、折叠、弯曲、缠绕、编织等人为的工艺处理，呈现不一样的效果。对于一些材料的运用，国内外一些优秀的服装设计师们已经做出了很多的尝试，例如，在Comme des Garcons 2019秋冬系列的发布会上，女性造型就用到了各种面料的切割凸起，从渔网到天鹅绒、从硬挺的皮革到浪漫蕾丝，具有非常丰富的质感和情绪（图7-7）。荷兰艺术家苏珊娜·琼斯（Susanna Jones）使用回收包装材料，如发泡胶、气泡板、胶膜、塑料袋等，创造了精美的文艺复兴时期人物形象。在其另一个系列中，她除了继续运用塑料包装外，还使用了如苔藓、枝叶、野果、蒲公英等，使自然材质与人物形象完美融合（图7-8）。

图7-7　服装面料艺术创意思维表现

图7-8　包装材料艺术创意思维表现

（三）形式艺术创意思维表达

　　形式是形象设计艺术中最为重要的一个环节，即最后呈现的整体形象艺术。和其他客观事物一样，人物的形象有着各自的外观形式，包括"外形式"与"内形式"。"外形式"指造型的轮廓线条、整体形式、色彩、光感、质地等。"内形式"则指组合造型因素的内在规律。人体形象是需要遵循形式美法则的，例如，统一、对比、比例、节奏、和谐等，它们共同形成了审美的标准。一切美的内容都可以用一定的形式表现出来。一定的形式也不能脱离内容而存在。常态化的形象设计使用传统的形式美手段进行形象塑造，例如，对称与旋律将形象的端庄、优雅与沉稳感体现出来。在进行特定的角色设计时要考虑角色的时代特征、民族特征，还要考虑在发型和服装设计中运用这些特点。在某些完全注重形式表演的演出和不需要任何特别限制的秀场中，也可以在人物造型上进行大胆地创造。新的构思、新的材料以及对主题的演绎可以完全打破常规，以全新的形式来表现设计者的创意。对于舞台、艺术等形象设计而言，需要运用局部变异的设计手法。这种变异有时候是服装的局部样式，如2022年中央电视台春节联欢晚会中的舞蹈诗剧《只此青绿》（图7-9），它将《千里江山图》中的青绿设色抽离出来，抽象拟人化为一位女性人物形象，群舞是在表达群山层峦叠嶂的概念。《只此青绿》中的人物形象造型即是进行了局部的变异设计，舞者的发型被高高竖起，仿照的是《千里江山图》中的山石。舞者们的双袖宽大垂顺，摆动时仿佛是山的纹理，也可以想象成山间瀑布。当舞者们集体慢慢转身时，仿佛看到一座山峰迎面而来。当她们缓慢出脚重心下移，仿佛山峦在动。当舞者们呈现不同造型和体态变化时，是在模拟山峦的层峦叠嶂。从发饰到

图7-9　舞蹈诗剧《只此青绿》

服装再到肤色，《只此青绿》中的舞者形象在整体古风山水中展现着自己的优雅形象，在夸张与变化中达到形与色的统一，让观者产生无限想象。

第二节　形象设计中的灵感来源

灵感也叫灵感思维，指文艺、设计过程中瞬间产生的富有创造性的突发思维状态。灵感并非凭空而降，而是在对一定的资料、信息整合的基础上产生的。灵感素材可能是脑海中显现的某个念头或景象，是人们思维过程中一种认识飞跃的心理现象。它是新思路的突然产生，是可捕捉的，具有一定的偶然性与突发性，并非捉摸不定。灵感来自观察与思考，是对已有思维基础上进行的扩展和创新。在一些与设计本身并不相干的事物的观察和分析中，通过创造的敏感，捕捉到设计的灵感信息，这种灵感多以记忆中保存的某些信息为基础，侧重于对日常生活中信息的长期积累。通过对信息的整合而产生许多的联想活动，由此及彼、触类旁通地解决问题。还可以在与解决问题有关的语言提示和启发下，产生新思想、新观点、新假设、新方法。任何形象设计都需要有创意的支持，没有好的创意，设计就无法立足。而创意需要灵感，没有灵感，创意就没有灵魂。

形象设计是实际操作和实物制作相结合的艺术，因此，形象设计更需要理性地思考、激情地创作以及人为直觉的即兴发挥。灵感是一种感性的认识，往往会让人以一种不切实际的想法进行实际操作。在形象设计构思趋向完成阶段，要考量是否还能回到最初的感受状态之中，回味当时的情境和情绪，以观察现有设计是否能够充分地表现初衷。若与设想存有较大出入，就要探究一下原因，或者改用其他形式重新构思，这便是灵感的感性回归。灵感是有一定取材和摄取途径与范围的，万事万物都有其让人着迷的地方。在自然界、传统文化、少数民族、绘画艺术、现代设计中乃至潮流文化里，都有形象设计可取材的创意片段。在最初的灵感出现后，只要去了解、体会，找到相应的表现形式，为后来的灵感偶发提供一条思维线索。偶发的灵感大都需要调整和完善，需要结合实际进行深入思考才能应用在设计对象上。在设计思维的深入阶段，灵感构思更要强调理性的参与、理性的认识和思考。从而使灵感更为具体客观，更加符合实际设计实施。学会运用妆造、发型、服饰搭配等整体创作手法把握设计效果，把存于大脑中的灵感和构思进行物化。只有这样，灵感才不是幻想和空想，设计才能准确，效果才会合理完善。

一、仿生形态设计灵感

人类在大自然的孕育与滋养下成长起来，并用自身的智慧和劳动实践逐渐与大自然建立了协调的关系。在人类探索自然、改造自然的过程中，自然形态之美无疑首先进入了人类的学习视野。大自然鬼斧神工般地创造了形态万千、姿态各异的自然之美，至今仍然以其神秘莫测的魅力吸引着无数的人类去感悟和探究。自然形态的实用价值首先体现在其仿生功用上。

在满足了人类的基本生存需求之后，自然形态对于人类的审美价值逐渐显现出来。例如，通过原始人类的石器造物、洞穴壁画中可以看出，原始人对于自然形态的审美意识已经悄然产生。无论是阿尔塔米拉的洞穴壁画，还是旧石器时代的石质雕刻品上均已出现了形态比例、造型、节奏韵律、对比均衡等形式审美要素，这些都是来自对自然界万物的思考和借鉴（图7-10）。仿生是现代人认识自然、模仿自然的一种全新的设计手段。自然界中的万物以其特有的习性和形态完成生存和演化，人类在此过程中也逐步受到启发，从形态上的仿生追捕发展为习性上的仿生。按照仿生设计的模仿内容来划分可分为功能仿生、形态仿生和材料仿生等，它们对形象设计中的服饰、色彩、造型等都发挥了重要的灵感作用。功能仿生主要是研究生物和自然界物质存在的功能原理，并用这些原理去改进现有的或创造新的形象设计方式。换言之，功能仿生是根据生物系统某些优异的特性来捕捉设计灵感。通过技术上的模拟，使形象外观拥有更优越的性能，从而最大限度地满足人类对功能的需求。相对于功能仿生而言，形态仿生是对生物外在形态的模仿，但这种模仿是建立在结构基础上的。形态仿生也可以分为色彩仿生和肌理仿生，色彩与肌理都依附于外形上。仿生的色彩是为了适应自然环境的结果，所以动物才出现了伪装色，人们因此得到设计灵感发明了著名的迷彩服。在行军时野战部队也常会用土黄色、绿色等颜料涂抹于面部，也是为了融合自然荒漠、戈壁以及森林的固有色（图7-11）。整体形象造型仿佛是一种运用外形特征来保护自己的小动物，其灵感应该归功于色彩的仿生。材料仿生指在确定产品所使用的材料时，受到生物启发或者模仿生物的各种特性而进行的仿生。例如，生物学家发现鲨鱼皮肤表面粗糙的V形皱褶可以大大减少水流的摩擦力，使身体周围的水流更高效地流过，鲨鱼能得以快速游

图7-10 阿尔塔米拉洞穴壁画与旧石器时代石块

动。根据这一灵感启发，人们根据鲨鱼皮肤的特性设计出表面具有超伸展纤维的泳衣
（图7-12）。此外这款泳衣还充分融合了仿生学原理，在接缝处模仿人类的肌腱，为运
动员向后划水时提供动力。在布料上模仿人类的皮肤，使其更富有弹性等。

图7-11　迷彩图案与面部迷彩颜料

图7-12　"鲨鱼皮"泳衣

二、传统文化形象灵感

现代设计是传统文化的发展和延伸，它们也是现代艺术创作的灵魂与根基。传统文
化就是文明演化而汇集成的一种反映民族特质和风貌的民族文化，是民族历史上各种思

想文化、观念形态的总体表征。现代形象设计应注重融合传统文化，但在继承和发扬传统文化时，绝不是对古文明进行简单的形式化复制，而是要融合传统文化的精髓。中国的现代设计应该大步迈向国际设计潮流，学习和运用国际先进设计思想、技术的同时融合中国传统文化，逐步形成具有文化特色的国际化形象设计方案。中国传统文化元素博大精神，如书法、篆刻印章、中国结、戏曲艺术、皮影、武术、秦砖汉瓦、兵马俑、桃花扇、玉雕、漆器、文房四宝、四大发明、织锦艺术、传统吉祥纹样、对联、门神、年画、敦煌艺术、国宝熊猫、唐装、如意、儒家、道教、佛教、文言文、诗词曲赋、民族音乐、传统节日等，它们都是艺术家们的灵感宝库（图7-13）。

图7-13　熊猫与书法艺术作品

　　中国传统文化与形象设计中的服装、妆造等都有着密切的联系。五千多年的文明历史，已经形成了自身独特的传统文化。从服饰风格的展现、色彩纹样等元素的应用、妆容发型的改良创新等都是对传统文化元素的继承和再创造。例如，最能代表中国女性魅力优雅的旗袍风格，旗袍设计者们大胆地吸收西方女装设计、造型的灵感，不断地对旗袍进行二次创新。改良后的旗袍在腰身方面变得紧缩，其长度也不断缩短，甚至出现了低领的造型，把女性的人体曲线美展现得淋漓尽致。这种中西合璧的新式旗袍，不仅使中国传统旗袍文化得到新时代的认可，也能够更好地弘扬中国的服饰文化传统（图7-14）。除此之外，一些传统文化元素也在被广泛形象设计师采纳运用，如传统的龙凤、牡丹等中国吉祥图案，还有一些传统的刺绣、绲边等制作工艺，这些具有民族特色的文化不断被运用到服装形象设计之中。在一些复古形象设计中，传统文化元素不仅体现在服饰上，还体现在妆容上。例如，眉头、嘴唇等仿照古典美人的妆容特征，其发型也仿照传统女性的发髻进行改良，有着古今结合的视觉效果（图7-15）。传统文化的魅力在于经久而不衰，其文化中的设计元素、艺术风格等都是整体形象设计拥有灵魂与故事性的源泉。如何在形象设计中对传统文化元素进行深度挖掘与完美呈现是新一代形象设计力量需要不断努力的方向。

图7-14　"新中式"旗袍

图7-15　复古妆容形象设计

三、少数民族形象灵感

中华民族拥有着灿烂的民族文化，不同的民族也拥有着不同的文化背景。在审美观念、风俗习惯、文化艺术、宗教信仰等方面展现出的民族特色千姿百态，繁多的视觉素材给予了形象设计巨大的灵感源。形象设计师们通常会把这些元素组合或再设计，成为具有代表性的艺术风格。少数民族的节日传统、服饰文化、色彩寓意、民族传统手工艺等都是可借鉴利用的灵感素材。特别是运用民族配饰进行的风格烘托，如藏族、蒙古族等民族以珊瑚、松石、蜜蜡、银等材料为特色佩饰（图7-16）；苗族、瑶族等民族以织绣为主体特色等（图7-17），这些精美的图案及配色是人类智慧的结晶，也是现代形象设计中可用来借鉴的精美元素。例如，"嘉珑"一词来源于藏族，是藏族女子传统辫饰的意思。在传统藏族文化中，少女会于成人礼上从母亲手中接过嘉珑，并在上面增添自己的刺绣细节，代代相传，成为家族传承的纽带。直到现在，藏族姑娘们还是会于嘉珑上添加属于自己的刺绣，让传统的藏绣和年轻的她们共同成长、延续，这一细节可以被运用在民族风形象设计之上，成为打动世人的亮点。

图7-16　藏族与蒙古族特色配饰

图7-17　苗族与瑶族特色织绣

四、绘画艺术形象灵感

绘画艺术并不只是一种视觉表现，它是在二维空间上对三维空间进行的创作。根据对客观事物的构图、颜色和线条的思考进行主观创作的艺术表达。可以说绘画艺术是从生活中演变而来的，是人们最喜闻乐见的艺术形式之一。绘画艺术是绘画者本身艺术修养的体现，就像谈吐、穿着和思想一样。绘画语言同样表达着艺术者们的思考。绘画艺术灵感在服装设计中的应用很广泛，人物形象也相应朝着绘画艺术的风格而转变。世界绘画大师的作品与服装设计结合的案例在早先的时尚界已轰动出现过。对于绘画作品的形象设计灵感运用，大多是直接借鉴其风格表达，使用不同的设计手法与服装、配饰等相结合。例如，著名服装设计大师伊夫·圣·洛朗（Yves Saint Laurent）不仅改变了女性的穿着方式，同时也将绘画艺术与形象时尚完美结合，是少数将艺术融入时尚的先驱之一。在其1988年春夏系列作品中，灵感就来自伟大的画家文森特·凡·高（Vincent Willem van Gogh）的代表画作《向日葵》（图7-18）；在1966年秋冬发布的"波普艺术"系列时装设计中，他以汤姆·韦塞尔曼（Tom Wesselmann）作品中女性面部和裸体图案为灵感，成为首位将波普艺术的极大魅力融入时装中的人物（图7-19）。西班牙服装品牌德尔波（Delpozo）2015年春夏系列设计的灵感源于世界印象派大师莫奈的画作《睡莲池塘》，面料用色和花纹都借鉴了绘画中的配色和点缀方式（图7-20）。再如我国服装设计师周裕颖在纽约时装周发布的《遇见常玉MEET SANYU》系列作品，通过印花、坯布、水洗、网版印刷等多种处理手法，将街头风格跟油画艺术相结合。除了将画作运用到服装上，同时也混搭了条纹、豹纹等经典图案以及网纱等材质。

绘画艺术与人物形象不仅是服饰上的结合，还有妆容方面。人类对于美的追求不断与时俱进，人们不再满足于研究日常如何化好妆、给人留下更好的印象，而是开启了全新探索模式，着力于研究如何创造艺术性的妆容，更进一步从视觉上呈现概念性的想法，这也就是彩妆师的由来。彩妆师的化妆刷就像是画笔，而各种化妆色彩就像是各色颜料。彩妆师们会用调色盘调色后再上妆，并且在上妆前在速写本上设计出效果图，

图7-18 伊夫·圣·洛朗1988年春夏系列作品

图7-19　伊夫·圣·洛朗1966年秋冬系列作品

图7-20　德尔波2015年春夏系列作品

和绘画者们的创作步骤如出一辙。例如，塔尔·佩莱格（Tal Peleg）是位来自以色列的彩妆大师，她善于以人们熟悉的童话故事和著作为创作灵感，用眼线液和眼影在眼睑上画出美轮美奂的精致眼妆，使人物形象充满了绘画艺术的魅力。在新的时代背景下，艺术家、插画家们也都在寻求一种新的创作突破，使形象设计焕发出更多的可能性。

五、现代形象设计灵感

　　艺术是融会贯通的。形象设计灵感同样可以从现代设计中得到启发，如舞蹈、电影、建筑、诗歌、音乐等。现代设计艺术带给人们或原始、或经典、或超前的理念和视觉经验，是形象设计最有益的补充。使设计充满原始艺术的张力和激情，唤起人们对美的共鸣和欣赏。现代设计是艺术家们按照时代和美的规律对生活做出的理性与感性的思考。现代艺术中的语言、音调、色彩、线条等艺术元素是启发人们探索和思考的细节，同时带给人们全新的艺术理念诠释。皮特·科内利斯·蒙德里安（Piet Cornelies Mondrian）是风格派运动幕后艺术家和非具象绘画的创始者之一，对后代的建筑、设计等领域有着较深的影响。他的作品《红、黄、蓝构图》描绘出了他看待艺术的极简角度。红、黄、蓝三原色与黑白是调和所有其他颜色的最根本色调。通过结合几何，蒙德里安使用了十分严谨的分割和比例将这些元素完美融合。伊夫·圣·洛朗所设计的"蒙德里安裙"即是受到了现代设计艺术的影响（图7-21）。它巧妙地将缝线隐藏在直线与方块当中，达到浑然天成的艺术效果。将画作的精髓以这种看似简单实则复杂的方式重新展露于人前，既可以被理解为大道至简，也可以被认为是回归本质的极简主义艺术。这一系列的裙装通常搭配的是一款方型搭扣装饰的黑色皮鞋，方型的鞋面装饰同样低调地回应着服装的设计理念。在整体人物形象造型上还搭配了撞色的耳饰和球形的包头帽来呼应抽象的概念。20世纪60年代，人类踏上了去往太空的旅程，也因此在全球掀起了一波关注太空之美和航天技术的热潮，未来主义设计风格随即应运而生。法国著名时装设计师安德烈·库雷热（Andre Courreges）将未来主义经典元素包括塑胶、皮质高靴、金属色泽、夸张轮廓、鲜亮色块等应用于时装设计中，是时装界"未来主义"风格流派的鼻祖（图7-22）。他注重服装整体廓型的设计效果，款式注重简洁、功能性，只用纯净的白色、黑色或浓烈饱和的红色，这一点与他的建筑工程师出身是分不开的。他认为当理解功能之后，恰当的外表形式就会水到渠成。

图7-21　"蒙德里安裙"

图 7-22 "未来主义"风格服饰形象

　　建筑设计与形象设计一直有着密不可分的联系，它们不仅有着相似的性质，也有相似的构成元素。早期在欧洲掀起的建筑艺术风潮将时尚推向了极简化，强调线条感和空间感的理念打破了常规构思。从时装上体现出的则是一场感性和理性之间的较量。时尚总是受到周围环境的影响而不断变化，服装设计也会借鉴建筑中相似的结构、形状、颜色、质地等元素，以取得最佳的形象表现形式。建筑强调的是三维空间和强烈的立体感，在人物造型中这种思维方式同样受用，而且能够使设计作品呈现出更深的层次，引发更加深入思考的形式状态。在很多当下的服装形象中，总会看到现代建筑的灵感，建筑外部或内部的细节如窗沿、屋顶、屋梁边、门窗的廓型等。在设计中，这些建筑的线条、肌理、颜色、纹样、廓型和结构都可作为灵感运用到服装形象中。

六、潮流文化形象灵感

　　在人物形象设计的灵感来源中，潮流概念是最直观、最显而易见，也是最容易被采纳吸收于形象设计中的灵感点。潮流这个概念是基于国外的街头文化，表现载体首当其冲的就是服饰，然后才是各类的配件，物品等。最后演变到更广泛的对新锐品牌、新锐设计的热爱。潮流的特征是新奇性、相互追随仿效及流行的短暂性，如流行色、流行风格等，它是社会成员对所崇尚事物的追求，从而获得一种心理上的满足。潮流同样是一种文化，一种精神力量，潮流包括了各种形态的街头风格。它主要注重于创造力并与标榜优秀的元素融合，顺应时代时尚，也是最能被广大年轻人和时尚爱好者们所接受的文化概念。

中式美学从前是端庄古典的代名词，如今却是时尚潮流的代表词。一些代表着文化精神的品牌不仅成为潮流的代表，更能够进行抽象变化进行多样的设计。例如，在2018年纽约时装周上，我国著名运动品牌"中国李宁"采用的就是具有中国风格特色的红与黄配色的潮流机能风，中式美学搭配潮流风格展露国潮风貌（图7-23）。再如国外品牌Supreme、三叶草等在设计中加入汉字文化元素，并受到了广泛追捧（图7-24）。不仅是服饰方面开始注重对中国元素的运用，在美妆方面，一些美妆产品也开始汲取复古新国潮的灵感，在产品配色与文案上以"跨界""潮"的姿态迎合年轻消费者。在此氛围中人们会更加关注到古风妆容的中式审美，在化妆和造型上则以国人的特点进行改造。不同风格的国潮妆容可选择不同类型的发型，例如，齐刘海、黑直发

图7-23　"中国李宁"2018年纽约时装周

等都是属于国潮形象中的常用发型（图7-25）。服装方面可以选择改良旗袍，也可以加入戏剧元素、嘻哈元素等，配饰可选择古风首饰或戏曲凤冠等让国潮感更加浓郁，并巧妙地利用油纸伞、折扇、灯笼等国风道具使形象更为丰富。

图7-24　具有汉字元素的潮牌服饰单品

图7-25　国潮中的常用发型形象

亚文化同样是一个很新潮的文化群体，指的是与主文化对应的非主流、局部的文化现象。亚文化能赋予人一种可以辨别的身份和属于某一群体或集体的特殊精神风貌和气质，是一种小众的风格。早期的亚文化概念来自一些新潮的时尚潮流，如Flapper，指20世纪20年代西方新世代的女性，穿短裙，梳短发，听爵士乐，张扬地释放着自己的性感与魅力。在服装上，这一潮流主张腰线降低至臀部，不再强调突显曲线的收腰廓型，在形态上更突出中性特征；嬉皮士，起源于20世纪60～70年代，反抗宣战与当时政治习俗的年轻人，大量的宗教、图腾、药物、幻觉与神秘仪式，都是嬉皮士潮流中独特的元素；Hip Hop，也叫嘻哈，源于19世纪70年代纽约市黑人区，后来通过底层音乐与潮流形态逐渐壮大，嘻哈潮流的青年气息极强，装扮上往往包含了鸭舌帽、球鞋、运动裤、帽衫等日常且少年化的服饰；朋克文化，源于19世纪70年代，最初发展始于音乐界，但逐渐转换成一种整合音乐，服装与个人意识的广义文化风格，常见的服饰特点有撕裂风、暗黑风，并采用皮革、橡胶等材质等。

第三节　形象设计中的创意表现

综合国力的提升给予了人们优渥的生活环境，于是人们开始追求精神文明的满足。文化创意产业不断发展的一个目的就是，让人们在精神方面的一些需求得到对应的满足，从而提高国家软实力。形象设计师塑造一个人的整体形象，既要充分展示出其容貌美、形体美、体态美、行为美、语言美、风度美等外在美，又要对一个人进行由内而外的整体设计。根据他（她）的性别年龄、种族、职业、社会地位、心理状态、性格等方面的特点来构思，使发型、化妆、服装、体态、姿态、气质得到和谐统一，以体现一种时尚，增强一种美感，突出一种个性，展现一种风韵。经过这样的"再创造"，塑造出一个更完美的人物形象。这就要求形象设计师是具有设计创意思维的人才，不光有技术技巧，更要有文化底蕴和内涵，否则就是一个只会比着葫芦画瓢的"工匠"，没有自己的设计创意和创造，永远成不了一名合格的"设计师"。

一、具象化形象设计创意表现

从字面意义上解释，艺术创作中的具象造型就是具体地模仿或复制现实对象的造型形象。具象造型的信息形成源自将现实生活经过人类的思维提升加工后，以特定信息符号的形式留存在人们大脑之中。随着人类文明的发展，人们通过在生产、劳作、休憩的过程中感受自然界，模仿、记录这大千世界的具象形态，创造出适合人类体验习惯的器物造型和相宜的活动空间类型。这些不同的造型形式逐渐成体系地在人们生活中确立了不同的应用信息、造型语言及概念符号，不仅深入如建筑设计、产品设计、戏剧舞台美术设计等各类艺术设计行业之中，而且发挥着重要的作用。

（一）具象化创意内涵表现

"具象"是以客观世界为表现对象，是指人们所参考或描绘的物象与艺术形象较为相似或几乎一致。具象形式的作品有很强的可识别性，它是创作者们在生活中不断地接触与思考下所描绘出的艺术形象，这种形象不仅变化丰富又高度凝练。在具象艺术形式发展初期，设计艺术者们善于观察生活中的点滴，感知万物的变化。运用主观思维进行加工，并创造出属于设计艺术家们独有的个人情感价值的作品，来表达自己眼中的真善美。同时，由于具象性语言的形态识别度较高，也使观者更容易感受到艺术家想要抒发的情感与精神内涵。换角度言之，在大众社交媒体多元、网络原住民思维发散且多变的环境中，具象艺术形态的表达方式也成为业余爱好者、学者专家、艺术批评家、艺术市场运营者共登大雅之堂的首选参与方式。但是具象艺术形式并不是像摄影等形式一样复刻真实，也不是对现实世界的复制粘贴。设计艺术作品中的具象性，是创作者通过描绘某一事物的形象。由浅层的感知和记忆出发，经过思维重塑，加之自我的理解、认知、观点乃至发自内心深处的服从。因此，不同个体对同一事物的关注、理解及感知也大不相同，其创作的具象形式或形态也有所不同。

（二）具象化创意思维表现

具象形态与自然事物的本来面目相似或近似，基本符合事物的自然规律和外部特征。人们可以通过回想自己最初学艺的过程来理解具象艺术思维。在传统的教学中，对形象学习的第一步就是认真观察与感受。而后对自然事物进行描摹与还原。在此基础之上进行提炼、归纳、抽象形成最终的艺术形象。在传统的教学的初级阶段，往往是以物象的真实性为标准，以理性和绘画规律为指导，去引导学生进行单纯模仿自然事物再现原貌的过程。对自然事物并没有全盘描摹，而是提取关键元素服务于整个画面。经过观察与感受，提取关键元素并组合而成。在组合时以理性的思考方式去排版构图、设计用色、营造氛围来完成最终效果。以自然事物的真实性为标准，但同时又将自然事物的本来面貌艺术化。具象性形态是设计师、艺术家去观察生活，从中汲取养分后再现的一种生活。它是注入主观思考后表现出高于现实生活的结合体。其主要灵感来源于生活中物象的方方面面。如某一物象的外形与结构、空间与光影、质感与肌理等。设计艺术创作者将这些灵感元素描摹或还原，以此来创作作品，表达意图。遵循自然界表层规律，再现符合自然物象的原本特征。使观者可以沉浸在艺术作品之中，达到感同身受的效果。

二、意象化形象设计创意表现

　　"意象"一词的提出，始于诗学的概念。而后在古代艺术美学中，逐渐演化成专业批评诗歌的词语。如今，人们会在各种艺术形式中看到以意象为表意形态的研究，如绘画意象研究、音乐意象研究、舞蹈意象研究等。关于意象的理解，可以简单地拆分为意和象的结合，即客观事物与主观情感的结合。由于意象本意是借物寓情，因此在客观存在的自然事物基础上是寄予了主观的感受，并由此所创作出来的一种艺术形态或形象。它是指客观物象在初步观察之后，通过加入主观情感后所创造出的一种设计或艺术形象。意象来源于客观物象，又不等同于后者，更不能混为一谈。就像设计与艺术往往来自生活，但又不仅仅是生活。

（一）意象化创意内涵表现

　　意象化创意是从人们习惯的视觉模式中所跳脱出来的一种创意。它打破了原先艺术家前辈们所建立起来的视觉模式体验。因此，不能将之简单归于某一个流派。而是要纵观全局，站在整个近现代艺术史之上去理解其画面所呈现的诗意和蕴含的情感表达。相较于具象艺术形式，习惯运用意象艺术形式去表达的艺术家或设计师们更注重自我情感的表达。在他们的作品中，既有抽离现实的艺术追求，又有贴近生活自然的细腻和温柔，表达了一种兼容并蓄的精神。意象与物象是完全不同的两种形象。意象是在客观自然事物的内在空间中填入了作者的主观情感。通过创作者的艺术创作之后所创造出的一个焕然一新的艺术形象，两者是相互存在又相互独立。

（二）意象化创意思维表现

　　意象艺术思维往往侧重点在寄情于物，以达到人同此身，身同此感的体验。艺术作品的精妙之处就在"似与不似"之间。太过于相似会显得媚俗，如若不似会让人有被欺骗的感觉，这也精辟地概括出了意象艺术形式的特点。意象化作品往往以主观意愿和表现自我情绪为主要目的。通过一些艺术手段，如夸张、扭曲、归纳等方式塑造艺术形象，做到主观情感与客观事物相统一。例如，人们所熟知的法国印象派代表画家莫奈，他在晚期作画时更多的是依靠记忆与瞬时感觉去创作的，体现了个人之"意"，如《睡莲》等（图7-26）。中国当代著名画家吴冠中在探索自我风格的过程中，其作品也明显地流露出艺术家所追求的意象之美的种种尝试（图7-27）。最常见的意象化创意思维方式可分为两类：一是情感意象式创作形象；二是想象意象式创作形象。情感意象式创作形象是指创作者主观上的联想和想象。通过一定变形、归纳、抽象等艺术处理方法，以表现特征、想法、情感的创作方式。想象意象式创作形象是指面对客观物象时，其重点在于表达创作者的主观意愿。弱化客观事实的创作呈现方式。

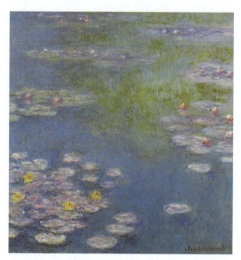
图7-26　睡莲　莫奈

图7-27　桥　吴冠中

三、具象与意象交融化形象设计创意表现

具象艺术形式作为绘画图式语言体系中的重要组成部分，一直是西方艺术发展史上的核心基础。在长久以来的中西方文化艺术交流中，人们最初对于西方的具象艺术形式采取的是无滤化吸收。后来随时间推移，逐渐过渡到"中学为体，西学为用"的表现形式。在此过程中，西方具象艺术形式与中国意象艺术形式的文化精神内核与技术形式始终保持着探索、碰撞、融合的发展道路。如果将一件作品看作是一个独立的个人，那么意向性的表达就如同娓娓道来的柔声细语，使人如沐春风。而具象性的表达则更像是不加掩饰的强烈倾诉，既能够直接接收到简单朴素的话语又能够在精神上与她感同身受。虽然具象和意象在表现模式上有一定的分别，但在艺术语言的运用上却不约而同指向了精神性表述。两者的相互融合，求同存异则更为精准地表现出了艺术审美价值方向的折中趋势，即不仅能够避免呆板与平庸，而且能够控制主观的过度宣泄。

（一）具象与意象的边界

在人类历史文明史的进程中，以具象性为代表的西方文化和以意象性为代表的东方文化均在不同程度上互相影响着对方。"西学中用"在某种程度上丰富了意象理论，而西方形而上学解构之时的审美倾向也逐渐向东方美学趋近。尤其是在消费主义盛行，大众媒介的传播下，具象与意象的边界也逐渐模糊。无论是从创作主体、艺术媒介、展现方式等方面均发生了改变，两者之间的壁垒逐渐消融。近年来，随着碎片化信息时代的冲击，人们对具象与意象的理解与认知也逐渐片面化、偏见化。越来越少的人愿意去潜心研究与学习，他们只愿意相信目前所看到的浅层含义。这种思维上的惰性导致对理论的认识更加浅薄，使得具象与意象的边界被主观意愿加速弱化。

（二）现实生活语境下的影响

数字媒体对生活的方方面面有着巨大的影响。当一个全新视角被打开时，同时也会对传统意义上理解的具象与意象性概念有所颠覆。建立在虚拟环境下的艺术似乎不再是某个隐喻符号，而是真实的存在，它是与现实一般皆具有同一性。传统艺术的媒介是物质材料，而数字时代的媒介是数据支撑和数码产品。虚拟现实不仅是对客观存在事物的模拟再现，还可以是对现实存在事物进行创造性的虚拟或虚构。对于现代传统类型的设计艺术家而言，有关形象图式中的探究早已融入进虚构的艺术形象。人们可以初步理解为意象艺术形象中的想象式创作形象。甚至可以在此基础上运用虚构再转化的方式，为个人的艺术体验和生命力量开辟新的舞台。这些现实生活方式的转变，正在潜移默化地改变着人们的感知方式。同样，也反向刺激着创作者对灵感、对作品技术更新的欲望。更有"元宇宙""NFT艺术作品"的出现与盛行，它们都对人们所熟知的艺术语言和符号形态带来了机遇与挑战。

在物质极其丰富且多元化的现代，无论艺术还是设计，人们的日常生活早已成为创作的关注点。日常化的设计与艺术创作不再是设计师与艺术家独有的标签，而是人人皆可创作与分享。在社交媒体软件的推动下，众多不知名设计师与艺术家们都在极力寻找自己的独特之处，想借助一股"流量"顺势而上。对于初学者来说，以具象性语言为表现方式的形象语言便成了最佳选择。人们每天被各种各样的"物"所包围，这种"包围"并非简单的、关于物的堆积，而是具有了特殊符号性。这些日常而琐碎的"物"，正以一种独特的方式走进人们的生活，充斥着人们的眼球，争先恐后地想以某种视觉刺激的方式使人们产生强烈印象，并在脑海中长期留存。从某种意义上来说，他们正以这样的方式记录着当下所发生的一切，以不同的主观视角记录着对这个世界的看法。

（三）意象的寄情于物与精神内涵

意象是指美感的生成，审美的世界即为意象世界。越是贴近意象本质的艺术作品，就越是贴合美的本质。因此，在某种程度上可以理解为艺术作品在本质上都具有意象性的发展空间，只是分为美的或无感的。意象是主体与客体的交融互渗，具象性艺术本质上也是意象的。具象性艺术在实现事物与自我情感表达的时候，同样需要有主客体的分离到交融的过程。艺术作品中的意象不仅是指可视性的"象"，从艺术表达的深层含义来理解，最终均是回归到精神层面上。换言之，要把人的情绪与情感寄托在其作品之中。形象设计中意象表达的理念，即为由物象至心象的转换。无论运用具象还是意象的表现手法，最终都是以达到对客观物象精神内涵的升华为目的的。意象性的外延空间比具象性艺术更宽广，其指向的是内在本质，是一种主客交织关系的建立。艺术家对此方面的研究越是深入，领悟越是深刻，其艺术作品就越具有意象性和美感。如此一来，不仅融合了主观情感的表达，提炼出了审美价值，而且将艺术家的精神性由"看不见、摸不到"变成了"看得见、摸得着"的可视存在。由此创作出的形象作品，变成了一个新的、客观存在的事物，是一个被情感化了的全新作品。

本章小结

学习了解创意构思在形象设计中的地位与作用。创新思维是产生新思想的思维活动，它能突破常规传统，不拘于既有的结论，以新颖、独特的方式看待新问题。

设计师在创作过程中要结合一些基本的创意法则，将理论作为基础，有意识地进行规范化的完善和改进，使整体形象设计具有合理性和可实现性，最终达到创意效果。

通过对形象设计中的创意思维、形象设计中的灵感来源、形象设计中的创意表现等方面的学习，使学生在实践中加深对形象设计与创意构思的认知与理解，以达到最佳学习效果。

在设计思维的深入阶段，灵感构思更要强调理性的参与、理性的认识和思考，使灵感更加具体客观，更符合实际设计实施。学会运用妆造、发型、服饰搭配等整体创作手法把握设计效果，把存于大脑中的灵感和构思进行物化。

思考题

1. 形象设计中的创意思维有哪些方面？
2. 简述形象设计中的灵感来源。
3. 简述形象设计中的创意表现。

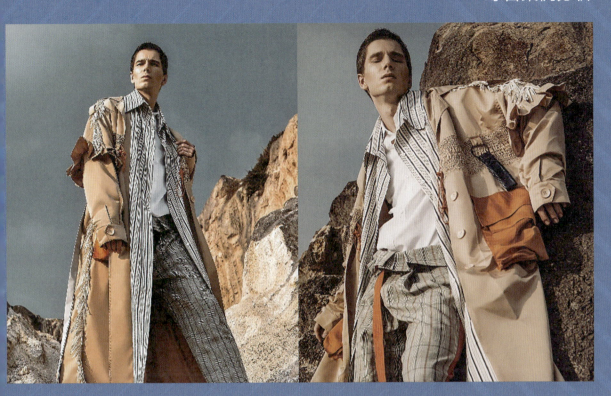

第八章
经典形象设计案例分析

课题名称：经典形象设计案例分析

课题内容：1. 职业形象设计案例分析

2. 休闲风形象设计案例分析

3. 前卫形象设计案例分析

4. 华丽形象设计案例分析

5. 浪漫风形象设计案例分析

6. 民族风形象设计案例分析

7. 田园风形象设计案例分析

8. 复古风形象设计案例分析

课题时间：12课时

教学目的：通过经典形象设计案例内容的学习，使学生全面掌握职业风形象设计、休闲风形象设计、前卫风形象设计、华丽风形象设计、浪漫风形象设计等要点。

教学方式：1. 教师PPT讲解基础理论知识。根据教材内容及学生的具体情况灵活制订课程内容。

2. 加强基础理论教学，重视课后知识点巩固，并安排必要的练习作业。

教学要求：要求学生进一步了解不同风格在形象设计中的具体表现、掌握基本方法、针对不同案例进行分析与总结。

课前（后）准备：1. 课前及课后大量收集不同风格形象设计案例并进行针对性分析与练习。

2. 课后针对所学不同风格形象设计案例相关知识点进行反复思考与巩固。

　　古往今来，人们妆容、发型、服饰等形象方面的变迁是一定社会时期下的经济、文化、科技发展的缩影。人们对于外在形象的需求一是体现实用功能，二是体现美感表达。在现代社会中，人们开始有意识地去追求美，通过得体的形象呈现出独特的气质魅力。一个良好的形象不是简单的化妆或穿着的概念，而是全面的、立体的、动态的个人整体素质形象。由于社会经济的飞速发展，人们对于形象设计的认识也变得更加全面。同时，对于形象设计的多样化需求也日趋增多，特别是追求内在修养与外在形象的和谐一致成为众多设计对象的核心诉求。本章节从不同风格形象、不同性别角度进行案例分析，全面且详细地介绍整体形象的设计要点，展现出不同形象的特有风貌。

第一节　职业形象设计案例分析

　　职业形象是职业内涵的外在表达。在形象设计中，良好的职业形象可以体现符号化职业特征，增强人们在工作中的自信感。现代职业形象不仅体现了对美感的追求，而且会根据不同环境发展进行相应改变。其中，社会关注度、精神视野等心理因素对职场形象的影响也不容忽视。因此，现代社会职场形象设计要考虑到不同职业群体的普遍心理特点，并在职场形象设计个案中逐一体现。

一、职业男性形象设计案例分析

　　图8-1案例一是一组深色系商务男性职业形象。在妆容形象方面，图中的左侧男性面部轮廓棱角分明，下颌消瘦，五官分布均匀，眼睛较为细长。眉眼部位通过玳瑁色眼镜的修饰，流露出一种时尚又不失文雅的东方气质。图中的右侧男性面部下颌线条清晰，脸型为国字脸，也是男性脸型中最具阳刚之气的脸型。该男性眉眼十分有神，金属色眼镜的修饰展现出智慧的气息。两位男性的妆容形象均较为自然，没有过分矫揉造作的夸张感，整体十分干练、清爽。在发型形象方面，图中左侧男性为短碎发，纤薄的层次给人一种透气、舒适之感。前额的刘海、后脖颈处的微卷发尾则为其形象增添了几分活泼感。图中右侧男性发型为"三七"式侧分发型，亚麻棕发色搭配微卷的弧度避免了过于生硬的职场形象，整体发型形象更显得轻松、随意。在服饰形象方面，左侧男性身着藏青色西服套装、内搭藏青色中高领针织衫，运用同一色彩、不同质地的搭配法则提升服饰形象的层次感。西服面料的挺括感与针织面料的柔软感完美融合。脚部穿着的亚光黑无带皮鞋一方面符合了整体服饰形象的风格；另一方面也显得该男性的腿部更加修长，整体也更为挺拔。手中所拿的驼色公文包则为该男性的整体职业形象增添了亮点，起到了画龙点睛的作用。右侧男性身着炭黑色西服套装，内搭同色系翻领POLO衫，

胸前的扣子也具有一定的装饰效果。脚部穿着黑色系带皮鞋，手中所拿亚光黑色公文包也与皮鞋相呼应，整体形象是低调且精致的风格。在仪态形象方面，两位男性形象均彰显出了职场男性干练挺拔的身姿与不凡的气度。

图8-1　职业男性形象设计案例一

　　图8-2案例二是一组浅色系商务男性职业形象。在妆容形象方面，图中左侧的男性皮肤色调适中，面部轮廓棱角分明，五官立体，眼窝较为深邃。眉眼部位具有典型欧洲男性魅力，整体给人以神采飞扬的视觉印象。图中的右侧男性面部肤色较白皙，下颌线条清晰，五官立体，脸型为国字脸，是男性脸型中最具阳刚之气的脸型。眉眼稍显忧郁，流露出复古绅士的气息。两位男性的妆容形象没有过多修饰，以自然风格为主。在发型形象方面，图中左侧男性的发型十分清爽、干练，发色呈亚麻棕色。两侧头发较短，前额及中间部分头发较长，具有一定的波浪纹理感，整体看起来严谨中带有点活泼感。图中右侧男性的发色为红棕色，两侧头发较短，前额刘海有一定弧度，在"三七分"的发式下凸显了绅士风度。在服饰形象方面，左侧男性穿着浅蓝色西服套装，内搭同色系翻领衬衫。领口没有束领带，这样的穿搭方式更加轻松、随性。腰间的深灰色腰带增添了西装的厚度，并与脚上的中灰色皮鞋相呼应，展现出青春且不失沉稳的一面。

右侧男性整体形象风格为复古风。上装身着灰绿色双排扣西装外套，咖啡色的纽扣显得尤为精致。内搭米黄色衬衫、墨绿色领带，与西装外套构成了和谐美观的系列搭配。裤装为浅卡其色西裤，脚口的翻边细节增添了几分文艺感。在仪态形象方面，两位男性形象均彰显出了年轻职场男性青春干练的身姿与复古文艺的气质。

图8-2　职业男性形象设计案例二

二、职业女性形象设计案例分析

图8-3案例一是一组黑白色系女性职业形象。图中左侧女性与右侧女性为同一人，在妆容形象与发型形象方面均表现一致。该女性五官立体，眉眼距离较近，显得十分有神。妆容较为清淡，几乎看不出上妆痕迹。特别是唇部色彩与整体肤色较为一致，呈现出裸妆的通透之感。发色为柔和的棕色系，发中及发尾部分颜色较浅，中分的发型凸显出女性干练飒爽的形象。在服饰形象方面，左图为白色衬衣搭配黑色双排扣西服套装，西服扣为亚光磨砂材质，低调中展现精致美感。西服外套收腰的款式细节、裤装的"喇叭"状廓型、尖头包脚高跟鞋为该女性形象增添了一些温柔美。在仪态形象方面，左图女性双臂垂于身体两侧，右侧膝盖微微向外，整体呈现出职场女性的强大气场。右图上装为白色V领针织打底衫，领口处是较细且紧密的螺纹，下摆处则是

较宽的螺纹，两种不同的螺纹形成了美观的视觉对比效果。下装是黑色半裙搭配尖头包脚高跟鞋。"上浅下深"的色彩搭配法则非常映衬该女性的肤色，同时也非常和谐。在仪态方面，右图女性双手背后，右脚向前迈出并轻轻点地，整体形象风格简约大气又不失女人味。

图8-3 职业女性形象设计案例一

　　图8-4案例二是一组暖色系女性职业形象。在妆容形象方面，左图中的女性五官立体，眉峰明显，眼睛大而有神，唇部丰满，面部线条十分流畅。整体妆容为裸色风格，眼影为大地色系，唇部色彩也是淡淡的裸粉色，整个妆容效果较为柔美。右图中的女性为瓜子脸型，眉峰较平缓，整体五官风格更为秀气。眼妆为日常大地色系，唇妆为温婉的红色系。在发型形象方面，该女性发型为波浪形短卷发，发色为棕色系，整体看起来十分干练且不失女性魅力。在服饰形象方面，左侧女性身着淡粉色一粒扣西服套装。手持金属色手包，脚穿金属色高跟凉鞋。该形象局部细节非常精致，尤其是丝绸包边的领部与裤装的烫缝线较好地展现了该形象严谨活泼的职业风采。右侧女性内穿浅粉色真丝衬衫，外搭香芋紫色西装外套，衬衫领口的蝴蝶结垂于胸前，显得十分随性。下装为拼色格纹长裤搭配紫色高跟凉鞋，裤脚口的开衩设计不仅拉长了腿部线条，而且使整体形象更加轻松自在。在仪态方面，两位女性都精准呈现出职场女性形象的积极自信、果敢美丽的一面。

图8-4　职业女性形象设计案例二

第二节　休闲风形象设计案例分析

　　休闲风形象是当今社会中最常见的服饰形象。不同于职业风形象，休闲风形象设计是人们内心舒适随性的外在表现，不仅可以反映出个人日常穿搭审美风格，而且能够展现一种积极向上、乐观自信的精神面貌。因此，得体大方的休闲风形象塑造可以增强人们外出社会交往的自信心和形象魅力。休闲风形象的塑造通常会根据季节冷暖变化进行穿搭变化，也可根据时间、场合的不同进行相应改变。一方面要洞察穿着者的个性等内在因素；另一方面要针对不同场合环境下的休闲风形象进行积极适宜的调整。当然，休闲风形象设计也要考虑到不同年龄段的形象需要，以期达到最好的设计效果。

一、休闲风男性形象设计案例分析

　　图8-5案例一是一组日常休闲风格的男性形象。在妆容形象方面，图中男性面部五官轮廓分明，清晰立体，眼睛深邃有神，眉峰挺拔，面部刻画较为自然，没有过多的

粉饰。整体妆容清爽干净，利落简洁，非常符合休闲形象洒脱随性的日常风格。在发型形象方面，图中男性都是蓬松微卷的短发，亚麻发色，衬托肤色和唇色，显得非常整体自然。在服饰形象方面，最左侧男性上装身着白色针织开衫，内搭同色系T恤，与头戴的白色渔夫帽色彩呼应；下身穿着灰蓝色工装风格的五分裤，与上身柔软悬垂的面料形成对比；鞋履选择与上身穿着相配的同类色帆布鞋，搭配浅棕色高帮袜，在拉长腿长的同时不显单调。中间的男性外穿棕色大衣，中层身着天蓝色衬衫，最里层穿着白色T恤作为打底，整体色彩饱和度较高，显得十分年轻活泼；该男性下身穿着及地宽松黑色休闲裤，悬垂感好，视觉拉长下半身比例；同样选择一双简单干净的小白鞋，在整体穿着上还搭配了一副圆边墨镜，镜框色与外套色彩一致。最右侧的男性身穿白色夹克外套，中层搭配棕色衬衫，最内层搭配深红色T恤，在色彩变化方面增加了些许跳跃感；下身穿着灰蓝色宽松西裤，脚穿与外套色彩相一致的白色帆布鞋，整体色彩柔和淡雅，得体大方。在仪态形象方面，图中的三位男性均展现了当下年轻人舒适洒脱的休闲站姿。

图8-5　休闲风男性形象设计案例一

　　图8-6案例二是创意休闲风格男性形象。在妆容形象方面，图中男性五官轮廓清晰，眼睛深邃，眉毛浓密，眼部选择了与发色相近的大地色眼影，整体妆容干净清爽。在发型形象方面，图中男性是利落的寸头短发；在服饰形象方面，图中男性身穿设计感十足的驼色风衣外套，袖身上的荷叶边与流苏装饰体现出精致的时尚感与艺术感，外套上还设计有细密的褶皱搭配简洁帅气的橘色工装口袋，门襟处采用的是条纹衬衫面料，与白色内搭形成对比与呼应，下装为格纹面料的休闲长裤，裤子系带的位置选择了同外套相呼应的荷叶边设计，并系有一条橘色帆布裤带；鞋子选择的是休闲简洁的白色帆布鞋。在仪态形象方面，图中男性展现出随性自然又不失风采的姿态。

图8-6　休闲风男性形象设计案例二

二、休闲风女性形象设计案例分析

　　图8-7案例一是日常休闲风格的女性形象。在妆容形象方面，图中左侧女性五官端正大方，眉目清晰，眼睛部分采用较淡的大地色眼影，鼻梁高挺，唇色是较为日常的淡粉色，整体妆容简洁优雅；图中右侧女性注重刻画眼妆，色彩为清新的橘色调亚光眼影，唇色为玫瑰色，面部小巧精致。在发型形象方面，图中左侧女性采用的是中分长发，发色为亚麻棕，与妆容和服饰的色彩相协调；图中右侧女性为后梳起的长发马尾辫，发色为浅亚麻色。在服饰形象方面，图中左侧女性穿着驼色长款毛呢连帽外套，配有牛角扣装饰，内搭米色与驼色拼色的毛衫，下装穿着白色牛仔休闲长裤，脚穿一双棕色底白面球鞋。整体服饰穿搭色彩相互衔接，色调柔和，是秋冬季节非常减龄的休闲穿搭风格；图中右侧女性穿着卡其色军装元素风格套装，上身为短夹克款式，左侧衣袖分段设计，手肘处衣袖用拉链分割，衣身前部装饰两个工装大口袋，夹克飘带为牛仔穿孔设计，下身穿着高腰卷边休闲短裤，装饰有迷彩纹样口袋，脚穿一双休闲绑带马丁靴。整体服饰体现了春夏休闲风与设计感。在仪态形象方面，图中左侧女性站姿端庄自然大方，更显身段挺拔纤细；图中右侧女性姿态活泼生动，俏皮可爱。

图8-7　休闲风女性形象设计案例一

　　图8-8案例二是校园休闲风格的女性形象。在妆容形象方面，图中女性妆容自然淡雅，眉毛修长干净，色彩与发色呼应；眼影采用亚光橘色调，唇色采用较深的砖红色，提升气色，整体妆容清新日常。在发型形象方面，图中女性为利落的中长发，发色为深亚麻。在服饰形象方面，图中女性上身穿着具有设计感的灰蓝色短袖衬衫，衣身前部为褶皱纽扣设计，搭配深红色针织领带，下身穿着简约的米白色休闲棉麻短裤，脚穿白色中筒袜搭配同色帆布鞋。整体服饰清爽干净，符合当下校园生活中的学生日常休闲穿着。在仪态形象方面，图中女性姿态活泼生动，充满朝气。

图8-8　休闲风女性形象设计案例二

第三节   前卫形象设计案例分析

前卫形象代表的是个人或是一个团体的独特超前的审美时尚，往往与当下主流日常的形象有所区分。在当代艺术风格中，前卫意味着对传统观念和社会既定的标准进行挑战，强调的是形式与色彩的对比和夸张。通常把一切与文化相关，却又与主流文化不太相关的东西，统统归为前卫。也正因如此，前卫形象设计所体现的视觉冲击力与艺术性往往更强烈。拥有前卫时尚思维的人同时具备独立、风格化的自我意识，在服装中个人色彩浓郁，给人以捉摸不透、变化多端的感觉。前卫形象设计需要设计师掌握一定的流行时尚资讯，把握时尚流行趋势，这样才能更好地把人物心中所想表达出来。前卫形象设计可以更好地把人物的个性、对时尚的追求展现出来，同时丰富社会形象表达，展现当代时尚的多元化。

一、前卫男性形象设计案例分析

图8-9案例一是非常具有设计感的前卫形象设计。在妆容形象方面，图中男性主要展现在眉眼的刻画上，眉形具体，色彩较浓。唇色采用较为光泽感的色彩，颜色较浅。眼部运用和服装相一致的深蓝色晕染，眼睑位置选择了饱和度较高的深蓝色亮片提

图8-9   前卫男性形象设计案例一

亮整个妆面。在发型形象方面，图中男性将头发扎成了利落的小短发，在潇洒帅气的同时也增添柔和的感觉。在服饰形象方面，图中男性上身穿着牛仔蓝不对称设计外套，袖身拼接深蓝色西服面料，领部运用拼接撞色设计，衣身上的纹样拼接了白色面料，装饰有黄色褶皱花边和牛仔二次再造面料；下身裤子色彩与上身一致，面部缠绕黄色细绳，整体造型流动感十足。在仪态形象方面，图中男性肢体放松，以表现身上着装为主，没有过多的动作。

图8-10案例二是一组充满现代感和运动感的男性前卫形象。在妆容形象方面，图中男性五官立体，轮廓棱角分明，眼睛细长，唇部较厚，具有东方气质。在发型形象方面，图中男性主要佩戴了带绑带的渔夫帽，但还是可以看出其利落的短发。在服饰形象方面，图中男性身穿印有字母印花的长款卫衣，衣袖装有亮橙色的工装口袋，衣身上强烈的色彩对比设计成为形象视觉中心。外套有银白色反光马甲，装饰有飘逸的宽带，与帽饰上的飘带构成了一个整体。下身穿着具有细密褶皱的灯芯绒裙裤，脚上穿有亮闪丝线的休闲鞋。配饰选择同类亮橙色的运动帆布包，整体造型色彩丰富，设计点众多，体现出时尚与运动的灵活结合。在仪态形象方面，图中男性动作夸张，表情自然，展现出浓烈的设计感。

图8-10　前卫男性形象设计案例二

二、前卫女性形象设计案例分析

图8-11案例一是鬼马精灵的女性前卫形象。在妆容形象方面，图中女性五官端正，眉毛平直，肤色红润，眼部眼影为橘红色调并采用高光提亮卧蚕，眼部下方用水晶亮片装饰，修容部分主要在眼窝和鼻梁处，更显鼻梁提拔，唇色为与眼影相一致的橘粉

色。在发型形象方面，图中女性为夺目的粉橙色微卷短发，时尚夺目。在服饰形象方面，图中女性穿着具有强烈设计感的紫色长毛皮草外套，装饰有白色字母飘带，内搭白色镂空蕾丝比基尼，头上带有明黄色针织帽，脚穿鹅黄色绑带高跟鞋。整体服饰风格既反叛又可爱，展现了前卫着装的丰富性。在仪态形象方面，图中女性姿态优雅又不失青春活力，展现了当下年轻人时尚且自由的独特气质。

图8-11　前卫女性形象设计案例一

图8-12案例二是复古中式风格的女性前卫形象。在妆容形象方面，图中女性眉毛浓黑平直，具有东方韵味，眼部用大地色眼影晕染，主要刻画眼部形状与眼角轮廓，腮

图8-12　前卫女性形象设计案例二

红较为突出夸张，唇色为较浅的淡红色。整体妆容复古优雅，端庄且具有个人特色。在发型形象方面，图中女性为利落的齐肩中短发，发尾处为亚麻色过渡。在服饰形象方面，图中女性左侧穿着条纹上衣，衣身前部为深蓝色提花设计，肩部缀有夸张立体的褶皱纹理装饰；图中右侧女性穿着高领灯笼袖长裙，衣身上部分为深蓝色，裙身为灰蓝色，外套搭配有不对称设计的深蓝色无袖翻领马甲，胸前装饰细节有盘扣元素等，以及具有中式风格的编织帽。整体服饰风格强烈，设计点众多，对女装的风格化引领做出前卫思考。在仪态形象方面，图中女性姿态端庄，并带有"国风造型"特征。

第四节　华丽形象设计案例分析

华丽风格所追求的是极致的华丽、隆重、奢华的视觉效果。这种装饰风格即意味着突出豪华，通常会显现出富丽堂皇、气派不凡的感觉，具有强烈的艺术感染力。华丽外观既有富贵的象征，同时也是各种精湛艺术与技术在造物形态上的极度表现，有着更接近人类本性所需要的炫耀意味。华丽风格形象多数会出现在宴会等社交场合，通过大量运用夸张的服饰造型、艳丽的色彩以及烦琐的装饰给人以奢华庄重的视觉效果。

一、华丽男性形象设计案例分析

在妆容形象方面，图8-13中左侧男性面部轮廓清晰，眉形自然修长，眉眼间距较近，凸显了深邃感；面中用橘色腮红修饰，增加柔和感，唇色为裸色。中间的男性面部轮廓硬朗，面颊消瘦，五官立体，整体风格偏成熟。胡须作为面部修饰，在提升个人气质的同时也是凸显风格的重要特征。右侧男性面部下颌线条明显，脸型为方型脸，五官分布均衡，比例适中。眉毛为野生眉，眉色较深，与发色相匹配。三位男性的妆容形象整体偏向自然风格，个性分明。在发型形象方面，左侧男性发型为侧分背头，线条流畅，发色为浅棕色，凸显端正气质。中间的男性发型为侧分背头，自然蓬松有松弛感，发色为深棕色，符合其硬朗成熟的形象。右侧男性发型为中分狼尾头，刘海在额前分开，发色为深黑色；发尾向外卷曲，增加灵动感；整体风格呈现出浪漫文艺的气质。在服饰形象方面，图中左侧男性身着黑色西服四件套装，包括西装上衣、西裤、马甲、衬衫。同时装饰黑色蝴蝶领结，符合正式场合的礼节。该服饰形象虽为黑白两色，但搭配不同的材质可使得整体不会过于沉闷，黑色翻领西装外套中穿着白色竖向风琴褶衬衫，加上黑色缎面西装马甲，外套上衣口巾袋外装饰衬衣同色手帕，里外一一呼应，同时增加了细节感。鞋子为绒面亚光乐福鞋，凸显整体华丽浪漫的氛围。中间男性穿着墨绿色风衣套装，上衣为灰白混色∨领衬衫，搭配墨绿色绒面双排马甲，提高整体腰线，显得身材更加修长。裤子为花色方格缎面西裤，材质硬挺，熨线清晰。鞋子为亮面黑色牛津系带皮鞋，在整体亚光质地的基础上增添一些视觉变化。同时还有同色系橄榄绿皮质手套，它是秋冬外出的必备单品之一。整体服装造型搭配要点突出，且有一定的系列感，是秋冬季节搭配的典范案例。右侧男性身着黑色钉珠绣花西装套装，上衣为黑色镂空花纹衬衫，薄纱下透出肤色，增加了透气舒适的感觉。外套为黑色钉珠翻领一粒扣西装外套，裁剪合体，面料挺括。钉珠花纹装饰增加华丽时尚的感觉，同时与镂空衬衣形成呼应。搭配九分烟管西装裤，潇洒自如，同时穿着黑色亮面尖头皮靴，与钉珠花纹颜色相似，在正式中又不失个性前卫。在仪态形象方面，三位男性形象整体风格属于奢华气质的类型，仪态优雅，自然稳健，风度翩翩。

图8-13　华丽男性形象设计案例

二、华丽女性形象设计案例分析

在图8-14中，在妆容形象方面，该女性脸型为鹅蛋脸，脸部线条流畅。五官明艳大方，眉眼比例协调。眉毛平直，鼻梁挺拔，嘴唇丰满。在妆容上，眉型清晰，眉尾平缓延长，眼线微微上翘，加上自然放大双眼的睫毛，使整体眼妆体量感十足，是整个妆容的亮点。唇色为自然的豆沙色，与整体妆容相适配。在发型形象方面，该女性的发型是使用率较高且实操性较强的盘发花苞发型，整体的头发盘到发尾，低至耳下。无刘海的发型设计配上轻透的裸妆，使整个人显得十分干练、大气。耳部佩戴的长款吊坠珍珠耳环流露出一种时尚之美。在服饰形象方面，该女性皮肤略显粉嫩，肤色与低饱和的色彩对比产生了华丽、活泼、和谐的色彩效果。身穿抹胸鱼尾大摆长裙，上衣为香槟色缎面面料且用鱼骨固定胸型，蝴蝶结用同色同质的材料装饰，下面衔接灰色缎面面料，并由多片面料拼接。配饰为花朵和蝴蝶珍珠戒指，与耳环相呼应。在仪态形象方面，该女性仪态良好，具有轮廓美、姿态美和曲线美。站姿和坐姿都展现出落落大方的仪态形象。

图8-14　华丽女性形象设计案例

第五节　浪漫风形象设计案例分析

　　浪漫风形象指具有少女般浪漫品位，充满幻想般的形象。服装中主要使用轻柔的面料搭配花型图案等，通常选用粉色、黄色、紫色等柔和色调来着重表现甜美、可爱的风格。浪漫主义风格源于19世纪的欧洲，它主张摆脱古典主义过分的简朴和理性，反对艺术上的刻板僵化。它善于抒发对理想的热烈追求，热情地肯定人的主观性，表现激烈奔放的情感，常用瑰丽的想象和夸张的手法塑造形象，将主观、非理性、想象融为一体，使服饰更个性化，更具有生命的活力。对于浪漫风格的感受，东西方略微有不同，似乎东方人更倾向于心灵的梦幻，而西方人更追求华美的表现和不同的新意。它可以解释为"非现实的甜美幻想"，此风格基本只体现于女性形象设计中，强调女性化风格的面貌，其感觉为纤细、轻巧、优雅、华丽并富于梦幻气息。正如黑格尔所说："浪漫主义艺术的本质在于艺术客体是自由的、具体的，而精神观念在于同一本体之中——所有这一切主要在于内省，而不是向外界揭示什么。"

一、浪漫风男性形象设计案例分析

　　图8-15是一组高级灰色系的浪漫风男性形象设计案例。在妆容形象方面，图中三位男性皮肤细腻、肤色均匀、五官立体、眉眼有神，面部为裸色系妆容风格，整体散发一种浪漫且忧郁的气质。在发型形象方面，左侧男性为"三七式"发型，发色呈棕色，部分发尾为灰青色漂染。较为卷曲的刘海遮盖了部分眼睛，增添了一丝浪漫主义情怀。中间的男性发色呈棕色，发型为中分短卷发，左侧前额刘海与右侧刘海发梢进行了绿色漂染，浪漫气质糅合了些许活泼之感。右侧男性发色为棕红色，发型为齐耳短卷发。特别是前额的短刘海为该形象添加了几分俏皮感。在服饰形象方面，左侧男性内搭翻领衬衫，衬衫外搭配一层薄纱罩衫。该罩衫是整体服饰形象的点睛之笔，简约大气的花草风格刺绣展现了灵动之美，同时体现了浪漫主义特质。外穿具有硬挺之感的西服外套，与内层的薄纱罩衫形成了鲜明对比。裤装为灰色休闲运动裤，搭配同色系休闲运动鞋，脚口的松紧带设计使形象看起来更为利落。中间男性上装穿着形式与左侧男性一致，不同的是，其内搭衬衫为蓝色细条纹衬衣，外套西装的面料较为柔软。裤装与西装、休闲包、鞋子色系一致，但在面料质感方面进行了适当区分。该形象的亮点在于内搭衬衫色彩的跳跃之美为整体形象带来了勃勃生机。右侧男性内搭蓝色粗条纹衬衫，外穿针织圆领套头毛衣，下装搭配浅咖色系工装裤与灰色休闲运动鞋。毛衣胸前及肩膀部位的植物

图8-15　浪漫风男性形象设计案例

绣花图案看起来十分精美，手拿包的皮革质感与毛衣本身的柔软细腻质感形成了良好呼应。在仪态方面，三位男性形象为双手插兜、单手拿包与单手插兜，整体形象风格帅气、乖巧又不失温暖、浪漫。

二、浪漫风女性形象设计案例分析

在图8-16中，在妆容形象方面，左侧女性形象脸部轮廓线条清晰，五官明朗，眉眼比例协调，脸型是标准的鹅蛋脸，温婉大气。眉毛线条柔和圆润，呈拱形，眉尾稍稍拉长。在妆容上，杏色大面积铺满眼眶，作为打底色的同时起到消肿的作用橙红色眼影晕染至双眼皮褶皱处，黑色眼线填充内眼线，延长至眼尾。搭配自然浓密款睫毛，用棕色眼影放大下眼眶边缘，增加整体眼部的量感。橙色系腮红修饰面中，填充面部的饱满度。唇色为棕红调，与眼妆部分相适配。用亚光高光提亮鼻骨、眉骨等部位，使妆面呈现出干净、透亮的感觉。在发型形象方面，该形象发型为齐肩侧分短发，自然微卷且蓬松，发量充足，发质柔软。暖肤色搭配挑染红色适配度较高，辅以外侧微卷的发束，不仅凸显浪漫风格，更可以修饰脸型，同时还可以兼容很多风格。加上树叶形镶钻发夹，增加细节，提高整体完整度。在服饰形象方面，该女性身穿红色V领千层薄纱裙，肩头处预留10cm长度的薄纱打破沉闷，增加俏皮感。背后用细带连接，直至腰部，漏肤面积的扩大，营造轻盈的氛围。下摆则是逐层叠加的薄纱进行一个体量的堆积，配合拖地长尾，浪漫气质，优雅时尚。在仪态形象方面，该形象服饰搭配得体、举止大方端庄、姿态优雅自然。形体美是仪态美的一部分，而且是基础的部分，没有形体为基础的仪态，就像没有经济的支撑，空谈精神的伟大一样。当然，仪态美不是仅有形体美就足够的，它还要有容貌美以及在这两者之上通过适当的修饰而塑造的修饰美。

图8-16　浪漫风女性形象设计案例

第六节　民族风形象设计案例分析

对于一个国家而言，民族元素是最具代表性的特征，它是国家文化内涵的深刻体现。将民族元素融入形象设计专业，既能够使学生了解、发展和传承传统民族文化，还能够丰富学生的创作素材，带给学生更多的创作灵感。民族一词在辞海中的含义为：具有共同语言、地域、经济生活及其表现于共同文化上的共同心理素质的稳定共同体，是人们在一定历史发展阶段形成的。习惯上指以地缘关系为基础的一个国家或地区的人们共同体，如中华民族、阿拉伯民族等。民族元素记录着历史与文化，成为具有高情感含量和丰富文化内涵的载体。因此，也越来越多地被用于形象设计之中。形象设计师们也在世界丰富多彩的民族元素宝库中挖掘灵感，纷纷探寻实践新的设计方法，创造新的设计理念。他们以新颖的设计思路，将民族元素巧妙地融于现代的时装形式中，即散发着神秘的民族味道，又不失时装的现代精神。

一、民族风男性形象设计案例分析

图8-17是一组极具民族风韵味的男性形象设计案例。在妆容形象方面，左侧男性

图8-17　民族风男性形象设计案例

肤色偏黄，五官立体，眉毛浓密，特别是唇部较为丰满。中间男性肤色较白皙，五官立体，面部骨骼感强，整体偏清瘦。右侧男性肤色介于前两者之间，唇部丰满，但五官风格颇具"少年感"。在发型形象方面，左侧男性为自然卷短发，深棕发色，整体呈现出"爆炸头"发型式样，看起来十分肆意、洒脱。中间男性发型为"二八"分式样，前额刘海有一定弧度，给人一种含蓄内敛的印象。右侧男性发型为中分短卷发，中棕发色，流露出乖巧且帅气的英姿。在服饰形象方面，左侧男性上装内搭为藏青花色针织打底、外套为皮毛一体、牛仔面料相拼接的夹克。裤装是水洗复古感牛仔直筒裤，搭配黑色圆头皮鞋。其中，外套上的民族风几何图案与裤装上的民族风圆形刺绣图案相呼应。领部的丝巾装饰、细节处的牛仔面料以及白色毛翻领既展现了民族风形象的精髓，又不乏时尚感。中间男性上装内搭浅蓝色翻领衬衫、颈部针织脖圈、森林绿色连帽夹克，手拎藏青色休闲包，衬衫领口处的飘带细节极具设计感。夹克部分处的规则性民族风刺绣图案使原本略显单调、沉闷的外套增添了活泼之感。下装为藏青色九分工装裤搭配拼色运动鞋，尤其是鞋头处的局部民族风图案体现了整体形象的精致感。在仪态方面，三位男性走姿自然，具有较强的个人气场。

二、民族风女性形象设计案例分析

图8-18中的女性形象是一组以黑色系花朵图案为主题的民族风形象设计案例。在妆容形象方面，左侧女性与右侧女性为同一人，肤色均匀，中间女性皮肤稍显白皙，下颌线清晰，五官立体，整体妆容较清淡，展现出自然亲切的一面。在发型形象方面，左侧女性为浅棕发色，中分盘发，两侧有编发和些许碎发，起到了较好的修饰作用。头戴黑色蕾丝发箍，展现了端庄大气的民族风格形象。中间的女性也是浅棕发色，"三七"分发式与额前编发造型具有强烈的民族风格辨识度，两侧的些许碎发使整体形象看起来自然、轻松。右侧女性为中分编发造型，头戴具有仿生风格的蝴蝶发箍，具有一定的民族艺术风格效果。在服饰形象方面，左侧女性身着深V长款连衣裙，袖口处有荷叶边装饰，黑色竖条纹面料具有些许透视感，搭配裙身植物刺绣图案与绕脖式项链展现出民族风格中与大自然亲近和谐的视觉印象。皮革链条包伤的金属元素与黑色皮短靴上下呼应，体现了民族风格中的时尚魅力。中间的女性内搭民族风格连衣短裙，外穿民族风工装外套与帆布鞋。其中，内搭连衣裙内衬为黑色波点网纱，在现代与传统之间构成了良好互动。耳饰与内搭连衣裙上的图案、工装外套口袋处、袖口处、翻领处、单肩皮包肩带等部位一一呼应，十分巧妙。右侧女性内搭花灰色针织衫、外穿黑色西装外套，下穿具有强烈民族风格特色的半裙与拼色运动鞋。尤其是半裙内衬的黑色波点网纱与飘带装饰形象地展现了民族风格的灵动感。耳饰、皮包肩带、袖口、半裙等部位的图案更是精准展现了其民族风形象之美。在仪态方面站姿自然，符合民族风形象设计要求。

图 8-18   民族风女性形象设计案例

第七节   田园风形象设计案例分析

现代物质文明已不再像以往那样能给人们带来精神愉悦，日渐加剧的社会竞争、喧嚣嘈杂的生活环境、污染的蔓延都给当代人们的生活带来了一定困扰。人们在心灵深处渴望生活的回归，向往轻松、愉悦、温馨的田园生活，渴望从中得到心灵的抚慰和慰藉。由此而产生的田园形象设计特征表现为：推崇传统乡村文化及民族民间艺术风格，追求自然情调及原始形态。它是相对于都市风格而言的，表现了现代都市人向往自然、回归田园的心灵感触。强调本性的洒脱、个性的恬淡，不重修饰，不事夸张的格调，而崇尚纯朴，意在形象设计中体现自然本性、随性的生活态度。田园风形象设计重视大自然及乡村生活的本质，一般会从广袤的大自然和悠闲的乡村生活中汲取设计的灵感，展现一种的恬静舒适的状态。

一、田园风男性形象设计案例分析

图 8-19 中的三位男性为现代田园风形象设计案例。整体形象色彩柔和统一、清新自由、面料健康舒适、装饰自然朴素。在妆容形象方面，左侧男性为长方形脸型，五官周正，皮肤属于小麦肤色，看起来十分健康。中间男性为方形脸型，肤色较白皙，眉眼

深邃，嘴巴上方略有胡茬，给人一种成熟稳重的感觉。右侧男性为长方形脸型，肤色介于前两者之间，眼睛虽小但十分有神，面部神情较为严肃拘谨。在发型形象方面，左侧男性发色为黑色，头顶部位的发质呈自然卷状态；中间男性发色为黑色，头发微卷，具有一丝法式浪漫风情；右侧男性发色也是黑色，发量充足茂密，前额的齐刘海造型给人以淳朴乖巧的印象。在服饰形象方面，左侧男性上装采用了叠穿法则，白色翻领衬衣、蓝色衬衣搭配裸粉色风衣使服饰更具层次感，下身的绿色短裤与上装进行了有效撞色。茶色墨镜、白色短袜与驼色麂皮休闲鞋起到了局部装饰的效果。特别是蓝色衬衣上的花朵图案为数码印花工艺，绿色短裤上的花朵图案则为立体织绣，不同的制作工艺细节更使人眼前一亮，具有一种森林田园之风。中间的男性上装为简约款白色衬衣，口袋及下摆处有刺绣图案点缀。下装为鹅黄色工装裤，裤身装饰有白色织带，两侧装饰有口袋，脚穿同色系休闲鞋。肩部背有灰绿色单肩皮包，还搭配了一条同色系拼色丝巾，整体风格形象自然、温暖，宛如一位温润的田园少年。右侧男性上装内搭灰白色衬衣、外搭纯白色工装夹克，下装穿着蓝灰色短裤、白色短袜与蓝色休闲鞋。其中，上装衬衣图案与外套上的数字内外呼应，浅蓝色的领带与短裤、鞋子为同一色系，淡橙色的小包点亮了整体形象，增添了青春活泼之感，恰似一位来自海边的活力少年。在仪态方面，三位男性动态走姿协调、自然，虽然右侧男性稍显拘谨，但是整体不乏个人气场。

图8-19　田园风男性形象设计案例

二、田园风女性形象设计案例分析

图8-20中的三位女性为现代田园风形象设计案例，整体色调为白色系风格呈现。在妆容形象方面，三位女性五官立体，妆容清新，没有过多的色彩修饰，给人一种如沐春风的清透感。在发型形象方面，三位女性均为中分长发，左侧女性与右侧女性为长卷发，中间女性为直发。左侧女性发色较浅一些，呈现为茶棕色。中间及右侧女性发色为黑色。三位女性的发型飘逸、自然且柔顺。在服饰形象方面，左侧女性身着白色镂空针织连衣裙，身背带有丝巾装饰的精致链条皮包，腰系白色皮革金属环粗腰带，脚穿白色皮革短靴。该形象的亮点在于裙身的编织几何图案、袖部的流苏装饰以及局部细节配饰，这些元素恰到好处地展现了田园风女性形象的甜美一面。中间的女性形象相比前者则较为自在、随性，上装内搭裸色蕾丝背心，外穿白色衬衫与马甲，下身搭配同色系西装短裤，脚穿白色高跟鞋。咖啡色条纹领带、皮革细腰带、古铜色斜挎包带这三者在色系上保持了统一，起到了一定的装饰作用。既与服装产生了色系对比，又体现了舒适自然的田园风形象理念。右侧女性的整体风格更充满女人味，是一种性感式田园风形象。内搭白色吊带连衣裙，肩带处的花朵增添浪漫韵味，裙身的透明纱质面料保留了几分神秘感，与白色外套、腰间的棕色腰带、棕色短靴形成了强烈反差。在仪态方面，左侧女性的走姿展现出曼妙的身姿；中间的女性身姿清爽、干练；右侧的女性身姿则流露出了一种令人着迷的婀娜之美。

图8-20　田园风女性形象设计案例

第八节　复古风形象设计案例分析

复古风格属于风格流派的一种，指通过一定设计手法复兴那些属于过去的、现在不再流行的或者年代久远的具体事物或文化精神。复古的英文单词是"Retro"，是"Retrospective"的缩写，被定义为"复古怀旧的"，特指对过去的样式和过去的情感的怀念，再现过去的一种复古主义倾向。复古风格时尚是对过去的经典时尚的重新塑造，也可以说是对那个时代的社会和文化因素的重新塑造。是指在设计领域对过去的品位和样式感到怀旧，从而重现过去的一种倾向。当今复古风形象设计的特征表现为"混合复古"，它不仅仅是对过去一个时代的回顾，而是对过去几个时代的回顾，甚至以折中的方式，用实验的方式表达了那些可以想象即将来临的未来因素的样式。在不同时代设计元素重新组合的同时，时间和空间不同的异质要素相互交叉和重叠使用，表现了"重新混合"，并显示为一种新的风格，超越时空的重新组合不是对过去历史内容的再现，而是对历史形象的借用。复古风形象设计的出现不是偶然现象而是形象设计发展的客观规律，随着形象设计的不断发展，复古风会融合不同的流行元素并以新的形式再现于时尚圈内，推动形象设计永无止境、不断向前发展。

一、复古风男性形象设计案例分析

图 8-21 中三位男性均是经典复古风形象风格，即当下非常热门的"老钱风"（old money）。其风格形象特点：为优雅、低调，有质感，无明显 logo，整体展现出不露声色的贵气。在妆容形象方面，三位男性棱角分明，肤色均匀，面部无过多修饰，体现了一种干净、清爽的状态。在发型形象方面，左图男性发色呈黑色，中间男性发色为中棕色，右侧男性发色呈浅棕色，三位男性均为成熟稳重的"三七"式短发，具有绅士风范。在服饰形象方面，左侧男性上装内搭为米色衬衫、驼色马甲及西服、格纹领带及墨镜，下装为米色西裤搭配拼色牛津皮鞋。整体服饰面料十分考究，凸显了该男性优雅复古的精致形象。中间男性上装为白色衬衫、黑白细格纹领带、藏青色条纹西服；下装为米色西裤搭配黑色丝绒休闲鞋。该形象的亮点在于上装领带图案与西服图案的对比，展现了成熟男人的复古审美趣味。右侧男性上装为白色衬衫、米白色西服、黑色领结及圆形墨镜，下装为黑色西裤搭配黑色丝绒休闲鞋。该形象配色经典，款式简洁大方，是复古风形象设计中最为常见的案例，具有较强的代表性。在仪态方面，三位男性的走姿自然，均是左手插兜，右臂自然下垂，举手投足间流露着复古的奢华。

图8-21　复古风男性形象设计案例

二、复古风女性形象设计案例分析

　　在图8-22中，在妆容形象方面，三位女性肤色自然，棱角分明，眉眼有神，面部虽没有过多的彩妆修饰，但依然神采奕奕，自信大方。在发型形象方面，左侧的女性为中长发，是较为时尚的浅棕色；中间的女性前额侧分出刘海修饰脸颊，后为盘发造型，发色为中棕色，整体微卷发造型；右侧的女性为黑色"二八分"式样，后为低马尾扎发。其中，前两者的发型是为了搭配帽饰进行了一定的特殊打理。在服饰形象方面，左侧女性上装为黑白条纹打底衫、白色衬衫、藏青色大衣，头戴藏青色贝雷帽，手拎黑色皮包；下装为白色喇叭长裤搭配黑色腰带、脚穿白色高跟鞋。整体形象搭配简约大气，优雅中流露着干练，给人一种海军复古风的视觉印象。中间女性上装为白色V领衬衫、复古图案针织毛衣、驼色西装外套、浅驼色贝雷帽以及棕色编织包；下装为驼色西装短裤搭配复古凉鞋。整体服饰色系高度统一，领口处的白衬衣提亮了肤色，包饰与鞋子的搭配也为整体造型增添了质感，给人一种复古又率真的视觉印象。右侧女性上装为一字肩打底衫，手拎白色木质手柄编织包；半裙的腰封装饰、厚底高跟凉鞋准确呈现了复古风的经典细节，给人一种复古宫廷风的视觉印象。在仪态方面，三位女性的走姿均十分自然，展现出了成熟女性的气场与魅力。

图8-22　复古风女性形象设计案例

本章小结

一个良好的形象不是简单的化妆或穿着概念，而是全面的、立体的、动态的个人整体素质形象，能够准确展现个人的自信、尊严、优雅、能力等。

学习与掌握职业形象设计案例、休闲风形象设计案例、前卫形象设计案例等分析要点，并进行自我总结。

思考题

1. 在针对某一案例进行分析时，需要从哪些方面进行？

2. 简述你最喜爱的一种形象风格，并收集相关案例进行分析。

参 考 文 献

［1］王伊千，李正. 服装学概论［M］. 北京：中国纺织出版社，2018.

［2］高亦文，孙有霞. 服装款式图绘制技法［M］. 上海：东华大学出版社，2019.

［3］刘婧怡. 时装设计系列表现技法［M］. 北京：中国青年出版社，2014.

［4］费尔姆. 国际时装设计基础教程［M］. 北京：中国青年出版社，2013.

［5］艾布林格. 手绘服装款式设计与表现［M］. 北京：中国青年出版社，2018.

［6］唐伟，李想. 服装设计款式图手绘专业教程［M］. 北京：人民邮电出版社，2021.

［7］李正，王小萌. 服装设计基础与创意［M］. 北京：化学工业出版社，2019.

［8］郭琦，方毅. 手绘服装款式设计1000例［M］. 上海：东华大学出版社，2021.

［9］李正，岳满. 服装款式创意设计［M］. 北京：化学工业出版社，2021.

［10］邓琼华，丁雯. 服装款式设计与绘制［M］. 北京：中国纺织出版社，2016.

［11］李飞跃，黄燕敏. 服装款式设计1000例［M］. 北京：中国纺织出版社，2016.

［12］潘璠. 手绘服装款式设计与表现1288例［M］. 北京：中国纺织出版社，2019.

［13］陈培青，徐逸. 服装款式设计［M］. 北京：北京理工大学出版社，2014.

［14］李爱敏. 服装款式设计与训练［M］. 北京：中国纺织出版社，2013.

［15］胡越. 服装款式设计与版型·裙装篇［M］. 上海：东华大学出版社，2009.

［16］李楠. 服装款式图设计表达［M］. 北京：中国纺织出版社，2019.

［17］罗仕红. 现代服装款式设计［M］. 长沙：湖南人民出版社，2009.